U0291366

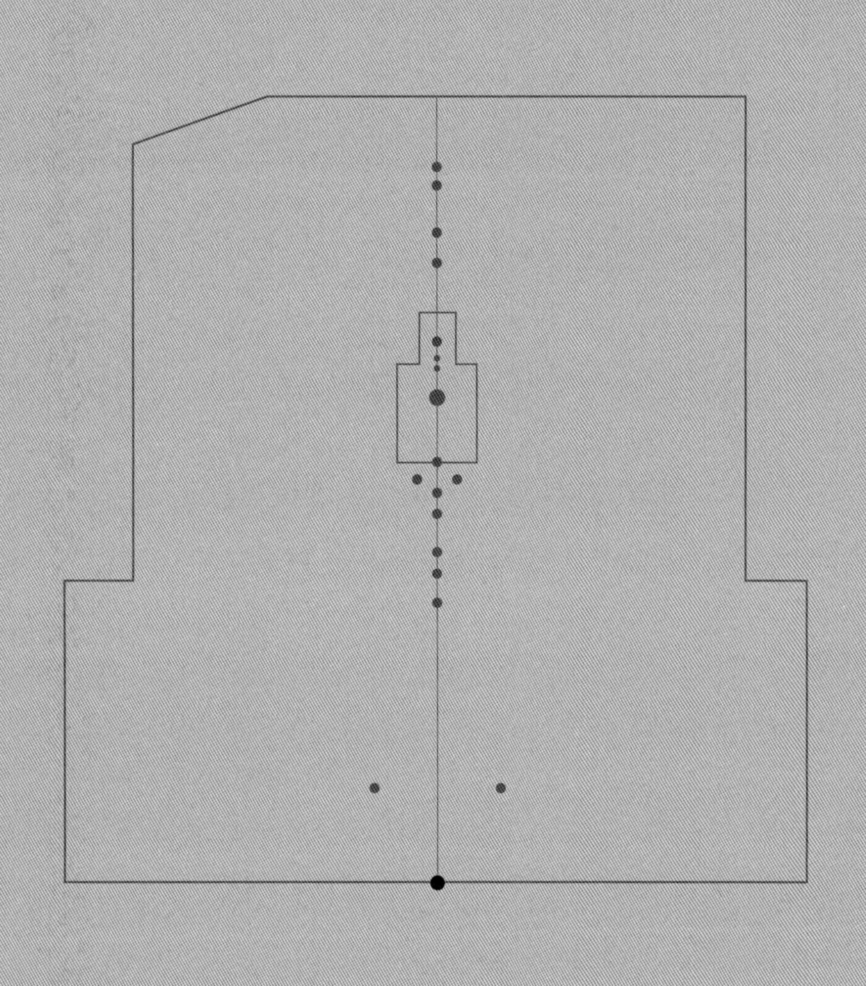

北京市考古研究院学术研究丛书（第46号）

永定門
城楼复建实录

北京市考古研究院（北京市文化遗产研究院）编著

中国建筑工业出版社

许立华　葛怀忠　韩扬　李彦成　徐雄鹰　主编
刘文丰　张景阳　执笔

Foreword

序一

北京中轴线始建于13世纪，成型于16世纪，此后不断完善，并在20世纪实现了公众化转变，历经逾7个世纪，形成了气势恢宏、严整有序的城市建筑群。这条中轴线长达7.8千米，贯穿几乎整个老城南北。建筑学家梁思成先生认为“北京独有的壮美秩序就由这条中轴的建立而产生”，并盛赞它是“全世界最长，也是最伟大的南北中轴线”。中轴线是北京老城的灵魂，也是中国理想都城秩序的杰作，更是灿烂的中华文明的集中体现。

习近平总书记在考察北京时指出，历史文化是城市的灵魂，要像爱惜自己的生命一样保护好城市历史文化遗产。北京是世界著名古都，丰富的历史文化遗产是一张金名片，传承保护好这份宝贵的历史文化遗产是首都的职责。北京中轴线申遗保护工作以习近平总书记关于文物工作重要论述和对北京一系列重要讲话精神为根本遵循，旨在突出中华文明历史文化价值，体现中华民族精神追求，向世人展示全面真实的古代中国和现代中国。

永定门是北京中轴线的南端地标性建筑，也是明清北京外城的正门，出于礼制的需要，其建筑在外城七门中最为雄伟，等级最高。它始建于明嘉靖三十二年（1553），是明清两代从南方进出京城的通关要道，也是进行郊祀、围猎、阅兵、南巡等国家礼仪活动的重要场所。现存永定门是2004年在原址上严格遵循中国文物保护原则重建完成的地标性建筑，重现了南中轴的历史风貌，恢复了中轴线的历史完整性，是北京历史文化名城保护工作的一次重大实践。

随着北京中轴线申遗工作进入冲刺阶段，作为中轴线遗产点之一的永定门城楼，也将迎来世界文化遗产专家的考察和验收。在此共襄盛举之际，欣闻北京市考古研究院将原北京市古代建筑研究所复建永定门城楼的工程资料整理出版，非常有意义。这是北京中轴线申遗保护工作中文化建设的一项重要成果，也是讲好北京文物故事的具体举措，值得祝贺，是为序。

北京市文物局党组书记、局长
北京中轴线申遗保护工作办公室主任
陈名杰

2023年5月

序二

关于复建永定门城楼的记述

2004年3月10日，永定门城楼复建工程举行奠基仪式。
照片由左至右依次为北京市文物局局长梅宁华、北京市副市长张茅、国家文物局古建筑专家组组长罗哲文、国家历史文化名城保护委员会副主任郑孝燮、原北京市古代建筑研究所所长王世仁、北京市文物古建工程公司总经理李彦成

永定门是明清北京城的标志性建筑，是北京城市中轴线南端起点。始建于明嘉靖三十二年（1553）。明代为巩固北京城防，从正阳门向南扩建，使北京中轴线延伸，形成了世界历史至今现存的最长城市中轴线。1957年因北京城市交通建设而拆除。

从20世纪90年代起，就是否复建永定门，有许多呼吁和建议，社会各界通过各种方式表达了复建的愿望。我在1997年开始担任北京市文物局局长，每年都会收到从市人大、市政协转来的议案和建议。由于当时文物修缮经费严重不足，而复建永定门不仅需要经费，还需要调整道路和周边城市基础设施，必须通盘筹划，难度很大，因此不具备复建条件。2000年为申办2008年北京奥运会。北京市文物局制定了人文奥运文物修缮方案，并得到市政府的批准。每年拨款1.1亿元文物修缮专项经费，连续三年。这就是著名的3.3亿文物保护计划。在这个方案里列入了许多亟待抢修的文物古建，但并没有永定门城楼复建。大约在2002年底到2003年初之际，市文物局收到时任北京市市长刘淇，副市长刘敬民、张茅批转北京市文物古迹保护委员会委员王世仁、北京市文物古迹保护委员会副主任吴良镛、国家历史文化名城保护委员会副主任郑孝燮、中国考古学会会长徐苹芳、中国工程院院士傅熹年等著名文物专家的建议函，认为北京申办奥运会应把复建永定门，恢复中轴线的完整性作为重要项目。这些专家都是当时国内文物保护领域德高望重的人士，其建议具有权威性。我作为北京市文物局局长，认为复建永定门确实对中轴线格局的完整性是必要的，而且复建永定门的条件已经具备，应尽快实施。为此我向当时主管文物工作的副市长张茅同志做了汇报，并得到支持。至此，复建永定门城楼工程全面启动。

复建永定门城楼的意图十分明确，是在北京奥运会时，向世界完整展现明清北京城市中轴线这一举世无双的历史文化遗产。这是一项必须对历史负责的工程。我作为文物局局长，向考古、设计、建设、监管等有关部门提出明确要求，必须是原址原貌复建，尽可能还原历史样貌。由于永定门旧城楼留存资料丰富，不仅有大量照片图片，而且有留存的实测数据，为真实还原永定门城楼提供了坚实可靠的依据。北京市文物局为确保永定门城楼复建的原真性，做了大量工作。根据我了解的情况，永定门城楼复建过程中，在考古勘探、复原设计、材料使用、施工方法等方面，都坚持了这一基本原则和要求。在组织专家反复论证的基础上，责成文物研究所对旧城楼遗址进行了考古勘探，确定了旧城楼的原址位置，并由北京市古代建筑研究所依据旧城楼实测数据进行设计，北京市文物古建工程公司严格按古建修缮标准施

工，使永定门复建成为还原文物历史面貌的经典工程，能够经受历史和时间的检验。可以肯定地说，复建后的永定门城楼，真实地还原了历史风貌，使北京中轴线得到了完整的呈现。

原北京市文物局局长

梅宁华

2023年5月9日

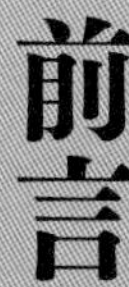

永定门

是明清北京外城的正门，也是北京老城中轴线的起始点。因而永定门的地位十分重要，建筑也最雄伟，这是由其礼制和功能决定的。如清朝入主中原，先祭告天地，再绕行永定门沿中轴线进入紫禁城，最后举行登基大典。其他包括郊祀、春蒐、秋狝、阅兵、南巡等重大活动，都需要在永定门这一关键结点上进行人员部署。由此可见，永定门的重要历史作用。

明清北京城是世界建筑史上的一个奇迹。其规模之宏伟、建筑之辉煌、设计之独特、保存之完整，举世无双。然而，20世纪50年代，由于城市改造，相继拆除了内外城的城墙及多座城门、城墙、牌楼等建筑。北京老城的格局被打破，高楼大厦不断耸立，挤压着一座座古建筑的传统空间。虽有专家学者建议保留北京老城，另建新城。但由于当时白手起家、百废待兴，又面临巩固政权、消除贫困、解决数亿人民温饱等一系列棘手问题，使得保护北京老城被放在了次要地位。

1983年的《北京城市建设总体规划方案》指出："北京旧城[1]是我国著名的文化古都，在城市建设和建筑艺术上，集中反映了伟大中华民族的历史成就和劳动人民的智慧。城市格局具有中轴明显、整齐对称、气魄雄伟、紧凑庄严等传统特点。"这为北京历史文化名城保护事业掀开了崭新的一页。1993年的《北京城市总体规划（1991～2010年）》明确提出了保护传统城市中轴线和注意保持明清北京城"凸"字形平面轮廓。

北京老城的中轴线全长7.8千米。永定门、钟鼓楼是两个端点，将万宁桥、地安门、景山、紫禁城、天安门、正阳门、天桥等串连在一起。在这条轴线的两侧，所有建筑均衡布置，向心对称，从而形成了世界上独一无二的奇观。但随着永定门在1957年被拆除，中轴线失去了南端点，呈现出有尾无头的状态。鉴于这种情况，1999年有多位市政协委员提案，呼吁重建永定门，这引起了北京市政府的高度重视。

永定门是北京历史文脉中轴线的南端点，不修复永定门，中轴线就是不完整的。在北京市新一轮的城市规划中，重建永定门成为北京实施"人文奥运文物保护规划"中重要的一环。永定门城楼复建是推进"人文奥运文物保护计划"的重要环节，也是北京城中轴线景观整治工程最重要的一点。经过有关部门及专家反复论证，最终决定在原址上复建永定门城楼。

2011年，北京市政府启动了"北京中轴线——中国理想都城秩序的杰作"项目（简称"北京中轴线申遗"）。经过几轮论证，永定门城楼均位列其中，而南中轴路的环境也得到进一步改善。欣逢盛世，文化复兴。随着北京中轴线申遗工作进入冲刺阶段，作为15个遗产点之一的永定门城楼，也将迎来世界文化遗产专家们的考察和验收。为了记录时代，共襄盛举，我们将当年复建永定门城楼的工作成果予以展示。鉴于工程年代较久，又经人事更迭，错漏之处，还望诸位方家批评海涵。

1 2017年《北京城市总体规划（2016～2030年）》将"北京旧城"的表述，改作"北京老城"，由"旧"到"老"的改变，体现了对城市历史文化的尊重，反映了首都在城市规划理念、发展战略和发展模式上的转变。

目录
Contents

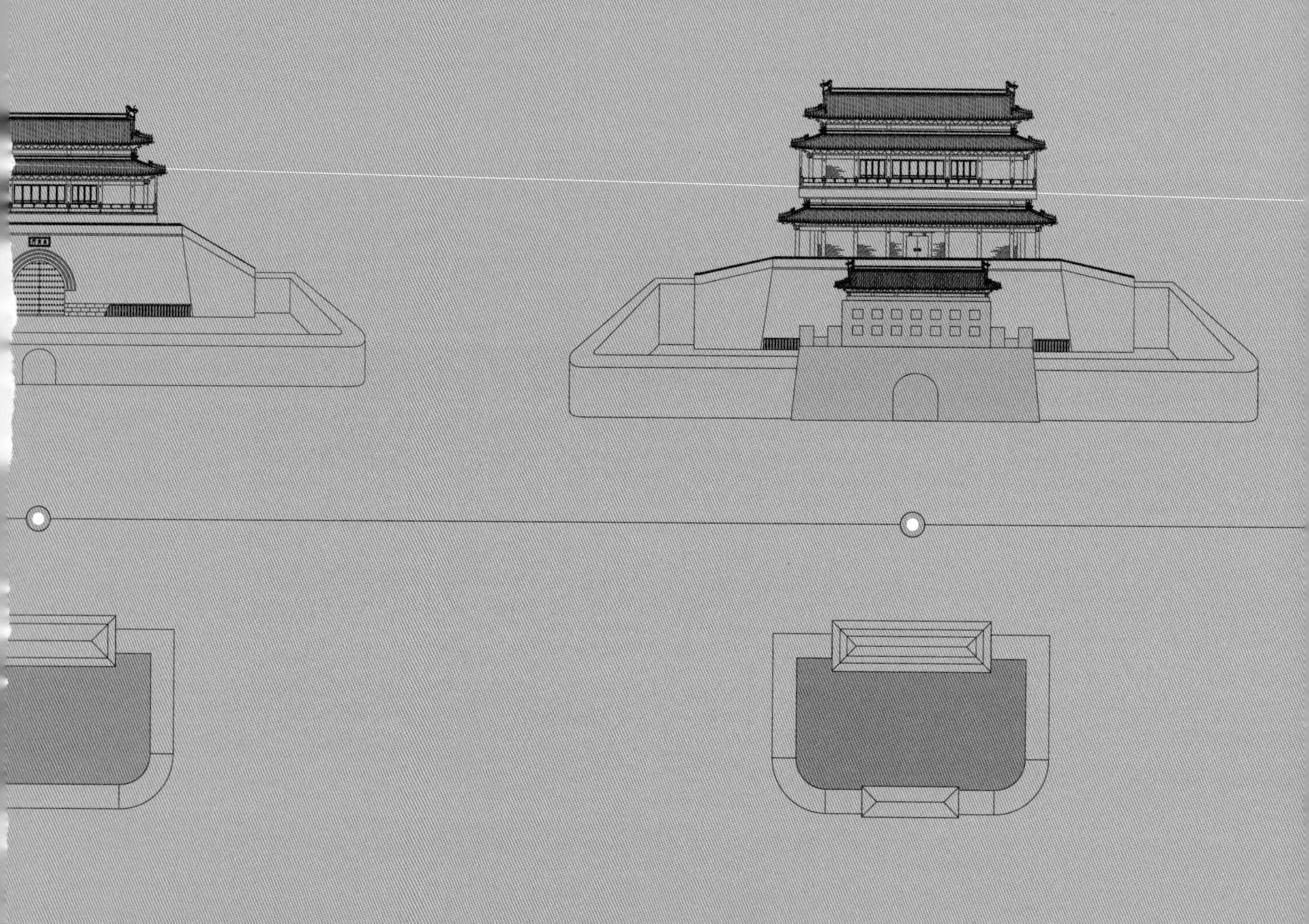

靖四十三年

564年）

，未建箭楼。

清乾隆三十一年

（1766年）

修缮永定门时，扩建永定门城楼为七开间，

三重檐形式，并增筑箭楼，将城台加高至26米，

重建瓮城。

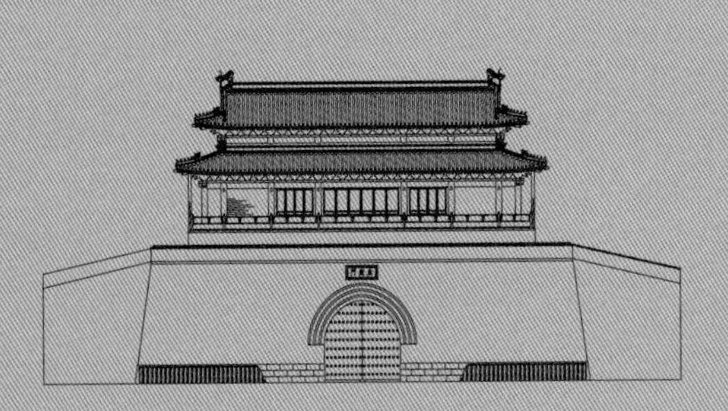

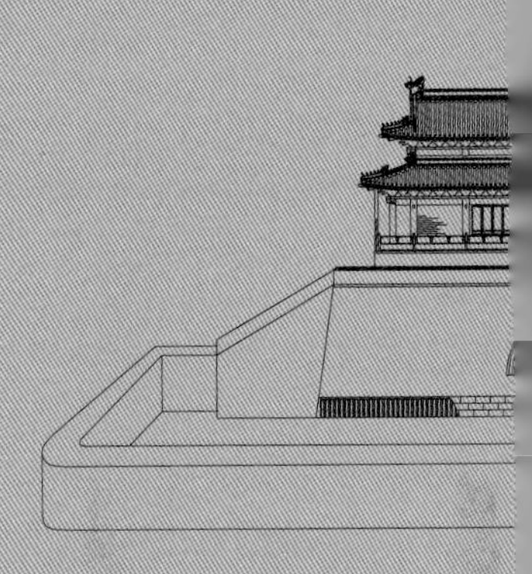

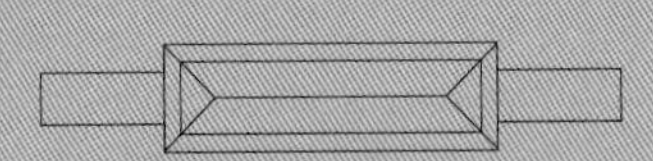

明嘉靖三十二年

（1553年）

永定门始建；

同年10月，永定门完工。

明嘉

（

增筑瓮

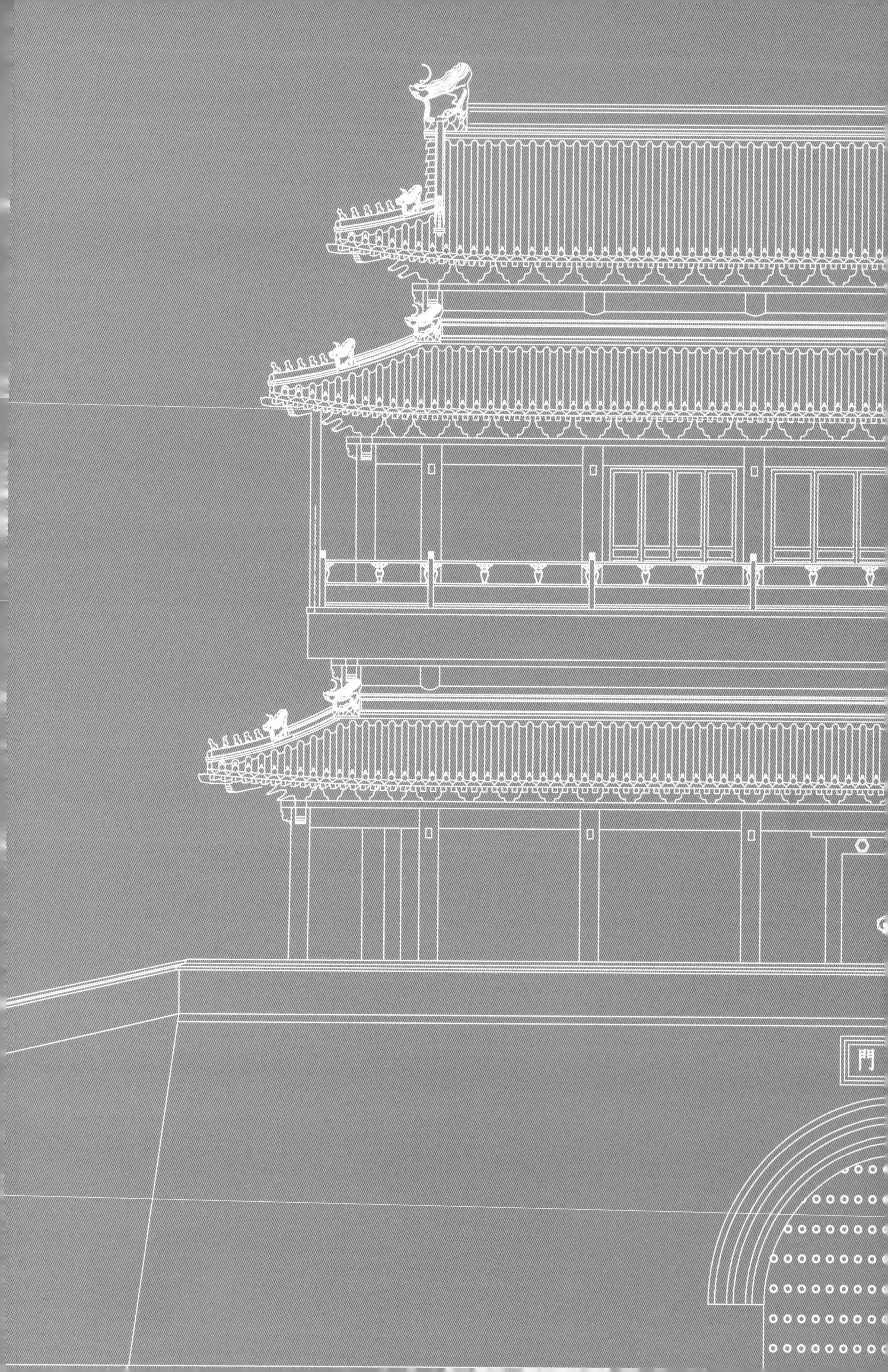
門

永

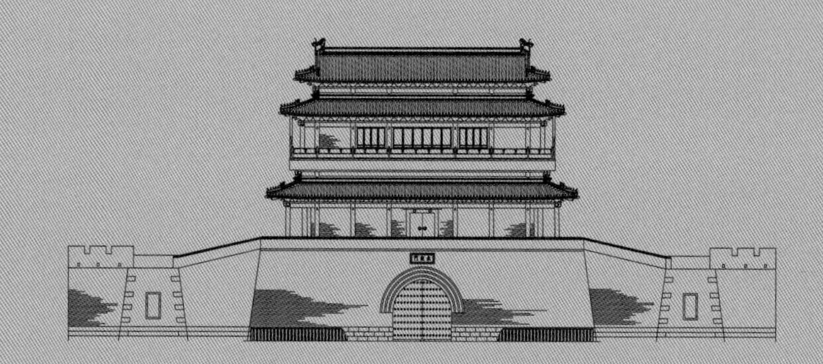

1957年

永定门城楼、箭楼被相继拆除。

2004年

北京市仿照乾隆年间式样，

根据民国时期对永定门的测绘资料，

重新复建了永定门城楼。

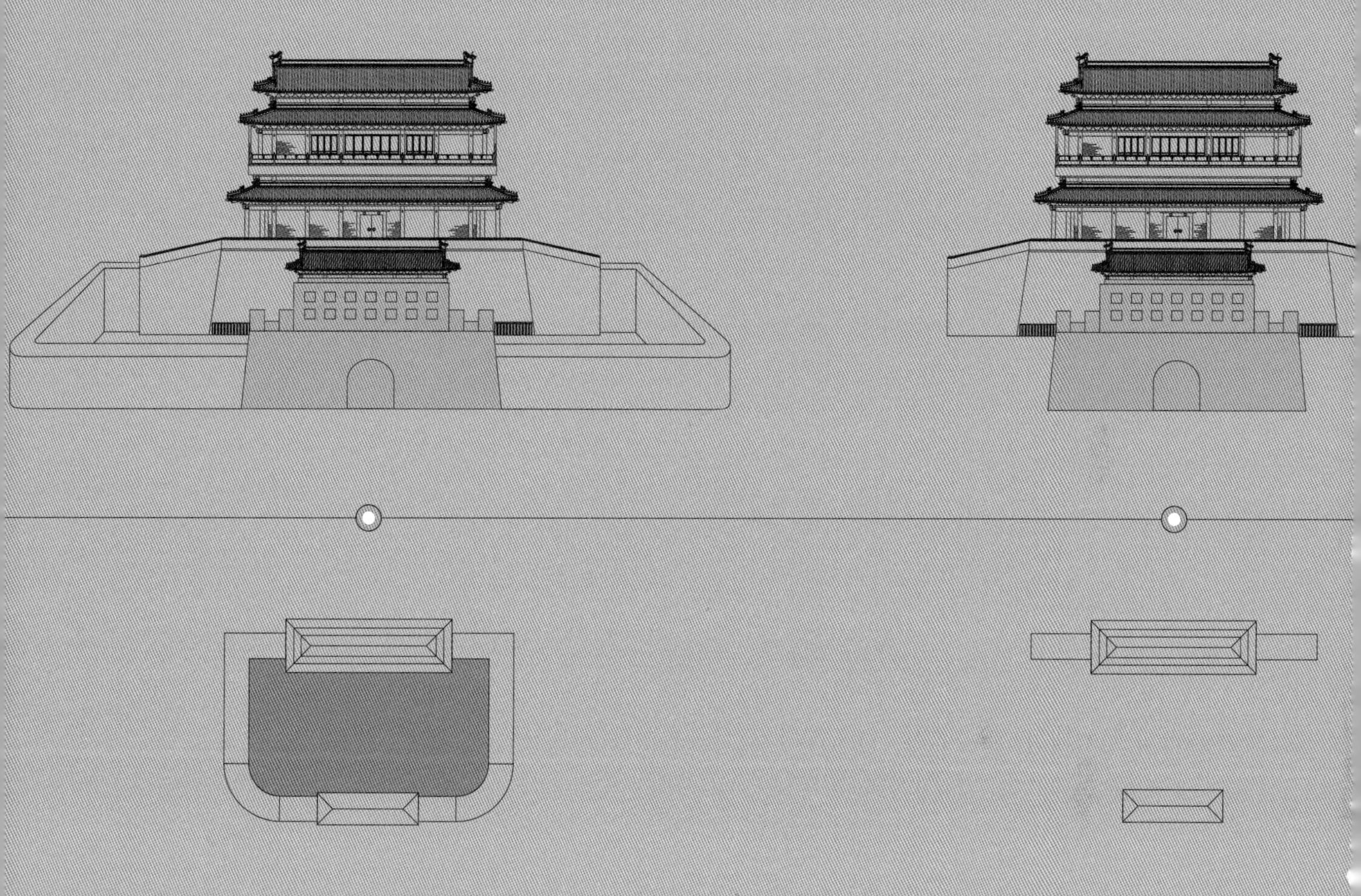

道光十二年（1832年）
宣统二年（1910年）
曾对永定门进行修缮。

1950年底至1951年初
永定门拆除瓮城，
城楼、箭楼成为两座孤立的建筑。

历史篇·一 永定门的历史沿革

History Chapter · 1

The Historical Evolution of the Yongdingmen Gate

永定门位于北京中轴线南端，左安门、右安门中间。永定门外关厢一带是由京南入都的通衢要道，历来商业发达。在外城七门中，永定门是唯一悬挂木匾的七开间城楼，规模最大，等级最高。城门上建有高大的城楼以及防御性的附属箭楼和瓮城，城墙外有护城河和吊桥。遇有敌军攻城，则紧闭城门，由箭楼和城墙上的垛口向外射击。抗战时期，永定门曾两次遭受战火洗礼。1951年，永定门拆除瓮城，城楼、箭楼成为两座孤立的建筑。1957年，永定门城楼、箭楼亦被拆除。

2001年，复建永定门成为北京城市中轴线景观整治、人文奥运文化保护规划、恢复北京老城风貌的重点工程。2003年开始动工，2004年复建完成。2008年8月8日晚，惊艳世界的北京奥运会开幕式上，“烟花脚印”即由永定门“出发”沿北京中轴线直至国家奥林匹克公园，象征着中华民族由历史走向未来。其历史意义、文化内涵、地标作用不言而喻。

永定门外地区是首都核心功能区内唯一的文物埋藏区，出土文物上起先秦下至明清，内容丰富，传承有序。其中在永外安乐林出土的唐《棣州司马姚子昂墓志》(781)，清晰地记录了永定门周边为唐幽州城东南六里燕台乡的历史，比明永乐帝建都北京早了640年。这是永定门地区目前已知最早的地名。

辽金时期，永定门地区成为辽南京和金中都东郊所在。特别是金中都城的东南角就位于今永外马家堡北京南站的位置。元代以后，统治者在金中都东北利用积水潭水系另建元大都城。永定门地区成为元大都南郊。按《日下旧闻考》的记载，元代的郊坛就位于今永定门外[2]。永定门外保存至今的燕墩据传为元代的烽燧遗址。清人杨静山亦有诗句“沙路迢迢古迹存，石幢卓立号燕墩。大都旧事谁能说，正对当年丽正门。”

2 《日下旧闻考》卷九十记载：“元郊坛在丽正门东南七里，其地当在今永定门外”。

於幽州城東南六里燕臺鄉之原

唐故撫州司馬姚府君墓誌銘并序

图1-1
唐姚子昂墓志拓片中关于燕台乡的记载（北京市考古研究院藏）

（一）明代的永定门

洪武元年（1368），明太祖遣将徐达攻占元大都后，改大都路为北平府。以北平北部地多空旷，而城区过大、防线过长，将北平北城墙向南缩减五里。但到了永乐迁都之际，城内空间又显局促。于是又把城墙向南拓展二里，另筑一道城墙，从而形成北京内城的轮廓。到了正统年间，又以军兵万人修建京师九门城楼。至此，内城城垣工程全部完成。

《京师总纪》完整地记录了这段历史："洪武初改大都路为北平府，缩其城之北五里，废东西之北光熙、肃清二门。其九门俱仍旧。大将军徐达命指挥华云龙经理故元都，新筑城垣，南北取径直，东西长一千八百九十丈……此明初未建都以前北平府时所设规制也。永乐四年闰七月，建北京宫殿，修城垣。十九年正月告成。城周四十五里。门九：正南曰丽正，正统初改曰正阳；南之左曰文明，后曰崇文；南之右曰顺承，后曰宣武；东之南曰齐化，后曰朝阳；东之北曰东直；西之南曰平则，后曰阜成；西之北曰和义，后曰西直；北之东曰安定；北之西曰德胜……正统元年十月，命太监阮安、都督同知沈清、少保工部尚书吴中率军夫数万人修建京师九门城楼。初京城因元之旧，永乐中虽略加改葺，然月城楼铺之制多未备，至是始命修之。命下之初，工部侍郎蔡信言于众曰：役大非征十八万人不可，材木诸费称是。上遂命太监阮安董其役。取京师聚操之卒万余，停操而用之，厚其饩廪，均其劳逸，材木工费一出公府之所有。有司不预，百姓不知，而岁中告成……四年四月，修造京师门楼城濠桥闸完。正阳门正楼一，月城中左右楼各一；崇文、宣武、朝阳、阜成、东直、西直、安定、德胜八门各正楼一，月城楼一。各门外立牌楼，城西隅立角楼。又深其濠，两崖悉甃以砖石，九门旧有木桥，今悉撤之，易以石。两桥之间各有水闸、濠水自城西北隅环城而东，历九桥九闸，从城东南隅流出大通桥而去。自正统二年正月兴工至是始毕。焕然金汤巩固，足以耸万年之瞻矣。"[3]

正统朝整修北京城垣后，随着都市的发展，北京城外四郊关厢地区日渐繁华。尤其是正阳、崇文、宣武三门之外，由于靠近皇城，又是面朝之地，也是天子郊祀的必经之路，因此前三门外的关厢地区

3 《日下旧闻考》卷三八
4 《明史》卷一五五《蒋琬传》
5 《明世宗实录》卷二六四
6 《天府广记》卷四
7 《明世宗实录》卷四〇三
8 《国榷》卷六十："（闰三月乙丑）作京师外城。总督戎政平江伯陈圭、锦衣卫少保左都督陆炳、戎政侍郎许论、工部左侍郎陶尚德、内官监右少监郭晖提督工程。锦衣卫都指挥佥事刘鲸、都指挥使朱希孝监之……（十月）辛丑，京师外城成。"
9 《明世宗实录》卷五二八
10 《明世宗实录》卷五二九
11 《读史方舆纪要》卷十一北直二
12 《酌中志》卷十六
13 《明神宗实录》卷五三三
14 《明神宗实录》卷五三三
15 万历重修《明会典》卷一八一、卷一九三

发展最为迅速。漕运货物利用通惠河可直达崇文门外。永乐迁都之初，就在正阳门外修建廊房容纳四面八方的客商百货，这些都进一步促进了南城地区的商贸繁荣。

随着城外四郊关厢的繁荣发展，就产生了该区域内的安全问题。修筑外城不但可以保护关厢地区的安定繁荣，同时也为内城增加了一道防线。特别是经历了正统十四年（1449）"土木之变"，蒙古瓦剌军围困北京城的教训后，修筑外城的决策便提上议程。

成化十年（1474），定西侯蒋琬为筑京师外城进言："太祖肇建南京，京城外复筑土城以卫居民，诚万世之业。今北京但有内城，己巳之变敌骑长驱直薄城下，可以为鉴。今西北故址犹存，亟行劝募之令，济以功罚，成功不难。"[4]言辞恳切，但当时的明宪宗朱见深并未采纳这一建议。

直到六十八年后随着蒙古铁骑的叩关犯阙，边警日急，建造北京外城之议才旧案重提。嘉靖二十一年（1542）七月初十日："边报日至，湖广道御史焦琏等建议，请设墙堑、编铺长以固防守。兵部议覆请于各关厢尽处各沿边建立栅门、墩门。掌都察院事毛伯温等复言：古者城必有郭，城以卫君，郭以卫民。太祖高皇帝定鼎南京，既建内城，复设罗城于外。成祖文皇帝迁都金台，当时内城足居，所以外城未立。今城外之民殆倍城中，思患预防，岂容或缓。臣等以为宜筑外城便。疏入，上从之。敕未尽事宜，令会同户、工二部速议以闻。该部定议覆请。上曰：筑城系利国益民大事，难以惜费，即择日兴工。民居、葬地给别地处之，毋令失所。"[5]嘉靖帝本决定增筑外城，但因财政困难，不得不暂时搁置。嘉靖二十九年（1550）八月，蒙古鞑靼军劫掠京畿，戮民无数，史称"庚戌之变"。这次战乱最终促使明廷下定决心修筑外城。

嘉靖三十二年（1553）正月，给事中朱伯宸复申其说"谓尝履行四郊，咸有土城故址，环绕如规，周可百二十余里。若仍其旧贯，增卑培薄，补缺续断，事半功倍，良为便计。通政使赵文华亦以为言。上问严嵩，力赞之。因命平江伯陈圭等与钦天监官同阁臣相度形势，择日兴工。复以西南地势低下，土脉流沙，难于施工。上命先作南面并力坚筑，刻期报完。其东西北三面，俟再计度。于是年十月工完，计长二十八里。"[6]"十月辛丑日，新筑京师外城成。上命正阳外门名'永定'，崇文外门名'左安'，宣武外门名'右安'，大通桥门名'广渠'，彰义街门名'广宁'"。[7]自此北京城垣形成了"里九外七"的"凸"字形轮廓并延续至今。

明代永定门初称正阳外门，另有永安门、永昌门等名号，寓意"永远安定"。始建于明嘉靖三十二年（1553）闰三月乙丑，十月辛丑日建成。[8]嘉靖四十二年（1563）增筑瓮城，未建箭楼。"嘉靖四十二年十二月乙巳朔，工部尚书雷礼请增缮重城备规制，谓永定等七门当添筑瓮城，东西便门接都城止丈余。又垛口卑隘，濠池浅狭，悉当崇甃深浚。上善其言，命会同兵部议处以闻。"[9]嘉靖四十三年（1564）正月壬寅日"增筑瓮城于重城永定等七门。"[10]《读史方舆纪要》总结"是后以时修治，所谓京邑翼翼，四方之极也"。[11]至此北京中轴线上的建筑群组最终形成。

据《酌中志》记载[12]："正阳等九门、永定等七门，正副提督二员，关防一颗。"[13]明代永定门防务一般由内官充任提督管理。如万历四十三年六月己卯日"命管文书内官监太监冉登总督正阳等九门并永定等七门巡视点军。"[14]士兵配置按《明会典》记载："永定等七门军士一千一百十二副。"[15]具体到永定门而言，它的管理是由正阳门掌门官带管。按《酌中志》所记："京城内外十六门，正阳门，掌门官一员，管事官数十员。带管外罗城南面居中永定门。凡冬至圣驾躬诣圜丘郊天，并耕耤田。崇祯辛未年五月初一日，今上因旱诣圜丘步祷，咸由正阳门出也。"[16]由此可见，永定门在外城七门中的特殊地位。

从南京博物院藏明代晚期的《北京宫城图》中可以看到明代的永定门建筑为重檐歇山顶形式，面阔五间，[17]城楼檐下带斗拱，一二层檐正中悬挂木质斗匾上书"永定门"三字。

到了明万历年间，当时的《顺天府志•地理志》在《金城图说》中绘制了北京的城垣，图中把永定门标注为永安门。[18]

枝巢老人夏仁虎在《旧京琐记》中提到："明崇祯之际，题北京西向之门曰顺治，南向之门曰永昌，不谓遂为改代之谶。流寇入京，永昌乃为自成年号。清兵继至，顺治亦为清代入主之纪元，事殆有先定欤？"[19]这里所说的永昌门，即指的就是今永定门。

明崇祯二年（1629）十二月丁卯，后金与明军鏖战于永定门外二里，明军大败，但永定门并未被攻破。明崇祯十七年（1644）三月十八日，闯王李自成军攻入广宁门（今广安门），明永定门守将刘文燿自杀殉国。崇祯辛未科进士、潮州后七贤之一的许国佐曾有"永定门前约，太平州上望。烽烟今未已，肉食叹难商。"的诗句，表达了这位明末遗臣的故国乔木之思。

16 《酌中志》卷十六

17 如《北京宫城图》中所示，图中的永定门应为七开间，正阳门却是三开间，显然有误。结合相关史料分析，此时的永定门应为五开间。

18 万历《顺天府志》卷一

19 《旧京琐记》卷八

图1–2
明晚期《北京宫城图》中的永定门影像（南京博物院藏）

图1-3
民国时期明式永定门斗匾（首都博物馆藏）

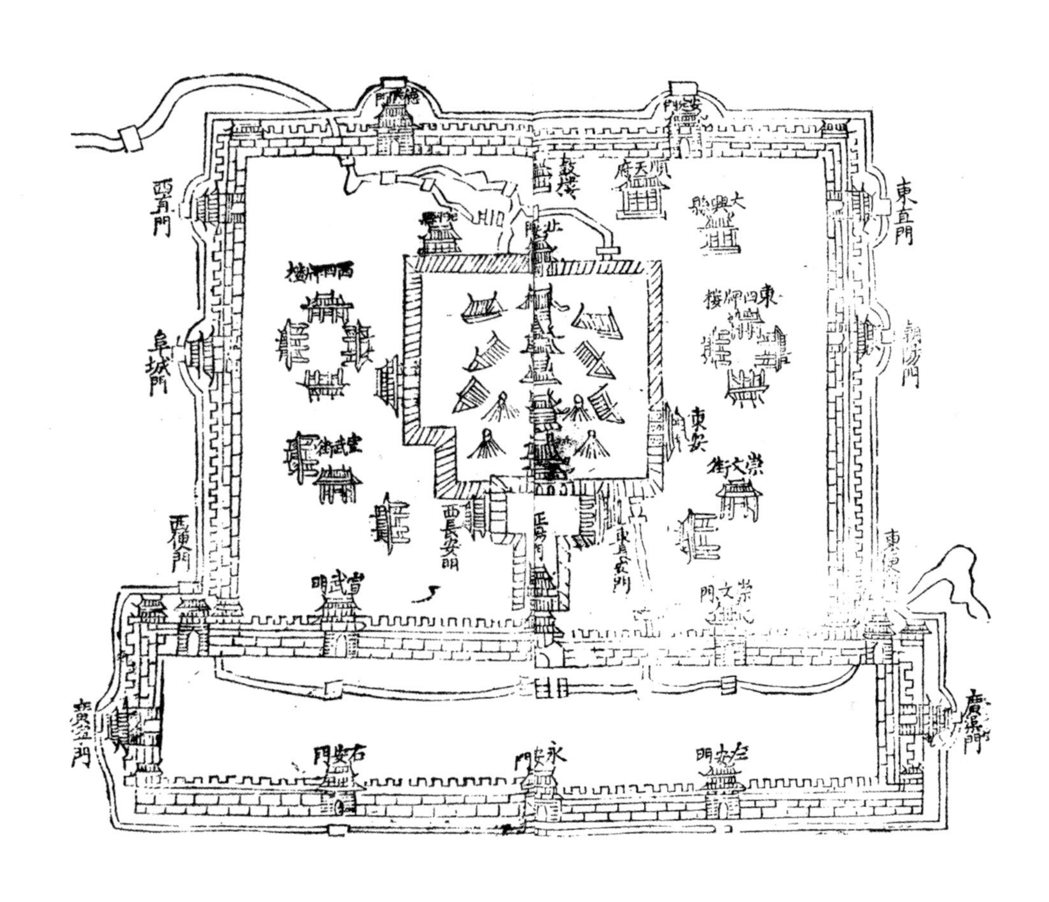

图1-4
《金门图说》中的永定门被写作永安门

（二）清前期的永定门

清兵入关后，闯王军退出北京。顺治元年（1644）九月甲辰日，顺治皇帝更换吉服，在接受了文武百官的大礼朝拜后，在诸王贝勒的扈从下由通州进入北京。其进入京城的路线就是沿着北京的中轴线，从永定门，经正阳门、承天门进入紫禁城。[20]

清初顺治、康熙年间，由于京西北"三山五园"尚未建成，清廷将明代南海子扩建为南苑。清代帝王驻跸南苑行围狩猎、检阅军队、治国理政，均是由永定门出城。"遇驻跸南苑，传知正阳门、永定门均酌量早启迟闭，其寻常行人仍于黎明放行。"[21]而南苑也经永定门向内廷供奉马匹、牛羊乳制品及果蔬草料等物资。顺治九年（1652），顺治帝在南苑接见了五世达赖，此后历代达赖喇嘛的继位都需经过中央册封，这标志着西藏正式纳入清朝的版图，促进了民族团结和国家统一。

明清易代，永定门并未受到多少破坏，保持了明嘉靖年间初建时的形态。这从清康熙三十二年（1693）绘制的《康熙南巡图》中即可看出。《康熙南巡图》是以康熙皇帝第二次南巡（1689）为题材的大型历史画卷，共十二卷，总长213米。其展现了康熙帝从离开京师到沿途所经过的山川城池、名胜古迹等。其中的第一卷和第十二卷，分别展示了康熙皇帝出入京师的场景。

如《康熙南巡图》第一卷前隔水题记："第一卷敬图：己巳首春，皇上诹吉南巡，阅视河工，省观风俗，咨访吏治。乃陈卤簿，设仪卫，驾乘骑，出永定门届乎南苑。其时千官云集，羽骑风驰，辇盖鼓籥之盛，旗帜队仗之整，凡法出警之仪，于是乎在。洵足垂示来兹，光炳史册。用敢彰之缣素，稍摹其万一焉。"这一卷描绘了康熙皇帝于康熙二十八年（1689）正月初八从京师出发的情景。画面开始即为永定门，送行的文武百官，站在护城河岸边。康熙一行人马在永定门外大街行进，沿途还有辂车和大象前导。

《康熙南巡图》第十二卷前隔水题记："第十二卷敬图：皇上南巡典礼告成……旋京师，驾自永定门至午门。京师父老歌舞载途，群僚庶

20 《清实录》第三册，卷八
21 《清朝通典》卷六九
22 乾隆《钦定大清会典则例》卷一三五
23 《清朝文献通考》卷一一〇
24 光绪《钦定大清会典则例》卷八六七
25 《日下旧闻考》卷六三
26 《畿辅通志》卷三八
27 乾隆《钦定大清会典则例》卷一二七

司师师济济欣迎法从。其邦畿之壮丽，宫阙巍峨，瑞气郁葱，庆云四合，用志圣天子万年有道之象云。”这一卷描绘了康熙帝南巡回銮，沿北京中轴线还宫的场景。从永定门至紫禁城，康熙皇帝在正阳门外乘坐八抬肩舆，前后有马队侍卫扈从浩荡还宫。士农工商各界民众在永定门内组成“天子万年”的图案，以致景仰。

这首末两卷《康熙南巡图》中均绘制了永定门的形象，说明永定门是当时皇家出警入跸的首选城门。康熙帝这一出一入，相互呼应，气势壮观，栩栩如生。从这两幅画卷中，可以清晰地反映出当时永定门的建筑形制，为重檐歇山顶，灰筒瓦屋面，正脊两侧带望兽。面阔五间，进深三间，有瓮城而无箭楼。可见康熙年间的永定门仍然保持着嘉靖年间初建时的形态。

雍正七年（1729）降谕旨：“正阳门外天桥至永定门一路甚是低洼。此乃人马往来通衢，若不修理，一遇大雨必难行走……天桥起至永定门外吊桥一带道路应改建石路，以图经久。”[22]将正阳门至永定门的南中轴路改建为石道，这是清代京师坊巷中第一个以石条铺砌的道路。由此可见，永定门大街的重要性。

雍正皇帝去世后，其神主牌位从易县泰陵运至京师，也是从永定门进京的。“乾隆二年三月癸巳，恭奉世宗敬天昌运建中表正文武英明宽仁信毅大孝至诚宪皇帝神主、孝敬恭和懿顺昭惠佐天翊圣宪皇后神主升祔太庙。是日，神主黄舆由永定门、正阳门入，随从王大臣官员朝服随行。在京文武大臣官员朝服于大清门外跪迎，卤簿设端门内，不作乐。”[23]可以推断，清朝皇帝的神牌（除顺治、宣统外），都是从皇家陵寝奉移来京，穿越北京南中轴线而升祔太庙的。

乾隆十五年（1750）《京城全图》中绘制了永定门的形象。但由于年久失修，保存欠佳，只能辨识出永定门瓮城的轮廓，而城楼的形状已漫漶不清。乾隆十九年（1754）春，清高宗出永定门去南苑围猎，在永定门外看到农忙时节，春雨初晴，润物无尘，一派欣欣向荣的郊野风光，乃诗兴大发，作《永定门外》诗三首。

乾隆二十年（1755），降谕旨将永定门外燕墩土台包砌城砖，上置乾隆御制《皇都篇》《帝都篇》诗文碑。碑文歌颂了北京的山川形胜和乾隆皇帝的治国思想。燕墩仿照汉阙形制，与北侧的永定门南北呼应，形成了北京中轴线起点“国门”之制的空间氛围。

乾隆三十二年（1767）扩建永定门城楼为七开间，三重檐形制，并增筑箭楼。据光绪朝《大清会典》记载“永定、广宁二门，乾隆三十二年，门楼改檐三层，布筒瓦脊兽。城闉七……制如内城谯楼，设炮窗雉堞，均留枪窦。”[24]至此永定门最终形成了城楼、瓮城与箭楼的完整格局。道光十二年（1832）曾对永定门进行修缮。

清代外城归巡城御史管理，由都察院管派。共分东、西、南、北、中五城，每城两位御史，一正一副，负责日常的治安诉讼事务。若捉拿盗贼等，则另有营汛。而南城副指挥署就设在永定门外。[25]永定门值守由汉军正蓝旗负责，设有门尉一员、门校一员、千总二员，正蓝旗甲兵十名，绿旗门军四十名。[26]城防配置有，永定门锁钥二、云牌一、櫜鞬十、弓十、矢二百、长枪十、铜炮五、炮车五、火药二千斤。[27]

图1-5
《康熙南巡图》第一卷中描绘的永定门形象

图1-6
《康熙南巡图》第十二卷中描绘的永定门形象

天子萬年

永定門外

一夜雲容聚散爭曉来春宇麗新晴輕烟宿潤相融冶頗喜青郊物向榮

土囊風息不揚塵微雨從看提有神恰值鳴梢向南苑試蒐蕪為一行春

御製詩二集 卷四十七 十五

羣稱地潤知誠否果竟親覘始慰心却惜一犁猶未及綠疇何以發秧針

行圍

南苑臨春暮青郊試小蒐略觀虞者技究憶少年遊勞衆寧堪亟攜孫自有由（今年兩孫皆八歲因攜以来示之度也）翻犁見耕父諮穡每延留

風

卓午山吐雲復引望雨意宿潤欣稍佳優霑希更繼少頃乃變風塕然作氛翳寸澤曾幾

图1–7
《乾隆御制诗集》中描写永定门外风光的诗作

（三）近代永定门的历史

第二次鸦片战争以后，西方列强进入北京。遂有洋人出入永定门跑马、郊游、军事演习等行动。特别是1897年英国人将津芦铁路从卢沟桥延伸至马家堡站后，这种情况更为频繁。光绪庚子年（1900）五月十五日，日本使馆书记官杉山彬出永定门去马家堡火车站途中为甘军董福祥部所杀。此事成为八国联军入侵北京的导火索之一。七月二十日，英美军队攻占永定门。联军入城后，毁坏永定门西侧城墙，将铁路线修至天坛西门。这成为近代破坏城垣，开墙打洞，在北京修建铁路的发端。1902年，慈禧回銮乘火车至马家堡站。又换乘銮驾经永定门、正阳门返回紫禁城。

1915年新文化运动时期，李大钊多次由永定门出发前往南苑冯玉祥兵营传播马克思主义学说，逐渐使冯玉祥、吉鸿昌等人从旧军阀转变思想参与到新民主主义革命运动中来。1917年7月张勋复辟。段祺瑞组织“讨逆军”，与“辫子军”在永定门内外大战，成就其“三造共和”之名。1919年“五四”时期，李大钊、陈独秀、毛泽东、邓中夏、陈延年等人多次从永定门出发，坐火车前往长辛店机车车辆厂、劳动补习学校等地，在工人群众中宣传共产主义思想，奠定了北方工人运动的阶级基础，为日后的“京汉铁路大罢工”和“一二•九”等运动积蓄了群众力量。

瑞典学者喜仁龙（OsvaldSiren，1879～1966）曾在1920年和1921年访问中国，期间他通过对北京城墙、城门长达数月的实地考察、测绘，并结合相关文献写成《北京的城墙与城门》。该书收录了永定门的历史照片5张、测绘图纸8幅，成为永定门城楼复建的关键参考资料。作者在前言中写道：“所以撰写这本书，是鉴于北京城门的美”，看到北京城墙不断遭受破坏，特别希望“能够引起人们对北京城墙和城门这些历史古迹的兴趣，能够多少反映出它们的美”，“并感到自己对中国这座伟大的都城尽了一点责任”。

1924年，冯玉祥在李大钊等人的进步思想感召下，发动“首都革命”，推翻了直系军阀的反动统治，亦是由南苑进入永定门进行的。1935年“一二•九”运动，清华大学的爱国同学也从永定门进入城里游行示威，掀起了抗日救亡的高潮。

1935年6月，汉奸石友三、白坚武等人煽动铁甲部队哗变，被镇压于永定门外。1937年7月，二十九军在南苑及永定门外，英勇抗击日寇，佟麟阁、赵登禹将军先后战死沙场。7月29日北平沦陷。8月8日，日本侵略军2000余人经永定门侵入城内。日伪时期，我革命游击队多次在永定门外截获情报、击毙汉奸、炸毁军火库，对日寇予以了沉重的打击。使永定门外至卢沟桥以西的大片地区逐渐与平西抗日根据地连成一片，加速了日寇的灭亡。

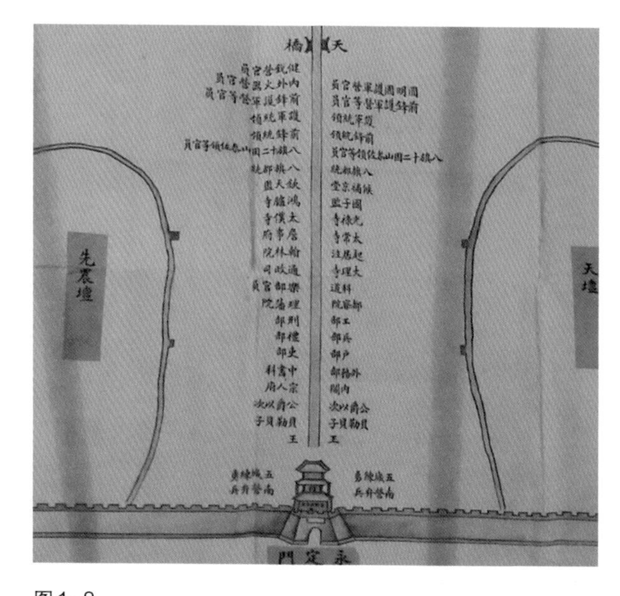

图1-8
1902年，慈禧回銮永定门至正阳门接驾位次图（台北故宫博物院藏）

1941年，在中国营造学社社长朱启钤等人策划下，基泰工程司建筑师张镈等人对北京城中轴线古建筑进行全面测绘，经过四年艰辛努力，完成了北京城中轴线上南起永定门，北至钟鼓楼的重要古建筑的实测和图纸绘制工作。这次测绘也为永定门复建和北京中轴线申遗提供了重要依据。1949年1月北平和平解放，人民解放军入城式也是由永定门开始。

History Chapter · 2

The Battle of Yongdingmen

历史篇·二 永定门之战

作为古代城防建筑，永定门从建造伊始就承载着非常重要的军事功能。它是外城规模最大的城门，城门上建有高大城楼和堡垒性质的箭楼和瓮城，城墙外有护城河与吊桥。遇有敌军攻城，则紧闭城门，由箭楼和城墙上的垛口向外射击。它的建造一开始就寄托着“邦国永定”的美好寓意。自建成以来，这座城门曾历经了五次战役，这里逐一介绍。

（一）明末己巳之战

明崇祯二年（1629）六月，蓟辽督师袁崇焕计斩皮岛总兵毛文龙后，进一步整顿山海关至宁远防线。后金军两遭败绩后，认为关宁防线“防守甚坚，徒劳我师，攻之何益？惟当深入内地，取其无备城邑可也。”[28]于是，皇太极决定借道蒙古破关而入，攻掠明朝京师。此次战役发生于农历己巳年，故称为“己巳之变”或“北京保卫战”。

十月，皇太极以蒙古喀喇沁部为向导，攻入永平和遵化。十一月五日，遵化陷落。京畿地区风声鹤唳，人无固志。十五日，清军攻至通州，明总兵满桂、侯世禄退军至京城德胜门外扎营。袁崇焕亲率九千骑兵急行军两昼夜，抵达广渠门外扎营。十一月二十日，皇太极亲率大贝勒代善等人，统领满洲右翼四旗，以及右翼蒙古兵，向满桂和侯世禄的部队发起猛攻。侯世禄兵被击溃，满桂身负多创，率百余人在城外关帝庙中休整。同一天，广渠门也发生激战。大贝勒莽古尔泰率阿济格、多尔衮、多铎、豪格等率领白甲护军及蒙古兵二千，迎击广渠门袁崇焕军。袁崇焕率领将士，奋力鏖战，后金军损失惨重。

十一月二十四日，皇太极因在广渠门作战失利，移师南海子养精蓄锐；二十七日，双方激战于左安门外。皇太极对袁崇焕不能战胜，便施用“反间计”，陷害袁崇焕。袁崇焕被捕后，祖大寿即拥兵15000人溃走山海关。于是京师防务急转直下。崇祯帝亟命大同总兵满桂为经略，使督统诸路勤王兵。初五日，满桂乃督步骑四万，列阵于永定门外，严濠栅，环以枪炮十重，严阵以待。皇太极见借刀杀人以制袁崇焕之计得逞，且祖大寿已叛离而去。时后金诸将皆劝皇太

28　《太宗文皇帝圣训》卷三
29　昭梿著《啸亭杂录·太宗伐明》
30　《王独清辑录》第175页，神州国光社，1936年
31　王守恂编《庚子京师褒邮录》，1920年。另见《清史稿》卷四五五列传二四二“永定门（阵亡）有闲散长泰、玉泰、春祥。”
32　退庐居士撰《驴背集》卷三，1913年

极乘势攻下北京。皇太极笑曰："城中痴儿，取之易如反掌耳，但疆圉尚强，非旦夕所能破，得之易守之难，不若简兵练旅以待天命。"[29]遂移师南下，祭金太祖、世宗之陵于房山，降固安，屠良乡。闻满桂亦率兵到京，皇太极即由南苑再次攻打京师。乃改明攻为乘夜偷袭。又以一部效明军甲裳旗帜，以行潜袭。其时明朝各地援军布满郊甸，新任经略满桂不辨其真伪，以为友军相援。十二月十七日黎明，后金突击队乘明军不意，而潜入满桂大营，满桂及总兵孙祖寿具殁于阵中。总兵黑云龙、麻登云等被擒。明朝又募义兵应急，但因事出仓促，未练成军，均遭败绩。而皇太极亦以师久无功，不欲旷日持久，乃为议和书，分置于永定门、德胜门。而移师转略张家湾、蓟州东去。

（二）清末庚子之战

光绪庚子年（1900）五月十五日，日本使馆书记官杉山彬在永定门外为甘军董福祥部所杀。此事成为八国联军入侵北京的导火索之一。七月二十日，英美军队攻入永定门，董福祥军战之不胜，退出北京城。联军攻入北京后，"时正阳门已为英军夺得，因即分派各兵保护使馆，一而乘势往据天坛。甫经夺获，而永定门之华兵已来救援，当为英兵击败，华兵伤亡者颇重。而永定门亦即为英兵所陷。"[30]"队兵闲散玉泰、春祥均于上年七月二十日在永定门城上遇敌身受枪伤阵亡。"[31]从战后的历史照片看到，在这次战争中永定门受到攻击，墙体多处中弹，城楼西侧屋脊吻兽被毁。

"英印度兵从永定门入都，民见印人以黑布缠头，颀而多髯，不肖西洋装束，则咸以为回兵。于是满城谣传马安良率回兵数千入卫。或又以为蒙古勤王之师。俄而前门破，使馆为解，溃兵四出逃窜，始知都城已陷。男妇老稚相携出城，田野之间，血肉相践踏。衣饰委弃盈道，无俯拾者。"[32]

联军入城后，毁坏永定门西侧城墙，将铁路线修至天坛西门。这成为近代铁路线修进北京城的发端。1902年，慈禧回銮乘火车至马家堡车站。又改乘銮驾经永定门、正阳门返回紫禁城。

（三）丁巳讨逆之战

1917年，北洋政府总统黎元洪与总理段祺瑞二人矛盾重重。1917年5月，黎元洪撤销段祺瑞国务总理之职。斗争进一步激化，段乃策动北洋各省督军独立，不承认黎元洪政府，政局一片混乱，史称"府院之争"。黎元洪电召徐州军阀张勋进京调停。张以十三省军事同盟"盟主"的身份，打着"调停"的旗号，率领5000名辫子军，于6月14日进京。首先逼黎元洪解散国会，随即带兵进入天坛，将正在祈年殿修改宪法草案的委员全部驱逐，将祈年殿改为辫子军司令部。后又与保皇党人物密谋。于6月30日晚潜入紫禁城，晋见溥仪，当晚召开所谓御前会议，决定发动政变，复辟清王朝。会后张勋立即命令辫子军占据城门、车站、邮局等要害部门。7月1日凌晨，张勋穿戴朝服补褂，率康有为等人拥戴溥仪再次登基，发布上谕：将民国六年改为宣统九年，易五色旗为黄龙旗。张勋因拥立有功，被封为议政大臣、直隶总督，恢复清代旧制。

复辟消息传出后，立即遭到全国人民的反对。全国各大报刊纷纷发表文章通电，痛斥张勋叛逆。

图2-1
庚子之变后的永定门城楼

教育界、商会等群起声讨张勋的倒行逆施。孙中山在上海发表“讨逆宣言”，号召全国一致为反对复辟、拥护民主共和而斗争。

此时，段祺瑞也装扮成反对复辟维护共和的首领，于7月3日在天津组织“讨逆军”，自封为共和军总司令，分兵两路，沿京汉、京津铁路进军北京，讨伐张勋。7月5日，南苑航空学校校长秦国镛致电段祺瑞，表示愿“率飞行队与讨逆各军一致行动”，于7月7日派飞机轰炸清宫。讨逆军驻扎于永定门外燕墩一带。张勋率部屯驻于永定门里及天坛、先农坛一带。并密布火炮于天安门、景山、东西华门等处顽抗。7月12日，段祺瑞讨逆军分三路攻城。张勋企图率兵顽抗，但不堪一击，纷纷逃散，最后退入天坛。张勋亲临天坛督战，讨逆军冯玉祥、吴佩孚、张纪祥等率部包围天坛。双方激战五小时，自早晨至午后，据守天坛的辫子军缴械投降，张勋只身逃回南河沿家躲藏，旋即由德国人保护潜入荷兰使馆，其残部相继投降。溥仪在复辟十二天后，即宣告再次退位。

（四）“永定门事变”之战

1935年5月，日本帝国主义为了进一步分裂中国，阴谋制造“华北国”。他们唆使汉奸张志潭、齐燮元、王克敏、王揖唐、白坚武、石友三等，成立“正义社”，专司联络失意的官僚政客以及国民党在职的亲日分子，促成“华北国”建立。其中以白坚武、石友三等活动最为积极。

当时，北平有一个铁甲车大队，下辖六个中队，第一、二、三、四中队分驻在琉璃河、南口、西直门及长辛店等地，第五、六中队和大队部驻于丰台火车站。这支部队原属东北军于学忠的五十一军，于学忠南撤后，由于铁甲车队不易移动，就将指挥权交给北平军分会。铁甲车队大队长曹耀章住在北平，大队部的事务多由大队副邹立敬代为处理。

石友三、白坚武唆使曾在张宗昌部任师长的李瑞清游说六中队队长段春泽叛乱。段春泽曾是石友三的旧部，嫌在东北军中待遇不好，

33　《大公报》，1935年9月29日
34　《益世报》，1935年6月29日
35　《国闻周报》，第12卷第26期，《一周间国内外大事述要》，1935年7月

所以和李瑞清一拍即合。但李瑞清在收买大队副邹立敬时被告发，随即被捕。这时，日本方面对石友三、白坚武再三催促，令其早日发动事变，他们遂决定于6月27日晚起事。

27日晚10时许，六十余名日本人由天津坐快车到丰台，引起天津车站警察注意。因为平时在丰台站下车的人数很少，因此天津车站警察当即通知丰台车站警察注意。快车11时许到丰台，这六十多名日本人下车即到第六中队队部。大队部副官刘崇基发现后，立即报告给大队长曹耀章。曹又报告给平津卫戍司令王树常。王树常马上派一一六师师长缪澄流所部用麻袋装土先将永定门城门缺口堵住，并派兵协同警察对东交民巷出入口加以警戒。[33]

原来在事变发动前，石友三已私下密派便衣三千多人，潜伏在东交民巷，准备在铁甲车开进永定门炮击位于西长安街的华北军分会时，便衣队立即出动，占领军分会和其他重要机关。同时东交民巷的日本兵也迅即响应，如此即可迅速占领北平城。

此时，第六中队队长段春泽已派人占领了车站及电话局，并盗用东北军、西北军将领名义发出通电，说“一切唯白公之命是从，誓不与逆党（即南京政府）共戴一天，所望父老军民同声响应”。随后，他命手下缠上“正义自治军”臂章，驾驶两列铁甲车向永定门开去。

6月28日凌晨1时许，平津卫戍司令部参谋长刘家鸾接到北平市公安局长余晋龢电话报告说，有一部分便衣匪徒占据了丰台车站，并与铁甲车队第六中队队长段春泽勾结，劫得该中队停驻丰台车站的铁甲车两列，向永定门方向开来。北平随即全城戒严，公安局所属保安队紧急出动，驻南城的保安四队队长王光禄首先带队赶到永定门外，将进城处一段铁道扒去。余晋龢急令东便门及永定门守门警卫严守两门。

叛匪凌晨到达永定门外，三次试图攻入城内，均未得逞。当局据报即由王树常派步兵一团，以市府载重车驰援永定门。士兵到达后出城迎击，双方持战颇久，叛匪势力难支，退向永定门车站。时驻南苑的部队已奉令围剿，同时将平丰路轨拆断一节，阻挡匪徒归路。匪势更窘，企图退回丰台，但因轨道已断，打算放弃铁甲车逃窜，然追军已至，匪众六十余人当场被毙。其余的人脱离路线，向三河县燕郊镇方向逃去。事后在永定门外检获其第二路司令部红旗一面、中缀一“白”字。[34]

北平城内的万福麟部和商震部协同警宪戒严，严密监视东交民巷使馆区，潜伏的便衣队和日军毫无可乘之机。北平市长袁良亲自打电话给住在东单日本旅舍扶桑馆内的土肥原贤二，质问兵变是否和日军有关，土肥原只好回答：“无关”。[35]

值得一提的是段春泽等人将铁甲车开到北平时，发现永定门附近的城墙上有部队严阵以待，前进道路也被封锁。铁甲车共开了六炮，但指挥开炮的分队长不愿叛乱，没有给炮弹装引信头，所以炮弹没有爆炸，只砸坏了几间民房。不久，这批叛军便被香河县、通县的地方保安队抓获。当夜，王树常命令将抓捕到的段春泽在北平陆军监狱执行枪决，事件遂告平息。

（五）“七七事变”之战

1937年7月，二十九军在南苑及永定门外，英勇抗击日寇，佟麟阁、赵登禹将军先后战死沙场。在永定门外也发生了两次战斗。

“日军于十三日晨陆续由通州经永定门外大红门，开赴丰台。至十一时许，复有日军四百余名，乘载重汽车六十五辆，携带坦克车四辆、迫击炮七门、卡车四辆，突向我军挑战，意欲冲入北平城。我军当即阻拦，遂发生冲突。双方战事激烈，日军死伤颇多，当冲击时，日军曾以坦克车向我冲击，我军奋勇抵抗双方均有死伤。大部阵线，在永定门外四里许，观音堂一带。记者登永定门城楼远望见城外居民纷纷逃难，步枪声颇为清晰，隐约可望见日军行踪。至十二时卅五分突有巨炮两响，声音极近，前门大街行人闻声纷纷躲避，各商店当即闭门，城内亦立即警戒。及日军被我击退后即复原状，市民亦照常镇静。各冲要地点沙包等障碍物，昨日已撤除，现复重新堆叠。北平至南苑电话线，于中日军冲突时被割断。至晚七时许，即修复通话。日机一架于下午三时许，在永定门一带侦察。”[36]

当日战争主要发生在永定门外铁路桥一带“我军由城内各段驰至，以援助战区附近之守军。战事于下午十二时四十五分终止。当交战之际，城南断绝交通，居民皆不许外出。据在城墙目击战事者说‘我军威势甚盛，日军卒向丰台方面败退，所携载重汽车二辆，所载汽油与子弹均被炸毁，乃委弃在路旁。’又路透社十三日北平电有云：‘今晨南苑华军营房附近因有日兵一队前往侦查，致发生小战事。今日下午日飞机第一次参战，飞机数架，曾轰炸南苑区之华军’。据居于城外之外人声称‘昨夜之战事亦极激烈。双方皆用炮队与机关枪轰击，且用星弹照耀战区。战至午夜，因日军退走，遂告终止。日军乃沿宛平北平公路与卢沟桥方面平汉路线而进。’据村民声称：‘战事开始时，华兵即夺得日炮一尊，于是由西开来之日军，乃与华兵约千名交战。华兵在跑马场掘壕固守云。’”[37]

十四日凌晨一时许“日军约千名向永定门外大红门我驻军开始用炮轰击，我当加以还击，双方刻互用机枪对射中。又昨晚十一时丰台日军五十余人，又载重汽车三辆，向大红门一带开去……永定门车站曾落炮弹数颗，但无多大损失。”[38]1937年8月，北京城最终陷落。但对日寇的抵抗从未停止。1940年7月28日，我游击队曾在永定门一带，狙杀汉奸数人。[39]1949年1月31日，北平和平解放。2月3日，从永定门开始举行了庄严的解放军入城式，永定门最终回到了人民的手中。

36　《立报》1937年7月14日第一版“平永定门外昨有激战，日军被我击退”

37　《战地通讯录》第4页，铁血出版社，1937年，作者不详

38　《卢沟桥事件》第14页，“永定门外之激战”，1937年，作者不详

39　《立报》1940年8月1日第二版“沦陷三年的平津同胞，愈奋斗愈见坚强，游击队到了永定门，小汉奸陆续被狙杀”

Demolition and Reconstruction of the Yongdingmen Gate

历史篇 · 三 永定门的拆除与复建

20世纪50年代初，北京的城门和城墙对城市发展、市政建设、交通环境等负面影响逐渐凸显。1950年底至1951年初，为了改善永定门两侧的交通状况，永定门瓮城被拆除，城楼、箭楼成为两座孤立的建筑。1952年，北京市建设局传达了“市委市政府关于城市建设规划问题……要把北京建设成一座新型城市，要清除影响建设的障碍物……城墙、城门、牌楼等都是障碍物。”[40]随后，从1952年9月拆除西便门起，市政府采取分部、分批、分期的拆除方式，每年批准几项城楼或箭楼拆除工程。到1958年9月上旬至9月30日，永定门城楼和箭楼被相继拆除。此工程由北京市建设局孔庆普、李卓屏主持，道路管理处综合技术工程队施工完成。完工后，李卓屏编写了《永定门拆除工程施工总结》。施工总结中详细地记录了永定门城楼和箭楼的结构尺寸、城台构造等情况。[41]

永定门的拆除，使得北京老城的传统中轴线失去了南端点。城市空间被重新配置。作为历史性建构的城市文化空间，永定门在四百多年的岁月中几经沉浮，最后消失在历史的尘埃中。原有的空间功能消失，原有的文化意义和文化形态也就此定格在历史记载或民间记忆之中。

由于永定门位于明清北京中轴线南端点，堪为北京老城的南大门。全长7.8千米的城市中轴线，对北京这座历史文化名城来说就是城市发展的灵魂。古老的中轴线建筑布局，反映了北京独特的建筑文化理念，是世界建筑史的杰作。永定门城楼在1958年被拆除，中轴线

图3-1
拆除瓮城的永定门城楼与箭楼

40 孔庆普著《北京的城楼与牌楼结构考察》第87页
41 详见孔庆普著《北京的城楼与牌楼结构考察》第247页

失去了最南端起点的标志性建筑，呈现出有尾无头的失衡状态。

20世纪80年代，北京开展历史文化名城保护工作。1983年版《北京城市建设总体规划方案》指出："北京旧城是我国著名的文化古都，在城市建设和建筑艺术上，集中反映了伟大中华民族的历史成就和劳动人民的智慧。城市格局具有中轴明显、整齐对称、气魄雄伟、紧凑庄严等传统特点。"1993年的《北京城市总体规划（1991～2010年）》明确提出了保护传统城市中轴线和注意保持明清北京城"凸"字形平面轮廓。以此为契机，复建永定门的呼声不断涌现。

随着北京中轴线向北的延伸以及北京奥林匹克公园的修建，没有了永定门的中轴线空间成为北京历史文化名城保护事业挥之不去的遗憾。与中轴线北延长线形成鲜明对比的是，永定门成为北京中轴线南端的最后一块"缺失拼图"。1999年，有多位市政协委员提案，呼吁重建永定门，这引起了北京市政府的高度重视。在北京市新一轮的城市规划中，重建永定门成为北京实施"人文奥运文物保护规划"中重要的一环。永定门城楼复建也成为2004年北京市政府办理的56件实事项目之一。科学合理地复建永定门城楼，具有重现文物信息、历史价值、科学价值和艺术价值的特殊意义，不仅对保护北京历史文化名城起到了十分重要的作用，而且在完善北京中轴线格局方面具有不可替代的文化意义。

为了配合永定门城楼复建，南中轴路开展了大规模的环境整治工作。市政府共投入八亿多元，搬迁了天坛至先农坛之间四千余户居民及三百余家单位、学校、店铺等，亮出两侧的古坛墙。彻底解决了自清末以来对永定门内街道的不合理占用问题，使得南中轴的交通线路、文物保护、市政绿化等环境发生了彻底的改观。

复建永定门城楼由此成为北京城市中轴线景观整治、人文奥运文化保护规划、恢复北京旧城风貌的重点工程。虽然呼吁复建永定门的声音越发高涨，但实际上关于永定门重建的议论颇多，因此该工程虽然在2001年就得到了批准，却长时间停留在研究、讨论、验证等阶段，直到2003年才开始动工。2004年为实现"新北京，新奥运"的战略构想，仿照乾隆年间的式样，根据民国时期对永定门的测绘资料，重新复建了永定门城楼。2008年8月8日晚，惊艳世界的北京奥运会开幕式上，"烟花脚印"即由永定门"出发"沿着北京中轴线由南向北，直至国家奥林匹克公园。随后进行的奥运公路自行车赛也由永定门北广场出发。2022年北京冬奥会，永定门南广场也是城市重点装饰景观。由此可见，复建后的永定门城楼完美融入了传统中轴线，与天坛、先农坛及护城河一起，共同构成了北京南城的整体空间格局。永定门是北京中轴线南段不可缺失的标志性建筑。

永定门不仅是一座实体意义上的城门，更是在历史浮沉中创造的文化概念，它不仅是北京中轴线南端的起点，也是孕育南城文化的原点。从一个城市的文化传承与文脉延续角度看，永定门"拆与建"的轮回不仅是城市变迁的见证——从为防御外敌建造永定门，到因城市改造而拆除永定门，再到申奥成功后复建永定门，永定门的"命运"一直与"国运"息息相关。从有到无再到重生，饱经沧桑的永定门随时向世人低语诉说着历史潜流下的步步惊心。同时，永定门也是一种对传统文脉的继承与对文化乡愁的当代怀念，时时刻刻让人遥想起日下帝京曾经的繁华盛景。

复建永定门城楼体现的是一种综合性、宏观性的城市发展眼光。如果将永定门的城市空间放在北京城市历史传统、现代化建设和未来发展纵向关系中，并与现有城市总体性空间规划布局横向比照，那么其所体现出的当代时空概念就不可小觑。关于永定门的复建，一直存在着不同看法甚至争议。1999年，在北京市政协九届二次会议上，一份名为《建议重建永定门，完善北京城中轴线文物建筑》的提案引起了很大争议，反对者认为，既然重建后的永定门不能保证其作为历史建筑的原真性，那么既劳民又伤财的重建，意义与价值何在。而赞成者则从北京城市空间的总体布局与总体规划的角度，认为永定门应当重建。如今回来，从城市发展规划与战略框架的角度而言，永定门的复建，永定门城市空间的重塑无疑具有十分深远的意义。

2000年，在两院院士吴良镛教授、全国历史化名城保护委员会副主任委员郑孝燮先生、中国考古学会会长徐苹芳先生以及北京市文物古迹保护委员会委员王世仁先生等有关专家呼吁下，并提出重建永定门的建议。建议中明确提出把重建永定门定性为城市标志性建筑。2001年5月，市政府专题会批准了重建永定门的建议。从2003年开始，根据市委、市政府领导的指示，市有关部门对南中轴做了系统规划，并先期开展了天桥至永定门一线中轴路的大规模城市整治工程，搬迁、拆除了天坛祈年门以南的永定门内大街两侧到两坛坛墙之间区域内的居民、建筑，为永定门城楼的复建创造了条件。

2003年底，根据计划的要求，永定门城楼主体修复工程须在2004年国庆节前竣工。2004年1月16日永定门旧桥断绝交通后，在有关部门协调下，2月12日完成了城楼修复用地范围内电信、电力、光缆等各种市政管线的改移和旧桥北跨的拆除工作。随后，由文物保护部门对永定门遗址进行考古清理，并于2月14日开始挖槽及打桩等加固基础的工作。由于永定门城楼的位置南侧紧邻已经取直改道的护城河，北侧距离即将修建下挖式的北滨河路仅0.3米，导致其原有地基环境发生了较大变化。为保证城楼的安全，经专家论证，城楼的地基基础采取了新技术进行加固处理。2004年3月10日正式开始动工兴建。2004年9月，永定门城楼完成主体修复。

永定门由城楼、箭楼和瓮城组成。箭楼和瓮城所在的位置，因城市道路建设及河道疏浚取直，现分别被南二环路和南护城河道占据，唯有永定门城楼位于现北滨河路与永定门旧桥的交叉路口南侧，具备修复的条件。经有关部门及专家的反复论证，最终确定原址复建

图3-2
2004年3月10日，永定门复建工程正式开工，郑孝燮、罗哲文两位专家参加奠基仪式

图3-3
2004年9月永定门城楼主体完工。北京大学历史地理学教授侯仁之院士携家人与北京市文物局相关专家李彦成、王世仁、徐雄鹰、孔繁峙（后排左至右）合影留念。

永定门城楼，并按历史原貌恢复。

永定门城楼的重建得益于北京主办2008年第29届夏季奥运会，被列为人文奥运工程之一。2004年3月10日开工，2005年10月竣工。11月25日北京市文物局与崇文区办理交接手续，由崇文区负责管理。复建永定门的图纸蓝本，主要是依据1941年北平市文物整理委员会对永定门城楼的实测图，以及1957年拆除时测绘的建筑结构图。复建的永定门城楼总高26.04米，城台东西长31.4米，南北宽16.96米，城楼为重檐歇山三滴水屋顶。城楼内12根立柱是从南非进口的铁梨木，每根长13.66米，直径0.6米。永定门城楼的彩画采用“一麻五灰”十三道工序的旋子彩画传统工艺。两侧修复城墙各长16米。修复范围（城台及城墙）东西总长63米。使用各种型号的城砖三百万块、木材一千余立方米、瓦三万余块。

永定门城楼的修复是北京古都风貌保护的重大举措。城楼的修复不仅恢复了北京老城中轴线的完整性，也从整体上进一步恢复了古都风貌，在北京历史文化名城保护上增添了新的篇章。再现了“两坛”与永定门交相辉映的历史原貌，恢复了中轴线的神韵。

在2017年通过的《北京城市总体规划（2016～2035年）》中，突出强调了北京中轴线保护与北京中轴线申遗。总规划指出，北京中轴线既是一条历史性轴线，也是一条发展性轴线，因此在保护与更新有机结合的基础上保护中轴线传统风貌、完善中轴线空间秩序、推进中轴线申遗工作，是完善北京城市政治中心、文化中心功能，且符合其“历史文化名城”城市定位的重要举措。2018年7月，永定门作为历史地标位列北京中轴线核心遗产构成。可以说，永定门这颗遗珠重新被镶回北京中轴线这串珠链之上，由新永定门城楼完善的具有良好城市空间秩序的北京中轴线空间，为阐释这座城市的历史文脉、文化肌理、空间布局、未来规划提供了空间意义上的可能性。

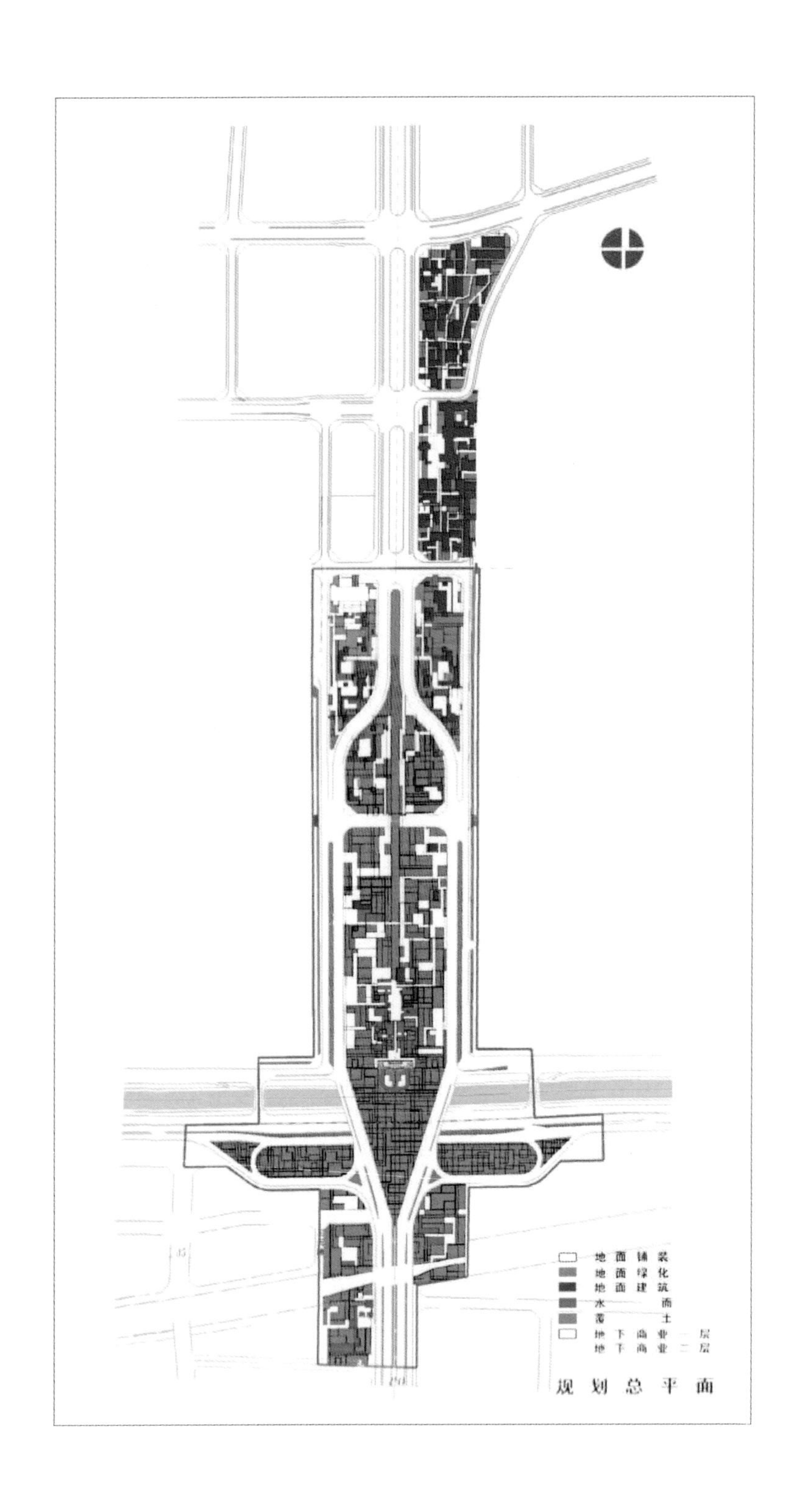

图3-4
永定门地区规划总平面图

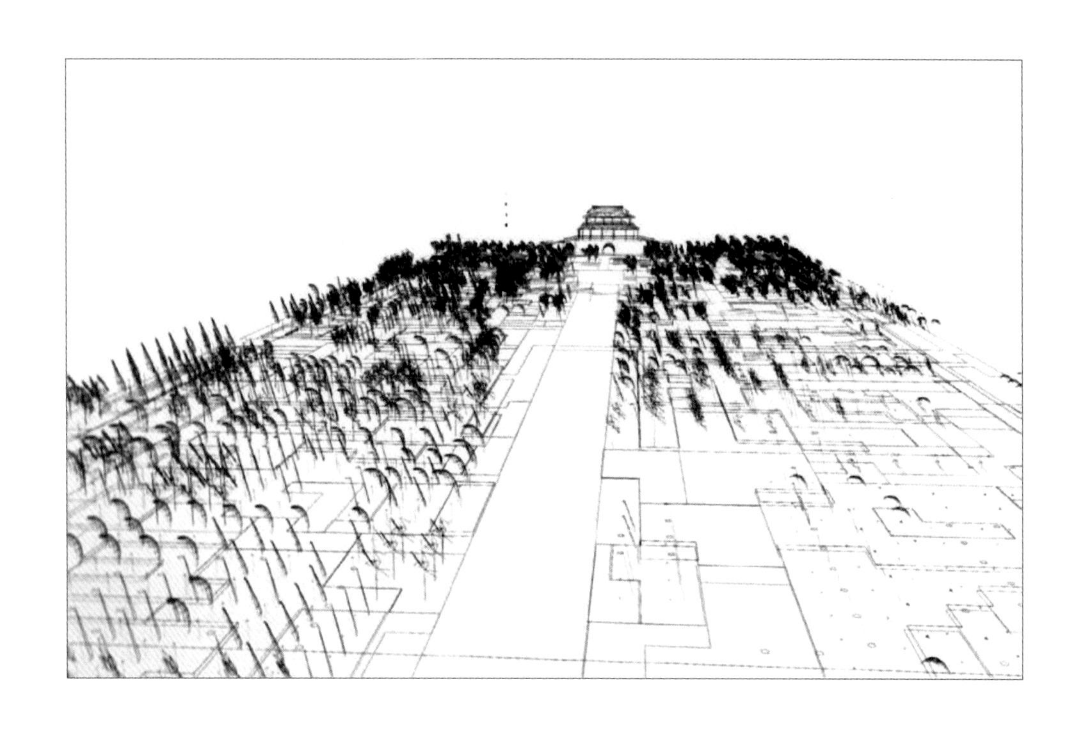

图3-5
永定门地区空间效果图

［1］
1921～1924年
从正面观永定门城楼、箭楼及瓮城

［2］
1921～1924年
永定门城楼及护城河侧影（西面）

［3］
1921～1924年
永定门城楼及护城河侧影（东面）

［4］
1921～1924年
永定门城楼正面

［5］
1921～1924年
永定门箭楼正面

［6］
1921～1924年
从瓮城内观永定门箭楼

［7］
1921～1924年
从瓮城内观永定门城楼

［8］
1957年
永定门箭楼被拆除前

建筑篇 · 四　永定门城楼的复建依据

Architecture Chapter · 4

The Basis for the Reconstruction of the Yongdingmen Gate Tower

永定门是明清北京外城中央的正门，也是北京城市中轴线的南端点。该门始建于明朝嘉靖三十二年（1553），清代乾隆三十二年（1767）重建城楼，其后又经历多次修缮。永定门原有的城楼、箭楼和瓮城，于二十世纪中叶被拆除。拆除城门后，取直疏浚了护城河道，展拓了道路。为明确标示古城中轴线端点，遂有恢复永定门城楼之议。2001年开始即着手进行复建方案设计。2003年初，在原复建方案的基础上，完成了建筑复建的项目设计。

（一）考古依据

1. 永定门城址考古发掘情况

2003年3月13日至22日，北京市文物研究所按照市文物局的指示精神，在北京市文物古建工程公司的配合下，对永定门桥北端的原永定门城址进行了局部勘探、试掘，共试掘出长度不一的探沟7条，依次编号为T1～T7。经过试掘，城址的四至范围已勘察清楚。情况如下：

a.永定门城址地基结构：从探沟内夯土层推测，城址周围用夯土筑成底部基础，宽3.7米。夯土用素土夯成，其上部砖石结构已被破坏无存。

b.永定门城址的北墙、东墙、西墙范围基本清楚。南部由于城外河水调直改造，已遭到破坏，具体位置已不可考证。城址保存现状为：东西宽35.4米，南北残长11.4米。

c.在城址东侧，还发现一南北向三合土基础，宽约3.7米，从发现位置推测，应是瓮城伸向城墙

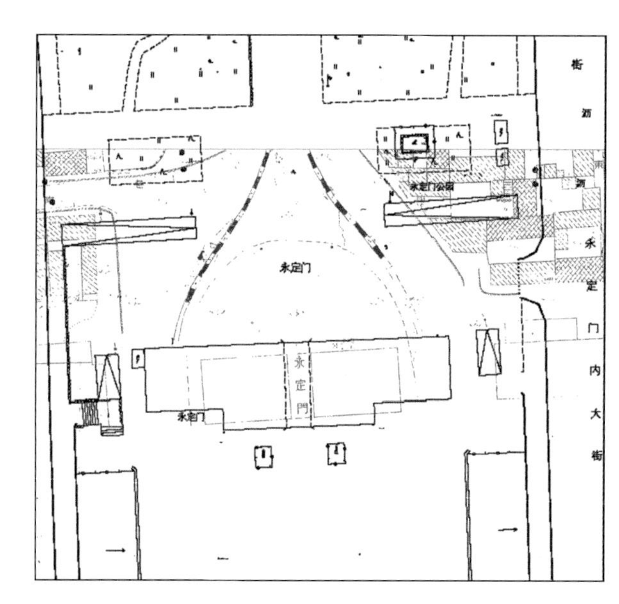

图4-1
新老永定门之叠压位置关系图。图中红色部分为20世纪50年代的永定门城楼平面，黑色部分为2004年复建后的永定门城楼平面位置（北京市测绘研究院提供）

图4-2
永定门基础的地层分布

图4-3
永定门城楼砖基遗址

图4-4
永定门城楼基础夯土部分

图4-5
永定门城楼基础块石部分

的基础。

2. 南中轴路改造工程永定门北侧花岗岩路面勘察

2004年6月29日，北京市文物研究所接北京市文物局通知，南中轴路改造工程施工中发现路面，遂派专业人员进行了现场踏勘。

发现的路面位于永定门北侧100米处，路面开口距现地表0.15～0.25米，路面用花岗岩铺就。石条长短不一，长约0.5～1.5米，宽约0.4米，厚约0.2米。南北长约200余米，宽约13～13.5米。其中路中间石条已无存，东侧散水存宽3米，西侧散水存宽2～2.5米。石条下为三合土夯筑路基。据史料记载：清乾隆二十年（1755）曾整修过前门至永定门之间的道路，旧路拆除重修取直、宽窄划一。后期曾有修葺。清帝南巡或郊祀都经此路。此次发现的这一段，就应是清雍正朝所重修之“御道”。

图4-6
南中轴路永定门北侧御路

图4-7
南中轴御路遗址

（二）设计依据

1. 历史依据

历史上永定门城楼的相对位置，在1954年6月北京市房管局测量队测绘的地形草图和1955年北京市地形图上有明确标示。可以作为在原位复建城楼的可靠依据。

瑞典学者奥斯伍尔德·喜仁龙（Osvald Sirén，1879～1966，简称喜仁龙）1924年所著《北京的城墙与城门》一书载录了永定门的实测图纸和部分历史照片，较准确地反映了永定门经清代重建后的面貌。

在方案设计中，城楼的控制尺寸按该书图纸和文字记录确定；对于缺少尺寸记载的部分，则按照片所示的比例关系推论确定；建筑细部的处理，参照现存的时代相近的同类建筑实例和清代建筑工程惯用手法进行设计。进入初步设计阶段后，建筑各部尺寸、做法，又根据中国文物研究所(现中国文化遗产研究院)所藏资料做了进一步的修正。

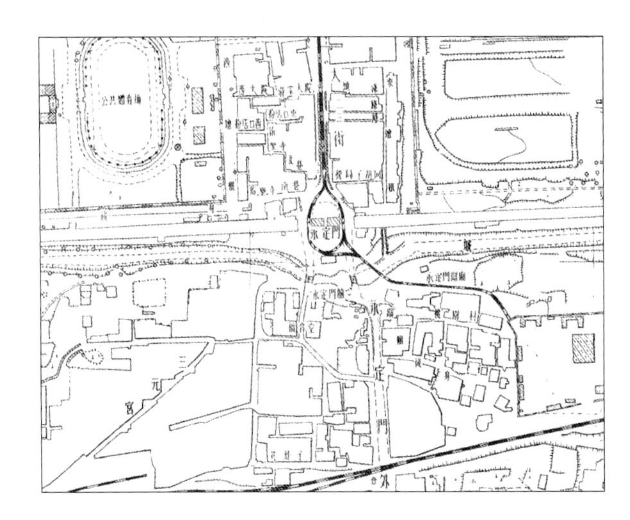

图4-8
新中国初期的永定门地区

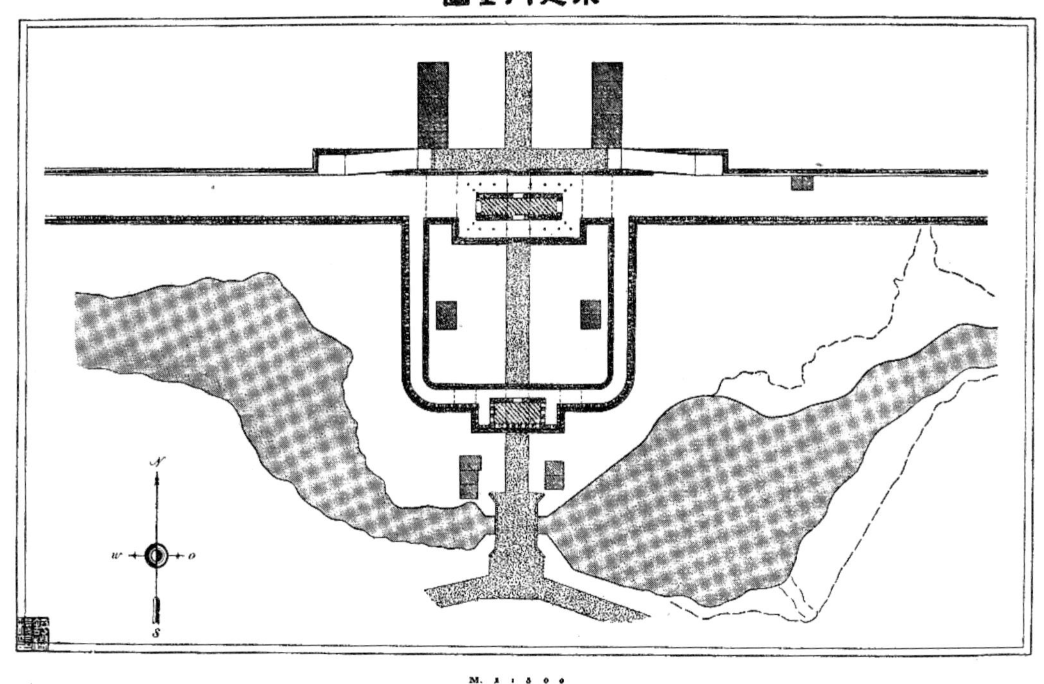

Fig. 46.—Yung Ting Men, general plan.

图4-9
《北京的城墙与城门》中永定门实测图纸——总平面图

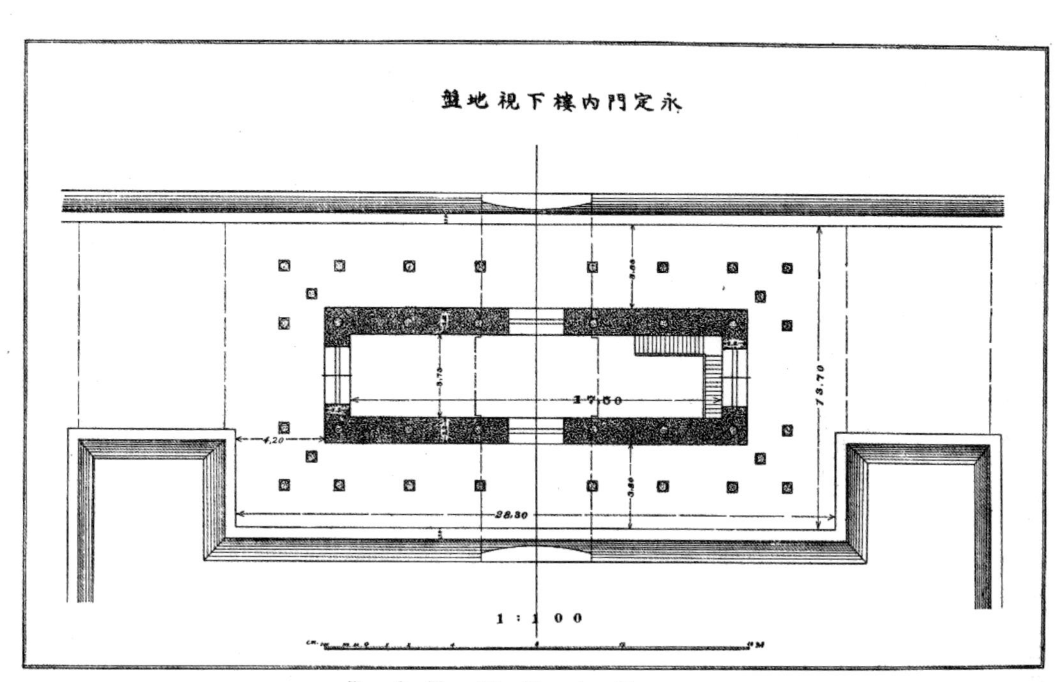

Fig. 48.—Yung Ting Men, plan of inner tower.

图4-10
《北京的城墙与城门》中永定门实测图纸——城楼平面图

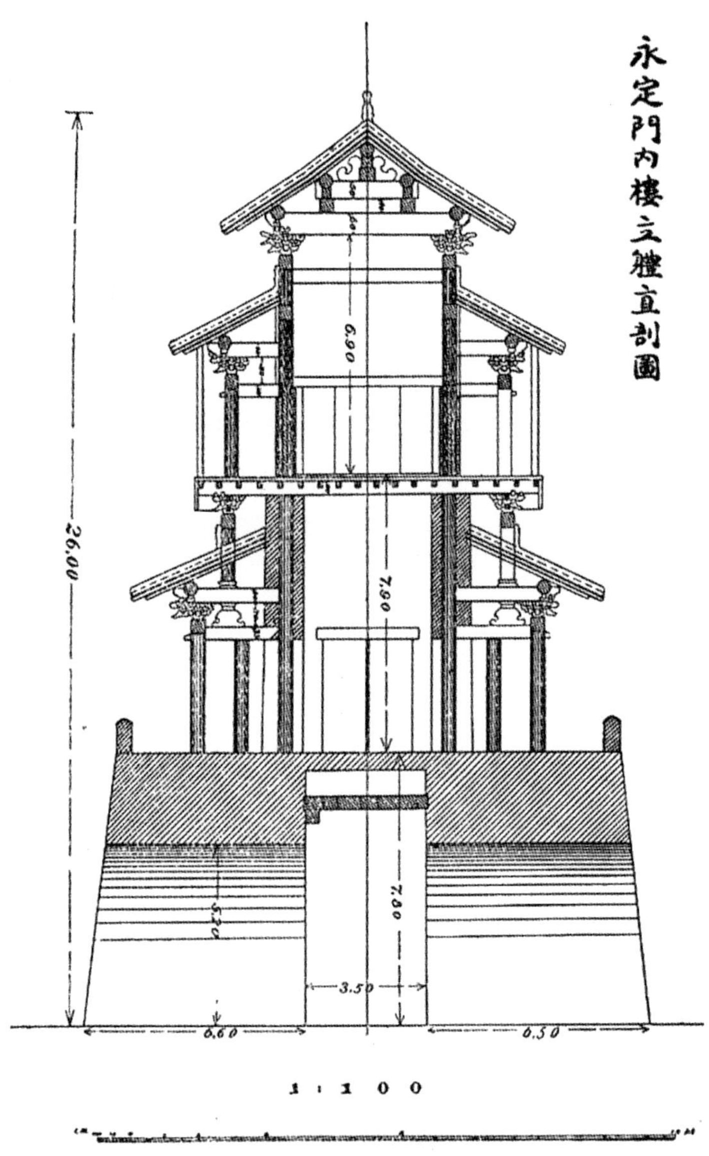

FIG. 50.—Yung Ting Men, cross section of the inner tower.

图4-11
《北京的城墙与城门》中永定门实测图纸——城楼纵剖面图

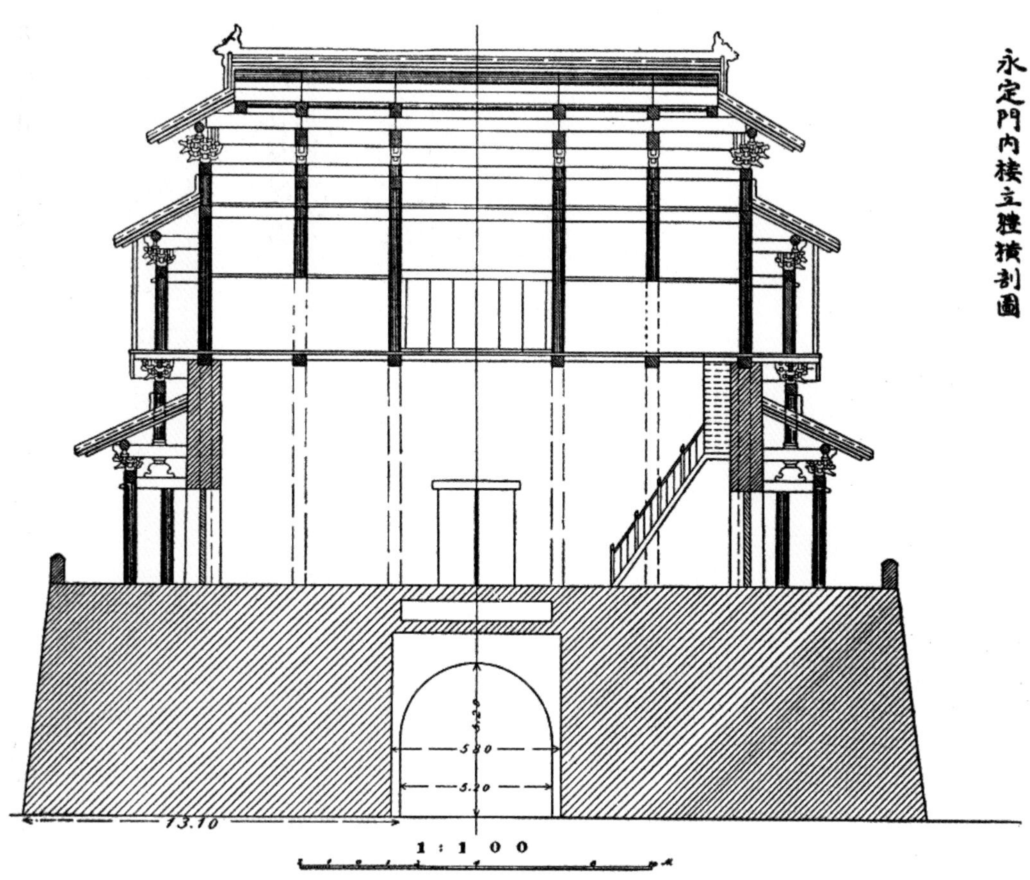

FIG. 49.—Yung Ting Men, plan of inner tower.

图4-12
《北京的城墙与城门》中永定门实测图纸——城楼横剖面图

图4-13
《北京的城墙与城门》中永定门实测
图纸——城楼立面效果图

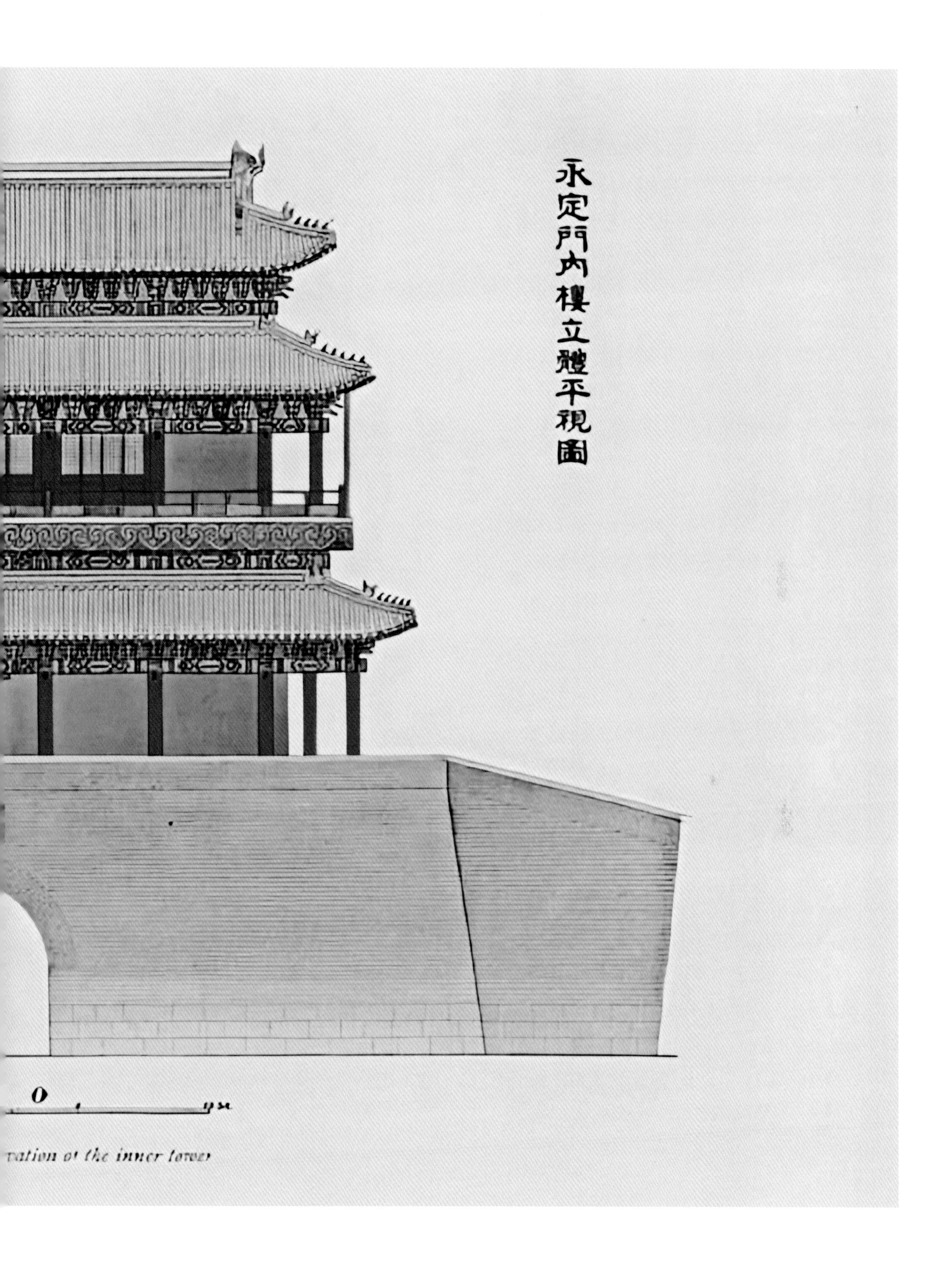
永定門內樓立體平視圖
0
vation of the inner tower

2. 理念依据

永定门城楼位置的确认：设计最初是根据1954年6月北京市房管局测量队测绘的地形草图和1955年北京市地形图上有明确标示的位置（当时的地形图无详细坐标，因此城楼现场位置依据地形图中城楼与天坛及先农坛坛墙相对位置推算得出），并参考北京市文物研究所的考古图、遗址照片及考古发掘说明（东西位置可明确确认，南侧无遗存，北侧墙体也被部分改为管沟，具体北边界无法准确确定）推算确定了城楼的位置。由于设计最初确定的位置部分城台要占用部分巡河道，经多方多次与市河道主管部门协商，市河道主管部门明确表示反对，并称根据防洪相关要求，不能占用巡河道。故城楼位置从推算确定的位置向北平移2.1米。

由于城楼南侧为护城河，为防止河水渗入城楼基础，故在南侧设置混凝土止水幕墙；又由于城楼北侧为下沉车道，为防止城楼地基、基础下沉、坍塌，故在北侧设有混凝土护坡桩；同时为保证城楼的整体稳定性，对城楼地基进行了加固，设置了混凝土灌注复合桩，设计深度10.5米，基础深度-9.1米。基础施工分为桩基垫层100毫米厚C10混凝土垫层，其上为500毫米厚C25钢筋混凝土底板，板上页岩砖墙体砌筑，3：7灰土填心。

除城楼基础外，城楼结构均为砖木结构，地上部分全部采用传统材料、传统工艺、传统做法建造。城楼造型及细部设计以充分尊重历史真实为基本原则，对于某些当前看来不尽合理的部分，只要不影响建筑的安全，一概保持历史原貌。

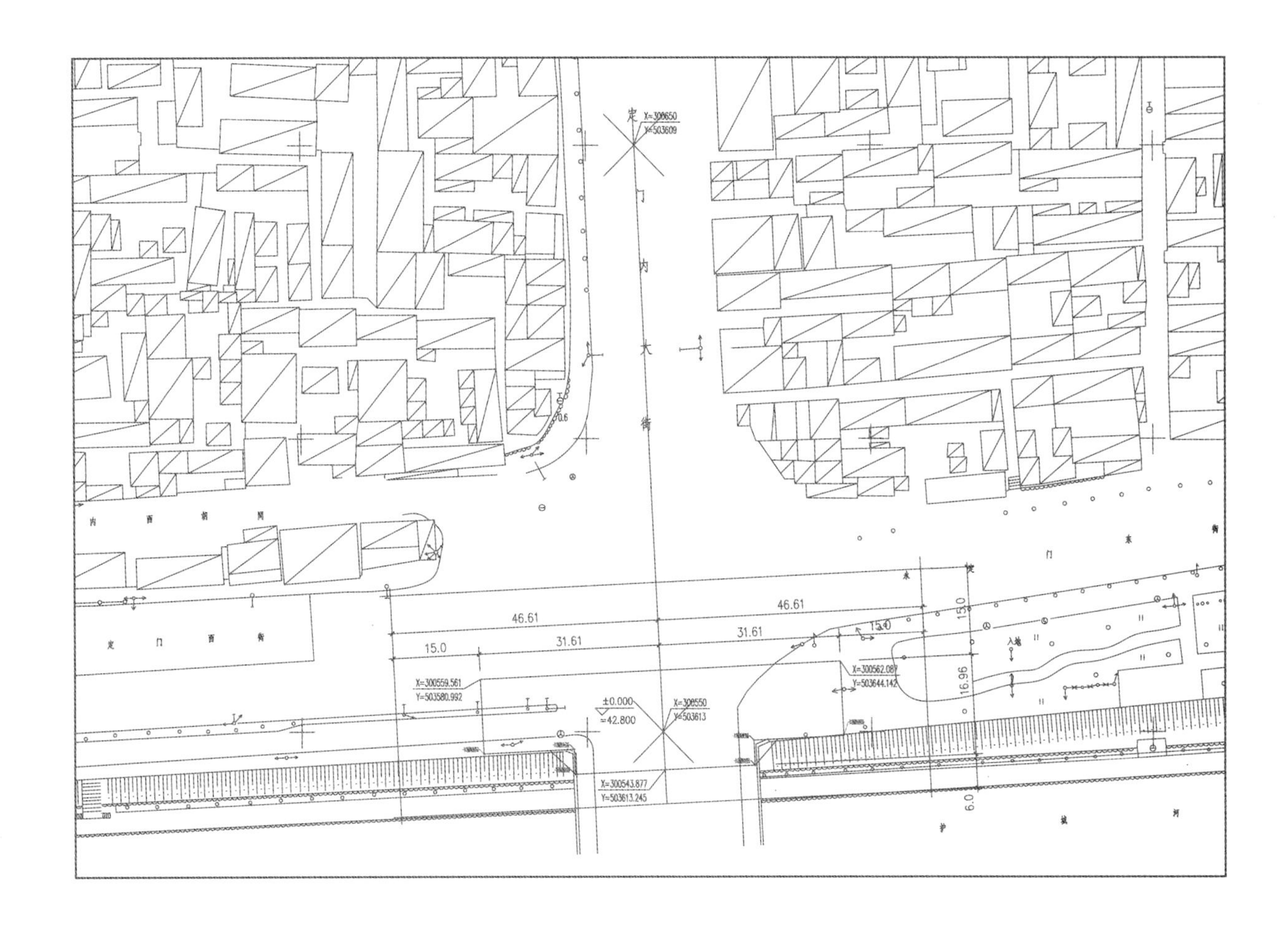

图4-14
永定门城楼与河道关系

建筑篇·五 永定门城楼的复建设计

（一）永定门城楼建筑设计

城楼造型及细部设计以充分尊重历史真实为基本原则，对于某些当前看来不尽合理的部分，只要不影响建筑的安全，一概保持历史原貌。针对古建筑结构弱点，设计在隐蔽部位增加了必要的加固措施。同时，为满足现代使用功能方面的要求，在城台城楼以外的部分，安排了管理用房；在城楼和其他部分，设置了照明、供暖、给水、卫生、排雨排污等设施。

城台以及相连的东西墙段采用传统的砌体结构建造。城台实心做法：东西两段城墙外砌砖石，内部留空安排必要的管理机构用房和竖向交通空间。两段城墙北面各设出入口，内部设登城的蹬道，通向城台城楼。城台上的城楼为三重檐木结构，内部二层空间，歇山式屋顶。

由于用地限制和规模控制等方面的原因，原有的登城马道和瓮城均不可能恢复。为反映出历史上城楼和城墙与登城马道、瓮城的相互关系，特在南立面、北立面、东西端面和一定范围的场地地面上用直白标点的形式，标示出原来登城马道、瓮城的位置和走向，并刻石说明。所标示的位置和尺寸，与历史上所存实物的真实情况力求完全相符。

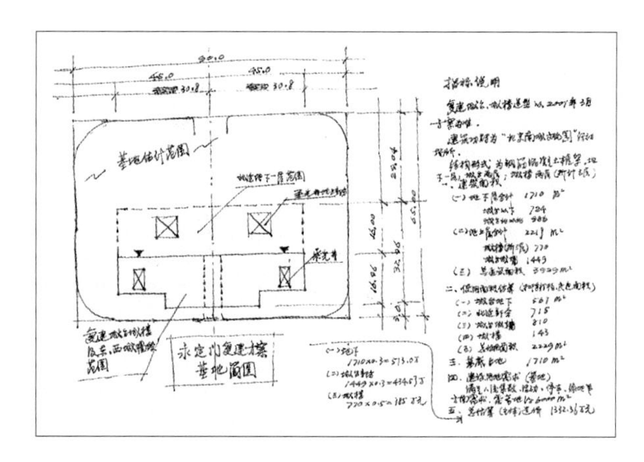

图5-1
永定门复建设计草图

1. 木结构

木结构按传统做法设计，并针对其结构弱点和易发病害，增加了有效防范措施。该部分的加固构件不许减免。如在施工过程中发现难以安装或个别处构件与节点实际情况难以完全吻合，必须及时向设计通报，以便采取修正措施。

凡构件用钉与木构固定联结的，需预钻孔后再钉入铁钉。防止构件发生挤胀性劈裂。预钻孔的深度和直径须适度，防止发生铁钉牢度不足。必要时，应先行实验后，再进行实际安装操作。

木结构用材应符合设计规范的规定。梁、柱、桁、枋等结构用材，选用一级东北落叶松，强度等级大于TC17。椽杆选用直径合适的松杆或杉木杆，严禁用大断面板枋材料分解制作；飞椽、望板、连檐等选用一级红松。斗拱用材强度应大于等于TC17。门扇、隔扇等类，选用一级红松或白松。所有木材均应为干燥材，尤其是斗拱用料，含水率必须低于15%。

预制榫卯必须严密，严禁发生“外严内虚”的状况。重要榫卯，多方向相交的节点（如通天柱中段榫卯），必须经过画线验线、复核程序后方许开凿锯解，操作完成程序人员不得少于两人。

除设计特别绘出详图的节点和榫卯外，一般榫卯均以传统做法为准。所有柱、枋相交处的燕尾榫，必须采用带袖肩的做法；所有结构构件横向榫头的制作，均应以“宁大勿小，宁宽勿窄”为基本原则，在保证被剔凿开卯构件不过度削弱断面的前提下，尽可能增加榫头的断面尺寸，以提高其抗压、抗剪的能力。对于易产生压缩变形的桁檩与梁头相交节点，加工时要略有涨出，以适应变形。固定椽杆、角梁和加固构件的铁钉，必须用手工锻打四棱铁钉，钉椽杆用镊头钉，加固铁件一般用四棱帽钉，固定角梁用方直钉。严禁用市售圆钉或钢筋锻打出尖替代。

所有与砌体、土体接触的木构件和有可能处于潮湿状态的木构件，均必须进行防腐。一般选用成品CCA，涂刷不少于四道。所有木构，均涂刷防火涂料，涂料选用消防部门推荐产品，或成品NETT，涂刷不少于四道。

望板、平座楼板等处的防水层，必须保证施工质量。聚氨酯两布六涂防水层做法详见附录。

附录——聚氨酯无纺涤纶纤维布防水做法

a　清理基层

不得有尘土、木屑。用环氧腻子勾严板缝，防止涂料淌入缝中，板面上不许有腻子（环氧树脂 E44 ：多乙烯多胺：滑石粉或石英粉＝100：14：150～180）。

b　涂布底胶

聚胺酯甲组：乙组：二甲苯＝1：1.5：2（重量比）用长把滚刷涂布均匀，0.3千克/平方米，固化4小时以上。

c　防水层

甲组：乙组：二甲苯＝1：1.5：0.3（重量比）

第一道膜：0.6～0.8千克/平方米，固化5小时以上。

第二道膜：0.6～0.8千克/平方米，涂布后马上铺贴涤纶纤维无纺布，接缝宽度80毫米，滚压密实，不许出现空鼓和皱折。固化6小时以上。

第三道、第四道膜：0.6千克/平方米，第三道涂布后固化6小时以上。第四道膜涂匀后马上铺贴第二层布，固化6小时。

第五道膜：0.5～0.8千克/平方米，涂布后马上均匀撒布小于8厘米石屑（干燥、筛净、表面无粉尘）。固化后扫净浮绒。

所有材料用电动搅拌器强力搅拌均匀；各道涂膜方向须相互垂直；材料应随用随配，配置好的混合材料应在2小时内用光；固化时间符合要求；结膜层总厚度≥2.0毫米。施工注意成品保护，禁止随意踩踏。

2. 砖石砌体

砌筑石材选用青白石料。砖砌体表面用大城样手工城砖，砖强度大于MU10.0。城砖应规格统一，尺寸达到标准。砌体内部背里，允许使用蓝机砖，强度大于MU10.0，砌筑应十分注意砌体的拉结，保证整体性。

砌体采用性质接近传统泼灰浆料的混合砂浆砌筑，配合比为：泼灰：中砂：水泥＝100：35：10。水泥选用P.O 42.5普通硅酸盐水泥，优等质量。泼灰出灰率变化时，可以按灰膏折计，灰膏陈伏期不得超过两天。所用灰浆配比必须准确，按规定制作试样送检，强度统一。

砌体原浆灌浆，层层灌严，原浆勾平缝。

支券胎必须保证刚度。图中的券形为成品尺寸，现场实施应在设计券形的基础上对券胎做微量调整，以保证发生沉降变形后符合设计尺寸。如不能根据经验确定，应进行实验以确定相应的调整值。

发券灌严、背实完成后，方可砌筑券外砌体，禁止边发券边砌券外砌体。

砌体每天砌筑高度应严格控制，严禁超过一步架高度，工作面应展开，均衡砌筑。

所有灰浆中，严禁使用袋装石灰粉。

场地铺装，除设计规定的部分以外，允许按习惯做法施工。

3. 油漆彩画

（1）地仗

a　地仗处理软砍见木、撕缝、下竹钉、汁浆。

b　外檐露明上架檩、垫、枋、角梁、抱头梁、穿插枋、山花板、博风板、挂檐板等大木构件，下架柱、槛框、窗榻板、门心板、裙板、绦环板均作一麻五灰地仗（捉缝灰、通灰、粘麻、压麻灰、中灰、细灰、钻生），内檐下架大木一麻五灰地仗。隔扇边抹一布四灰。

c　椽头四道灰地仗，连檐、瓦口、椽飞、望板、斗拱、灶火门、隔扇、隔扇窗、三道灰（撕缝下竹钉、捉缝灰、中灰、细灰、钻生），隔扇棂心肘细灰。

（2）彩画

上架大木及梁架掏空绘雅伍墨旋子彩画，一统天下枋心，天花板、椽头、飞头按清中期习惯做法配套绘制。雅伍墨旋子彩画，一统天下枋心，所有线条包括檩枋的所有大线以及各部位细小的旋子、栀花等处的轮廓线均为墨线。

a　平板枋画不贴金降魔云。

b　飞檐椽头绿地墨万字，四层退晕，由外至内分别为深（蓝或绿）、浅（三蓝或三绿）、白、墨虎眼。老檐椽头墨虎眼四层退晕，由外至内分别为深（蓝或绿）、浅（三蓝或三绿）、白、墨虎眼，设色以青、绿相间排列，即以建筑的一个面为单位来安排，自两端角梁始，第一个椽头设青色，第二设绿，第三设青，以此类推至面中。

c　仔角梁底面为蓝色有退晕花纹，其他各处（大面）均为绿色，包括老角梁两侧面与底。角梁的边楞线条随构件形状起伏，画在每面的边沿处，靠墨线为大粉（粗白线），靠白线为三绿晕色，中部一道墨老（线）。仔角梁兽头后底面根据构件长短画五至七片肚弦，前面压后片不得反向运用。

d　墨线斗拱用墨勾边，靠墨线画白线，各青绿色中间画细墨线（压黑老）斗拱以间为单位进行色彩排列，各间包括柱头科本身，以柱头科、角科大坐斗青色。各坐斗依次向中间青绿互相调换，至中部分为对称的两个色彩相同的坐斗，坐中坐斗从柱头向另一个柱头一直排过去。每攒斗拱以青绿色为主，间配有红油漆，凡坐斗为蓝色，其他构件包括各层拱件，翘、昂均为绿色。如大坐斗为绿色，则凡上蓝色部位均改成绿色，绿色部位均改成蓝色。红色固定涂在斗拱的两个部位，一拱眼部位即正心拱眼与“翘”的拱眼部位；二透空拱眼的下部，即各拱件的上坡楞处。挑檐枋为蓝色，曳枋为绿色，正心枋为蓝色依次排列，各层枋子底部不论立面色是蓝还是绿，一律为绿色。满堂红灶火门，心内为红油漆做，大边涂绿色，不退晕、墨线勾轮廓，将红绿两色分开，靠墨线加白粉。

e　红宝瓶章丹色，勾墨线花纹切活图案。

f　天花板夔龙心，章丹地，青攒退夔龙，岔角玉做把子草，二绿地。井口墨线，方圆箍子线刷紫线，井口内刷绿。支条刷绿，烟琢墨燕尾子。

g　挂檐板油饰红土子色。

（3）油饰

a　连檐、瓦口、雀台：饰银珠红色（打底头道垫底油用章丹油，二道油用银朱油，三道油用银朱油略加光油以增其度）。

b　椽子、望板：椽子绿肚红身，留椽根、望板饰红土子色，三道油搓成，罩清油。

c 大门、槛框、槅板、隔扇、棂心饰红土子色，三道油搓成，罩清油。

城楼上不施彩画部位，概饰红土子色。城台券道大门、登城口门扇，概饰黑油。油饰为传统桐油做法。彩画谱子验定后方可施工。

（4）城楼基础

本设计遵照历史原址恢复的原则，按有关历史资料和考古发掘资料确定了城楼的具体位置。

由于20世纪50年代取直扩浚河道，以及其他道路管线建设工程的影响，原城楼基础已不完整，地基已遭到严重扰动。本设计在工程地质勘察资料的基础上，针对工程使用期限长久的特性，采用了结构寿命长、工艺技术简单的传统的砌体基础。具体技术性说明和相应要求详见结构专业设计。

该基础工程，系按城楼原位的当前地质条件进行设计。如发生因市政工程、城市道路建设、城市水利建设等原因而必须对城楼位置进行调整的情况时，本基础设计作废，另行进行该部分设计。

（5）其他

a 设备、电气、避雷、警报设计详见专业说明。

b 防水施工，应由专业施工队完成。

c 传统木构、砌体工程中，凡本设计未提出明确工艺要求的，均按传统工艺施工，工程质量必须符合现行的验收标准。

d 此前所发前期设计文件中，与本说明和图纸有矛盾时，以本文件为准。

e 构件制作、现场施工中出现与设计有关的不明确问题和未预见的情况，应及时通报设计，洽商确定后实施。

（二）永定门城楼的设备电气

1. 消防设计

依据建筑设计图纸，《民用建筑电气设计规范》，《低压配电设计规范》《建筑电气设计手册》《火灾自动报警系统设计规范》《高层民用建筑设计防火规范》《建筑设计防火规范》及其他相关的国家规程、规范。

（1）火灾报警方式

① 根据规范要求及使用功能设置感烟探测器、手动报警装置及警铃。感烟探测器主要设在各层房间、值班室等。在主要位置处设有手动火灾报警按钮。

② 本工程采用总线制联接方式。各类探测器选择类比式。

（2）消防联动控制

① 消火栓系统

在各层消火栓箱内设有消火栓玻璃按钮，当任意层发生火灾有人击碎玻璃后，系统向消防中心发出信号，并启动消防泵，消防中心亦可直接启停消防泵，并有泵的启停反馈信号。

② 非消防电源断电

当火灾确认后，由消防中心根据需要切除相关区域的非消防电源，并反馈信号至消防中心。

③ 疏散照明及应急照明

在消防中心、配电室设应急出口指示灯。

④ 火灾报警系统与防雷接地、配电系统共用接地体，接地电阻不大于1欧姆。

（3）消防通信

在消防中心设“119”专线电话一部。

（4）消防控制室主要设施

消防控制室应设有火灾报警控制机、联动控制台、消防电话机组、UPS电源等。

（5）电气消防供电电源

本工程全部消防供电设备均为在最末一级配电箱处设自动切换装置。

（6）管线敷设

本工程内消防用电、报警系统及其联动线路和电话的线路敷设，均采用耐火电缆、电线穿管敷设在墙、地面内，以保证系统的正常运行。

（7）消防用水源为护城河河水

（8）消防用水量

室内消火栓系统20升/秒，由消防专用泵供给。

（9）室内消火栓系统

各层均设置消火栓，并确保有10米充足水柱的两只水枪同时到达室内任何部位，消火栓系统布置为环状；

消火栓采用DN65单栓口，栓口距地1.1米，水枪口径$\phi 19$，套胶水龙带长25米，消火栓箱内配指示灯和控制按钮，用于火灾报警和启动消防水泵。

（10）消防专用水泵需配备自动循检装置

（11）消防给水设室外接合器，消火栓系统设2个

（12）消防灭火器

灭火器设置

配置场所	危险等级	火灾种类	最大保护面积	备注
地上办公室	轻	A	20平方米	

灭火器采用磷酸铵盐干粉灭火器，5千克充装量；

灭火器设置在每个消火栓箱下部，安装详见图标（99S202-14甲型）。

（13）保温、防腐

消防水管均采用电拌热丝裹缠（专业厂家完善），外缠铝箔玻璃棉管壳（厚30毫米）保温。

（14）补充说明

根据永定门城楼及周遍的情况，以及市政管线的情况，永定门城楼无条件设置消防水池及高位水箱，经与甲方协商，消防水源采用城楼南侧护城河水，其冬季冻水厚度可以满足消防用水；并在地下消防机房内设置消防定压装置（低位），以替代高位水箱。在城楼进出口、通道处增设手提式干粉灭火器。

2. 消防管道保温防冻系统设计

（1）设计依据

a 《工业设备及管道绝热工程设计规范》GB 50264—97

b 《工业设备及管道绝热工程施工及验收标准》

c 《电气装置安装工程施工及验收规范》GB 50254—96

d 《耐克森管道保温及防冻应用技术手册》（内部资料）

（2）工程简介

工程地点：本工程所在地为北京市永定门城楼复建工地。

本工程为北京市永定门城楼复建工程泵房、城台、一层、二层等处的消防管道保温防冻工程。消防管道为管径$\Phi 108 \times 4.5$毫米和$\Phi 76 \times 4.5$毫米等型号的无缝焊接钢管。总长约为200多米。所有消防管道要求温度保持在5℃以上，防冻方式采用耐克森发热电缆防冻安装方式。

（3）防冻原理

根据设计确定的热负荷，选择适宜的耐克森恒功率发热电缆，将发热电缆按每米所需电缆长度敷设在消防管道上，应用带有高精度的温度传感器的温度控制器来控制消防管道外表面的温度，将温度传感器的控制点放置在易冻结位置，当探测点的温度低于设定值时，发热电缆启动，从而维持消防管道温度，并以较少的能量消耗获得最好的使用效果。

（4）工程设计

a　工程地点：北京市永定门城楼复建工地

b　气象参数：最低极限温度：-27.4℃

c　防冻维持温度：5℃

d　最大冻土层厚度：1米

e　保温层材料：玻璃棉

f　保温层厚度：30毫米

g　发热电缆选型：TXLP/2R/10

h　发热电缆的安装方式：

序号	消防管道规格	所需伴热功率（瓦/米）	发热电缆安装方式
1	*Φ*76	17	每米管道波浪缠绕敷设2米发热电缆
2	*Φ*108	19	每米管道波浪缠绕敷设2米发热电缆

根据实际情况进行综合考虑，在此基础上，我们拟定如下防冻方案：发热主体采用耐克森TXLP/2R型发热电缆组件，辅以丹麦OJ公司生产的防冻专用温控器控制温度。

i　耐克森发热电缆技术参数：

耐克森发热电缆组件每一套都设有厂家统一制造的内部拼接。这个拼接在电缆表面通过“=> SPLICE =>”符号来表示，不需要设有接回导体，密封为100%防水（厂制密封），冷引线端在电缆表皮用***表示。

j　温度控制方式：

构成：	技术参数：
• 实心电阻丝	• 线性负荷10瓦/米
• XLPE绝缘体	• 串联阻抗
• 接地导线	• 外套最大连续工作温度：60℃
• 金属屏蔽护套（铝）	• 最小弯曲半径：5×电缆直径
• PVC外套	• 导线电阻公差：-5%～10%
• 外径：大约6～8毫米	• 最高系统电压300/500伏

温度控制装置选用与发热电缆配套应用的丹麦OJ公司生产的ETI-1551型温控器及相应的ETF-655型管道温度传感器，控温范围：-10～+500℃，额定电流10安。温度控制方式为：一根发热电缆配置一只温控器及一个相应的管道温度传感器。根据管道走向和长度，结合耐克森TXLP/2R/10的型号系列选择7套发热电缆，共设7个温度控制系统，每个控制系统所带负荷不超过2200瓦，详见系统平面图标识。

k　配电要求：

消防管道保温防冻系统单设配电线路接至专用温控箱，切勿与其他任何用电设备共用。每个温控箱的电功率不超过2200瓦。温控箱前端进线为火线L、零线N、接地保护线PE（不在本设计范围内）。箱内设过流保护、漏电保护、防冻专用温控器及接线端子。箱体要求防水、防尘。

l　施工要求及验收标准：

在现场具备条件之后，由专业施工人员根据预先编制好的施工方案进行施工。发热电缆敷设在消防管道外壁，用铝胶带沿着发热电缆全程固定。发热电缆的配电部分按照电气装置安装工程施工及验收规范进行安装和验收。

（5）材料表

序号	材料名称	型号	单位	数量
1	耐克森发热电缆	TXLP2R/760/10	套	4
2	耐克森发热电缆	TXLP2R/1050/10	套	1
3	耐克森发热电缆	TXLP2R/1300/10	套	2
4	温控器	ETI-1551	套	7
5	管道温度传感器	ETF-655	套	7
6	塑料绝缘导线	BV2.5平方毫米	米	420
7	温控箱（含漏电开关等）	W×H×D 120毫米×200毫米×140毫米	只	7

续表

序号	材料名称	型号	单位	数量
8	铝箔胶带	—	卷	36
9	焊接钢管	SC20	米	105
10	感温线导管	金属软管3/4″	米	21

（三）永定门城楼复建工程技术说明

1　凡城墙下肩三层大条石下均有土衬石，作法见附录二建15，山墙三层条石不退台，垂直安装。

2　中心门洞内三层条石高1.2米，分层同外墙，但垂直砌筑，其下仍有土衬石。

3　附录二建10中南侧地面铺装，①轴往左3805毫米，⑧轴往右3805毫米通长胡31.41米长范围内的条石铺装880毫米宽可分为700毫米宽180毫米宽条石各一块（180毫米宽条石不与土衬石联做）。

4　西立面作法与东立面完全相同。

5　附录二建17中6-6剖面东山墙石墙从−0.30米起生根。石墙厚0.65米，附录二建3中所示此处石墙厚从1米改为0.65米。石墙规格外面尺寸如图所示，墙厚的0.65米可分成2或3块，分层交替砌筑（即第一层分三块，每块0.2米，灰缝0.025米；第二层分两块，每块0.315米，灰缝0.025米，第三层同第一层，第四层同第二层）。

6　外立面7.90米处腰线石表面剁斧作法。

7　附录二结2图中1-1、10-10中−4.80米处石墙不是三层作法，见附录二建11所示。

8　北立面左右小门洞M1两侧，台基条石从外面向内拐进1.36米截止。

9　基础工程不以附录二结1～结7为准，以后补结1改～结7改为准施工。

10　正负0.00以上选用青白石料以下用花岗石（铺装除外）。

11　台基下肩三层条石第一层高0.41米，第二层高0.37米，第三层高0.42米，退台收分如附录二结1所示。

12　附录二地面铺装图建10中凡未注明石厚者，均以13厘米为准。除中心御路外其他地面无机砖铺墁层。中心御路石牙子竖向高450毫米选用青石料，附录二地面铺装图建10所示地面标高均为正负零，南立面城台下（700毫米＋180毫米）宽石料高，由原560毫米改为500毫米。

建筑篇 · 六 永定门城楼的复建工程

（一）永定门复建工程说明

复建永定门城楼的图纸蓝本，主要依据1924年瑞典学者喜仁龙和1944年北平市文物整理委员会对永定门城楼的实测图，以及1957年拆除时绘制的一些建筑结构图。又从故宫博物院等处查找了永定门建成以来的各种历史文献、影像资料，作为复建参考。根据各个时期的历史资料，数易其稿，最后绘制成了近40张建筑图纸。复建工程在原基址上采用原材料、原形制、原结构、原工艺，确保了永定门城楼复建的“原汁原味”。复建永定门的城台东西长31.4米，南北宽16.96米，高8米，城楼（脊）总高26.04米，三重檐歇山屋顶。城台东西两侧与城墙相连的部分，原是夯实土，这次以条石补上，以区别于城砖砌筑的城台。城楼四角的一狮四马“小跑走兽”雕饰、六样合角兽、屋脊的五样正脊兽，以及门窗雕饰等，在位置、大小、形制上，也都与老城楼一致。

复建永定门的城砖，主要来自河北省易县，每块厚12厘米、宽24厘米、长36厘米。制砖取材黄土和一种干土，黄土经晒制干透后碾压磨细，用筛子筛出均匀的细末，最后与干土混合制成砖坯，送进砖窑烧制。这样烧制出的砖细密结实，经久耐用。城台部分的复建工程共用了三百多万块城砖、一千多立方米木材。

为使复建的永定门尽量保持原有风貌，建设人员考虑要尽可能使用老永定门城楼的材料。于是几经走访，获悉永定门外丰台区一家五金仓库的围墙用的就是拆除永定门时搬来的老城砖。工程人员立即赶到这家五金仓库，经过现场核实，围墙上的老砖确实是取自老永定门的。五金仓库方面十分支持此项复建工程，无偿将这批老城砖物归原主。这4000余块老城砖，被全部砌做永定门城台之用。

城楼屋顶复建用的2.3万张板瓦、9000张筒瓦和1150张勾头瓦，都是用传统手工艺制作的油削割瓦。这在北京古建筑修复修缮工程中是史无前例的。根据明清的建筑规制，皇家建筑可以用琉璃瓦，内城用半琉璃瓦，外城七门则统一使用油削割瓦。制作油削割瓦工艺复杂，需要将烧好的瓦重新回窑，在几十摄氏度的温热条件下刷上一层生桐油，其中有许多复杂的技术问题。烧油削割瓦，回窑刷油时破损率很高，成品率只有六成左右。最初，永定门复建工程处找到北安河琉璃瓦厂，厂里没人知道油削割瓦的制作工序。工程处只得请来故宫博物院七十多岁的朴学林老先生，亲自到北安河琉璃瓦厂，指导那里的工人怎么用火、怎么回窑、怎么刷油，终于生产出了复建所需要的油削割瓦。和普通瓦片相比，油削割瓦外表透着光亮，质地更加细密，防水、防风化能力强很多。

这次复建在城楼金柱部位使用了12根从南非进口的铁梨木，每根造价达5万元。这12根铁梨木金柱是城楼主体结构的主要支撑柱，从城台一直支撑到屋脊。按工程要求，金柱要求直径不小于52厘米，长度不小于13.66米，同时这些柱子还必须保证材质结实。铁梨木比重大于水，结构坚硬，材质细密，抗虫蚁、耐腐蚀。用它做金柱，保证了永定门城楼的坚固稳定。城楼檐口的斗拱部分，都经过蒸汽炉长达50天的熏蒸，保证木材不开裂变形。

城楼彩画采用了原有的“雅伍墨旋子彩画”，整个油漆彩画工程有十余道工序，并坚持使用传统材料。油饰彩绘之前，木构件先被打上一层由生石灰、桐油、血料及面粉等按比例混成的腻子，腻子层里还裹进细细的苎麻线，防止木构件收缩出现裂缝，这样能使彩画保留的时间更久。按照图纸的记录，城楼彩画最终呈现出青、绿、白、黑四种颜色。永定门城楼复建工程是南中轴路整治工程的核心项目，于2003年3月启动，国庆节前夕城楼主体工程完工。随后待12根金柱彻底干透，于2004年3月进行了油漆彩画工程。

永定门城楼是明清时北京城外城的中央城门，是北京城市中轴线的起点。永定门城楼复建工程建筑面积约1417.16平方米，主要施工内容包括：①地基及基础工程：CFG灌注桩复合地基，钢筋混凝土底板，底板上为砖石砌筑墙体，房心及部分基槽为3：7灰土回填夯实；②主体工程：城台及相连的东西墙段采用传统的砌体结构建造，城台实心做法，东西两段城墙外砌砖石，城台上的城楼为三重檐木结构，内部两层空间；③装修工程：隔扇、槛框、木楼梯制作及安装；④屋面工程：歇山式屋面，屋面聚氨酯两布六涂防水层、宽瓦等；⑤油饰彩画：油饰地仗及雅伍墨旋子彩画等。施工单位组织施工人员于2004年2月15日进入工程现场，经过各参建单位共同努力，于2005年10月26日顺利通过竣工验收。

永定门城楼为传统木结构重檐歇山带平座三滴水楼阁式建筑，下檐为三踩斗拱出单昂；平座为五踩斗拱出双翘，后尾为实拍；上层重檐均为五踩斗拱出双下昂；墙体为大城样淌白拉面十字缝砌法；屋面覆六样削割瓦。

基础深度-9.1米，地基为混凝土灌注复合桩，设计深度10.5米。基础施工分为桩基垫层100毫米厚C10混凝土垫层，其上为500毫米厚C25钢筋混凝土底板，板上页岩砖墙体砌筑，3：7灰土填心。

城台宇墙以下面层砖为大城样淌白拉面一顺一丁退台砌法，大城样背里；宇墙大城样干摆十字缝；门洞前后券脸干摆。城墙坡道部位砌法随城台，城墙部位采用退台糙砌，垛口糙砌；城台与城墙间斜马道表层大城样糙墁礓礤。

落明上架、下架大木做传统一麻五灰地仗，隔扇边抹一布四灰地仗，檐头四道灰地仗；上架大木及梁架掏空绘雅伍墨旋子彩画，一统天下枋心，所有线条包括檩枋的所有大线以及各部位细小的旋子、栀花等处的轮廓线均为墨线；平板枋不贴金画降魔云；飞檐椽头绿地墨万字，檐椽头设青、绿色，四层退晕；仔角梁底面为蓝色有退晕花纹，其他各处（大面）均为绿色；红宝瓶章丹色，勾墨线花纹切活图案；天花板夔龙心，章丹地，青攒退夔龙，岔角玉做把子草，二绿地；井口墨线，方圆箍子线刷紫线，井口内刷绿；支条刷绿，烟琢墨燕尾子；挂檐板油饰红土子色。连檐、瓦口、雀台饰银珠红色；椽子绿肚红身，留椽根；望板饰红土子色；大门、槛框、槅板、隔扇、棂心饰红土子色；城楼上不施彩画部位，概饰红土子色。

首都博物馆保存有民国年间的永定门石匾，匾额长2米，高0.78米，厚0.28米，楷体大字。古建公司按照这块民国时期的永定门石匾进行了复刻。如今这块仿制的石匾就镶嵌在永定门城楼南面的门洞上方。复建完成的永定门城楼再次呈现了北京古城完整的中轴线景观。城楼前的广场上植树种草，建成大片绿地。经过清淤治理之后的护城河，碧水荡漾，成为北京新的一景。

图6-1
永定门城楼复建工程之奠基石

图6-2
永定门的历史照片

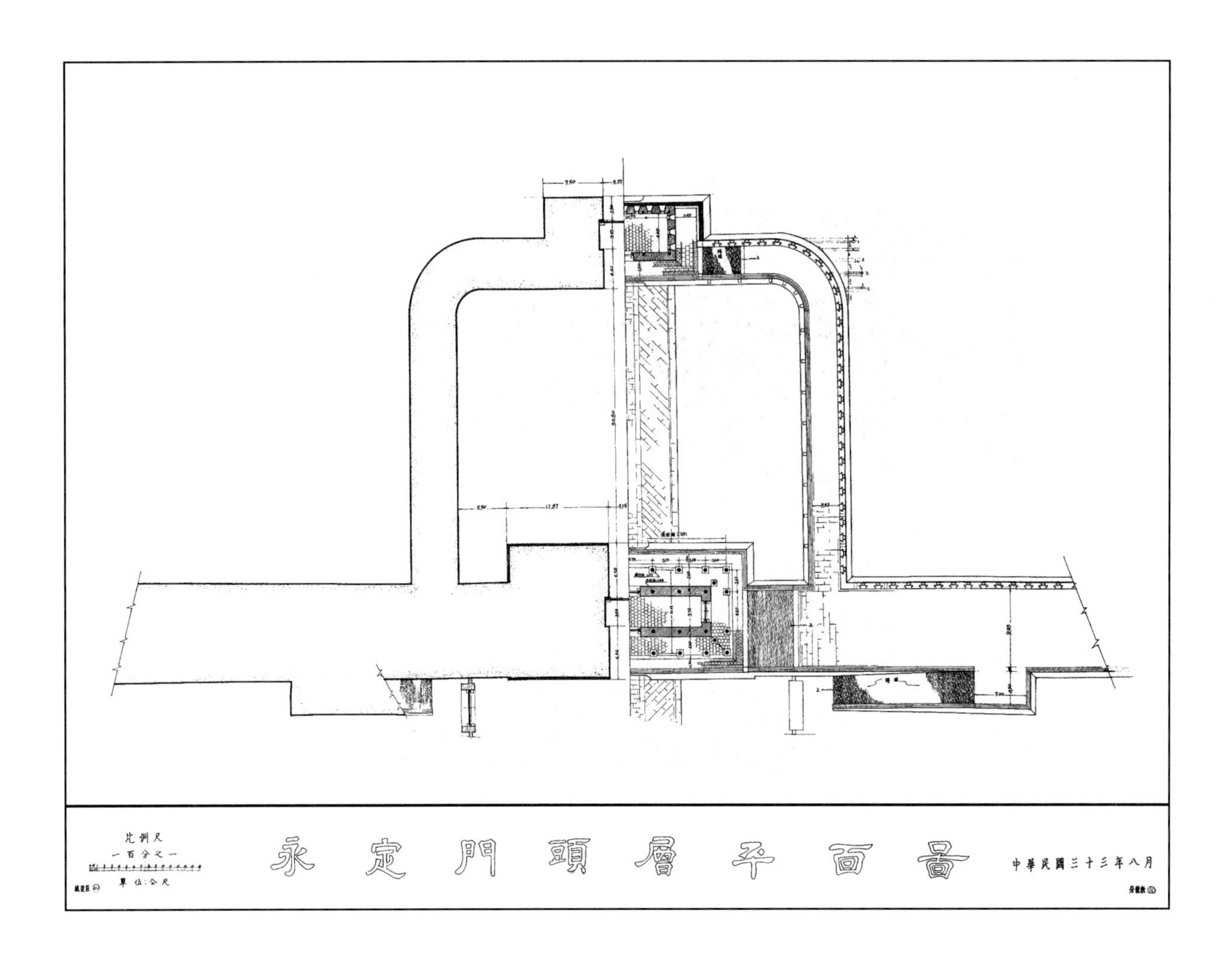

图6-3
永定门的历史图纸

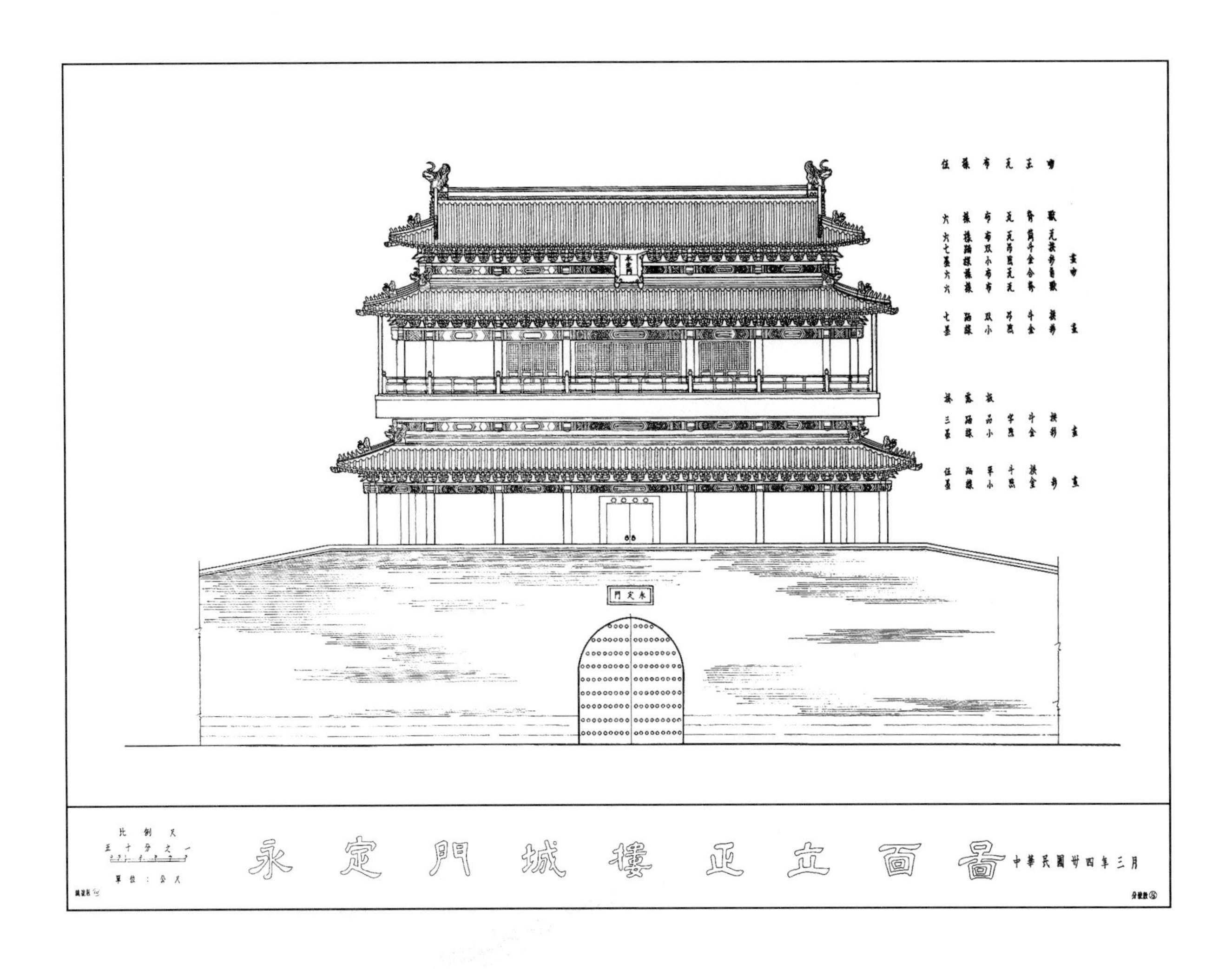

永定門
比例尺
五十分之一
單位：公尺
永定門城樓正立面圖
中華民國卅四年三月

（二）永定门城楼复建工程记录

1. 前期准备

技术准备：（2004年2月14日～4月29日）详细阅读施工图纸、地基勘察报告及地下管线探测报告，充分了解基土情况，管线的分布位置，地下水位的高低大小。根据施工现场特点，制定出符合实际的技术保障措施，对施工人员进行技术交底。

施工场地准备：（2004年2月14日～4月29日）在原主路桥上西侧搭建办公室、会议室及警卫室。东侧为钢筋加工场地。基坑北侧到路口为施工机械等待回转场地，路西到观音寺北侧围挡处西部存放回填用土，东部存放一定数量的基础用砖。

水电准备：（2004年10月30日）根据甲方提供的水源，由基坑西侧安装南北管线以供施工及生活用水，根据需要安装3个截门、6个水嘴。由于施工用电量比较大，需要配备315千瓦变压器一台，下设主配电箱一个，分配电箱4个，将施工机械照明及生活用电分线供应以确保正常施工用电，另配备小型移动配电箱6只，以确保夜间施工需要。

图6-4
了解基土情况

图6-5
技术交底

图6-6
砌垫层

图6-7
桩基工程

材料准备：（2004年2月14日～4月29日）为确保工程质量的优质，必须从建筑材料上把关，基础施工所用材料，垫层及底板采用混凝土，钢筋采用首钢生产的优质钢材。砌筑用页岩砖和商品混凝土厂家的商品砂浆，由监理工程师共同认可后才能使用。灰土拌制所用白灰全部采用块灰泼制随用随拌。所用机器设备必须检测合格。

基础主要施工方法：放线——挖槽——验线——桩基施工——褥垫层——素混凝土垫层——钢混凝土底板钢筋——混凝土浇筑——基础墙砌筑——回填——砌筑——回填

图6-8
垂直运输设备进场

2. 钢筋施工

（1）本工程钢筋连接采用滚扎直螺纹连接，参加滚扎直螺纹连接的操作人员，必须进行技术培训；经培训人员要熟悉机械性能、掌握操作方法、工作认真负责，经考核合格后方可上岗作业操作。

（2）要连接的钢筋应先进行调直再进行连接加工，钢筋端部切口端面要与钢筋轴线相垂直，钢筋端头有弯曲、马蹄严重的要切去，在切割钢筋时不得用气割下料。

(3) 所购买连接钢筋用的连接套筒，应有合格证明，进场后应进行检验；主要检验外观、外部尺寸、丝扣是否有疵病，在绑扎之前应进行拉伸试验。

(4) 丝头加工：加工前操作人员应对加工丝头的牙形螺距检查是否与连接套的牙形螺距一致，查看有效丝扣段内的秃牙部分其累计长度用专用丝头卡板检测，允许偏差不大于一扣，并且要查本身是否有油污、疵病，当有油污时必须清理干净。加工钢筋丝头螺纹中径公差应满足要求，当加工(滚轧)钢筋直螺纹时，采用水溶性润滑液，不得用机油做切削润滑液或不加润滑液而滚扎丝头。

(5) 加工好的丝头要进行检查，合格后按规定放置待进行下道工序。

3. 钢筋连接

(1) 钢筋连接前应由专人检查其钢筋丝头和连接套要干净无损，无疵病和磕碰痕迹。

(2) 在连接钢筋时，被连接的两钢筋端面要顶紧，且应处于连接套的中间位置，偏差不大于一扣，外螺扣要小于一扣。

(3) 钢筋连接使用扳手或管钳对钢筋接头拧紧时，注意只要达到力矩扳手调定的力矩数即可。

(4) 水平筋连接时必须从一头向另一头连接，不得从两头向中间或从中间向两头连接。

4. 钢筋安装

(1) 按设计方给定的钢筋间距在基础底板表面弹出钢筋位置线，将按要求接好的钢筋摆放其上。底层筋，南北向在下，东西向在上，塑料垫块垫于南北向钢筋下间距800～1000毫米，用火烧丝在节点上绑牢，绑丝端头向内弯。上层筋，南北向在上，东西向在下，用绑好的铁马凳支起，并调整其断面尺寸，保护层是否合适(40毫米)，绑丝绑牢朝内侧弯。

图6-9
钢筋支模

(2) 无论是南北向还是东西向钢筋，其接头应互相交错放置，接头在同一断面不得超50%，在接头附近应设置塑料垫块防止此处保护层过薄。

(3) 铁马凳视情况梅花型设置，间距800～1000毫米。

(4) 钢筋安装时操作人员在操作面上不能过于集中，在钢筋上走动时，尽可能踏在铁马凳支撑附近，防止将钢筋踏变形。

(5) 检查人员随时对钢筋间距、接头位置、保护层厚度随机检查，不符合要求及时整改，将杂物清除，合格后进行下道工序，模支好后进行混凝土浇筑。

5. 混凝土施工

(2004年2月14日～3月19日)

(1) 本工程基础底板混凝土采用商用混凝土，由于工程量不太大，体型简单，要求一次浇筑完毕，中间不停歇。

(2) 浇筑时，混凝土从一头浇筑，从远而近。

(3) 泵送混凝土在底板内自然形成一个坡度，据实际情况在浇筑点附近设三四个振捣棒，及时将底板坡脚处振实和混凝土卸料点的振实问题，在不够厚再次浇筑时采用平板振捣器振平，而后用长刮杆刮平，木抹子搓压拍实，在接近终凝前用木抹压光，以保证收缩引发的裂缝收现。

(4) 插入式振捣器振捣有两种方法，一种是垂直振捣即振捣棒与混凝土表面垂直；一种是斜面振捣，即振捣棒与混凝土表面成一定角度，本项多采用前者，后者辅助使用。

(5) 振捣器操作要遵循“快插慢拔”的原则，其目的：“快插”是为了防止先将表面的混凝土振实而与下面的混凝土发生分层和离析现象，混凝土下部气泡无法排出，“慢拔”是为了使混凝土能同时填满振动棒抽出所造成的空洞，在振捣过程中，宜将振动棒上下略为抽动以使上下振捣均匀。振捣间距400～500毫米，点振捣时间25秒左右，最少不应小于10秒。当混凝土浇到标高后再用平板振捣器振捣，后浇这部分厚度不得大于120毫米，振动25秒左右并以混凝土均匀出现浆液且不再下沉为准，振动器的前后左右应互相搭接30～50毫米，防止漏振。

(6) 混凝土浇筑完毕后应进行养护，养护应在12小时内进行，并不能少于7天。

图6-10
混凝土一次浇筑夜间施工

图6-11
混凝土浇筑振捣振平

6. 砌筑

（2004年4月30日～8月31日）

(1) 据固定位置的轴线对基础墙身位置进行弹线，经校核无误后用水平仪对基础板表面进行抄平，对底板过高过低部位要进行处理。

(2) 据抄平数据安放皮数杆，据最下面第一皮砖标高拉通线，水平缝厚度超过20毫米时要用细石混凝土找平，不得用砂浆或砍砖包盒子找平，皮数杆设置间距15米，转角处必须设置，注意皮数杆必须牢固垂直且标高一致，操作人员不得随意碰动皮数杆。

(3) 砌筑砂浆采用商品砂浆，精心安排好进场时间，进场砂浆必须在2小时内用完，每次进场砂浆不可过多，当天运来当天用完，砂浆由实验室进行试配出报告。

(4) 基础用砖提前进行检验合格后再进行操作使用，在操作的前一天应对砖件进行浇水湿润，不得干砖上墙。

(5) 正式砌筑前应进行摆砖，按实际尺寸将砖排成“好活”调整砖缝。砌筑时应从转角处或定位处开始，砌筑不得出现通缝、瞎线等现象，砌筑必须拉长线，随时用水平尺、靠板线挫找平找直。水平仪随时对各部位进行核准，组与组之间，分段处若不能同时砌筑时必须留踏步槎，严禁留马牙槎。

(6) 砌石要按石块大小在砌体范围内分块、定尺、划线、排列，上、下层错缝搭砌，缝大小一致，砌筑时要美观，吊装要协调一致，在吊砌石块时尽可能一次就位，砌体与灰土轮流作业时，注意人员不要在刚砌完的砌体上行走，更不能在砌体上推车，灰土不得污染墙体上部。

图6-12
基础板表面抄平

（7）接近－0.56米时，土建与水电工长及时联系，进行留洞埋管等工序，防止后剔凿墙体影响工期。

7. 填土施工

（2004年2月14日～4月29日）

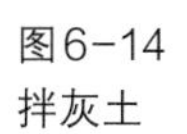

图6-14
拌灰土

图6-15
灰土夯实

（1）填土施工中的土质采用本工程槽内挖出的黏性土，白灰采用块泼制，夯使用蛙式电夯。

（2）在灰土施工前应将槽衣及墙蕊清理干净，槽内修理整齐，要求槽内及墙心内无杂质无软土。

（3）正式施工前应提前泼灰消解后用20毫米筛子过筛，灰的颗粒在5毫米，且要求无熟化的生灰颗粒和杂质，灰要干湿适当。

（4）灰土要求体积比为3∶7。在操作时施工人员必须认真负责，掺灰土比例要合适，尽可能准确，拌灰土要多人合作，就地翻拌，翻拌要均匀、要仔细，翻拌三次为宜，拌好的灰土从外观上看其颜色一致，就为合格。拌制过程中注意控制含水率，一般最优含水率15%左右，我们在现场简易试验方法是：将拌好的灰土以手握成团两指轻捏即散为合适，当含水量小时应及时洒水，当含水量大时应晾晒。

（5）灰土夯实时要分层夯筑，每层虚铺250毫米，夯实后为150毫米，灰土拌和后要及时用净，灰土入槽后不得隔日夯打，每层夯打三四遍，上下两层接缝距离不小于500毫米，接缝处应夯实并做直槎。注意：当边角部位无法用电夯时，应用人力木夯夯实，此时应与电夯厚度相同。当刚刚夯实的灰土完工时应注意避免暴晒，避免水浸。

8. 质量措施

（1）各项施工前必须进行有针对性的技术交底，交底到第一线工人并签认。

（2）钢筋接头采购后应按规定进行检验试验，合格后方可进入现场。

（3）成型钢筋按指定地点码放，接头不得污染、磕碰。

（4）连接要紧密，现场安装前应抽检接头是否有松动不紧现象。

（5）钢筋安装时在绑扎前应检查接头是否在同一截面上，若不符合要求需及时调整。

（6）钢筋绑扎完毕检查其钢筋间距是否符合设计要求，钢筋保护层是否与设计相符，有不符合要求的要及时地调整返工。

（7）边模是否牢固、严密；底板上杂物要清理干净。

图6-13
填土施工

图6-16
防雷设备保护

（8）混凝土应经过试验室试配，到场后应按规定做测试块。

（9）浇筑混凝土时振捣要充分但不能超时，在底板边缘模板处应设专人看护，一边浇筑一边从外边敲打同时防止漏浆发生。

（10）养护混凝土要设专人浇水，经常保证整体湿润。

（11）砌筑前应对砂浆进行试配和试块检验合格后方可砌筑。

（12）班组之间按槎分段处，接槎要求，踏步槎保证整体性。

（13）现场砂浆从卸到用完不应超过120分钟。

（14）施工时不得随意碰移皮数杆，水平仪随时测量砖面水平，靠尺随时检测，保证质量。

（15）夯打灰土必须待砌到到达一定强度和高度方可进行。

（16）灰土干湿度要保证，其灰、土内不得有大块颗粒和杂物，电夯要打不少于三遍，不得漏打。

（17）按规定及时取样进行测试。

（18）外侧沟槽打灰土时应对防雷设施进行保护，防止折压防雷引下线。

9. 环保措施安全

（1）进场工人必须进行安全教育，否则不得入场，施工现场严禁明火作业，严禁吸烟。

（2）特殊操作人员需持证上岗。

（3）加工钢筋机械必须设在平整坚实场地上，有排水沟，机械应有防触电保护装置，操作人员必须穿戴防护衣具。

（4）加工机械处应设足照明，操作时精神集中，不得说笑聊天。

（5）加工机械应设在封闭的工棚里，控制噪声污染。

（6）加工后的边角杂料、纸屑应装入包装袋中回收利用。

（7）钢筋安装时人员应走在有马蹄凳支撑处，防止将钢筋踩踏变形，并防止伤脚。

（8）钢筋绑扎时人员不得集中站在钢筋网上。

（9）打灰土必须戴好防护用品，并注意防止电缆线搅拌在电夯下。

（10）打灰土时轻运灰土防止扬尘，风力大于二三级时，不得进行灰土作业，施工场地应视情况经常湿润，防止扬尘发生。

（11）砌筑时应活完料净脚下清，砖垛不得码放过高。

（12）现场灰土应用密度网进行遮盖。

（13）施工中产生的垃圾应及时遮盖。

（14）支搭脚手架应由专业人员操作，非专业人员不得支搭扳改脚手架。

（15）在脚手架上作业，砖不能集中码放，码放不高于3层。

（16）运输砖、灰时，基坑下部人员要精神集中，防止发生意外事故。

10. 施工测量

（2004年2月14日～4月29日）

对放线员进一步充实、调整、培训。要求所有放线

图6-17
砖垛码放

图6-18
施工测量

员均要通过考核，持证上岗。调配和购置必要的测量仪器，各种测量仪器必须按规定进行检测，并贴标识。放线员必须提前熟悉施工图和现场各种高程坐标控制点，在引测使用前要仔细审核施工放线依据。标高传递应采用钢尺沿垂直方向，向上、下测量至施工层。

11. 基础施工

（1）基础部分（2004年2月14日～4月29日）

① 土方工程基槽深近10米，挖槽放坡取1∶1.5，采用机械开挖，挖出的土方大部分留做回填之用。机械挖至差300毫米左右到基槽标高度后，余者应采用人工挖方的方法挖至槽底标高防止超挖。

② 基槽排水采用基槽坑内挖排水沟、积水坑，用潜水泵向外排水。

③ 基础砌筑工程量很大，是基础的主要工程项目，为加大施工力度分三班倒，施工计划一天争取砌筑11万块砖；水泥砂浆采用商品混凝土厂家送到现场，砌筑时砖提前浇水，灰土同时搅拌，墙体砌到一定高度即夯打灰土交叉作业。

④ 砌石工程，本工程采用石料厚为500毫米、长1300毫米左右、宽500或700毫米两种。一块石头重量在800～1300千克，采用汽车吊装砌筑石墙，石墙与砖墙接茬处砖墙8层与石块厚度相同，石块宽度500毫米或700毫米两种不同于墙体形成大的马牙槎。

图6-20
砌石工程

图6-21
工人砌筑

图6-22
花岗岩基础砌筑

图6-23
石匾安装

（2）城台及城墙工程（2004年4月30日～8月31日）

城台宇墙以下面层砖为淌白拉面一顺一丁退台砌法，背里均用大城样，按白灰、砂、水泥100∶35∶10混合砂浆砌筑，宇墙干摆十字缝，门洞前后券脸干摆。

城墙坡道部位砌法随城台，城墙部位采用退台糙砌，垛口糙砌。城台面层采用小麻刀灰勾缝。施工操作时为防止超砌使刚砌好的墙体内灰浆没凝固而产生变形，预计每天砌筑墙砖不少于六或七层。东西城墙内之管理用房，均为券洞形式。砌体原浆灌浆，层层灌严，原浆勾平缝。

门洞及城墙内管理用房制作完券胎后，应仔细校核，经验收合格后，方可进行发券施工。制作券

图6-19
基坑开挖防滑坡

图6-24
宇墙砌筑（大城样干摆十字缝）

图6-25
城台面层砖砌筑（淌白）

图6-26
城砖砌筑（糙砌）

图6-27
木胎制拱

图6-28
砖券砌筑

图6-29
回填夯土

胎要用干料按设计给定的尺寸制木胎，木胎尺寸要准确、支搭要牢固；砌筑砖券时，砖缝大小一致灰浆饱满，外观美观圆滑、自然。城台及城墙下肩选用青白石宽度不小于500毫米。

砌体所用城砖型制要符合设计要求，城砖必须要有出厂合格证和试验检测报告，混合砂浆要申请配比和做试块检测强度。城台与城墙间斜马道表层大城样糙墁礓。

门洞内路面铺墁青白石。城台内为夯土为确保工程质量，施工时必须合理地选择土料，严格按设计要求配制灰土。夯土前应先检验含水量，含水量大时应该对土进行翻晒，含水量小时应浇水。夯土使用前应过筛，粒径不大于50毫米，压实系数为0.90左右，土体干容重要符合规范。夯土应分层铺摊，采用蛙式打夯机，每层铺土厚度为250毫米，局部人工夯实每步厚度不大于200毫米，每层铺土至少夯三遍，要求一夯压半夯。按要求布置提取干容重位置，严格按规定现场取土做实验。

12. 架子工程

本工程采用城台座车架，城台上为双排齐檐架，大木安装用满堂红脚手架，油饰彩画用掏空架。脚手架横杆间距不大于1.6米，立杆间距不大于1.2米，上作业面应满铺脚手板和挡脚板，架子下须有垫板和扫地杆，外挂双层防尘网。脚手架南北搭设高车起重架。各设卷扬机一台用来进行城砖灰浆3∶7灰土垂直运输，上部水平适当铺脚手板或钢板，用手推车解决水平运输问题。

图6-30
外层双排齐檐脚手架

图6-31
大木安装用满堂红脚手架

图6-32
高车起重架子

图6-33
油饰彩画用掏空架

13. 木作工程

（2004年8月1日～10月31日）

本工程大木采用一级东北落叶松，强度等级大于TC17。装修为一二级红松，椽子最好采用杉杆，严禁用大断面板枋材料分解制作。含水率应符合设计标准。斗拱用材强度应大于等于TC17。含水率必须低于15%。

斗拱制作安装须做到各构件榫卯松紧适度，纵横相扣底平实，拱瓣卷刹均匀，拱眼刻度深浅一致，剔袖、凿眼、起缝准确，昂头后尾加工准确，线

图6-34
角科斗拱制作

图6-35
柱头科及平身科斗拱制作

条光洁圆顺，裁梢齐全。斜陡板、盖斗板遮盖严实，垫拱板左右须入槽、接触严实、无松动。

立柱的加工应浑圆、直顺卯口洗淌无输根。

梁制作应中线、水平线、抬头线裹楞线清楚，裹楞浑圆直顺。枋子榫头直顺，清秀，无输根。

檩加工应四面中线，椽花线清晰、准确，表面浑圆直顺，檩径两端一致，金盘、檩底、榫卯直顺规矩。榫头的制作，均应以“宁大勿小，宁宽勿窄”为基本原则，在保证被剔凿开卯构件不过度削弱断面的前提下，尽可能增加榫头的断面尺寸，以提高其抗压、抗剪的能力。对于易产生压缩变形的桁檩与梁头相交节点，加工时要略有涨出，以适应变形。

固定椽杆、角梁和加固构件的铁钉，必须用手工锻打四棱铁钉，钉椽杆用镊头钉，加固铁件一般用四棱帽钉，固定角梁用方直钉。严禁用市售圆钉或钢筋锻打成尖代替。

图6-36
柱类加工

图6-37
梁架制作

图6-38
檩条制作

图6-39
木地板安装

装修制作时须注意槛框不皮楞、倒楞、窜角，加工垂直方正，表面光平，无刨痕，线条直顺，抱豁线肩严实平整。仔屉、棂条应线条直顺，深浅一致，胶榫饱满无松动，大框与仔屉应套严实，松紧适度。棂条相交处肩须严实，棂条空档均匀一致，对应棂条顺直交点平严。椽望加工须注意，圆椽应浑圆直顺，飞椽方正直顺。盘头顺用手锯加工。望板拼缝弹线刨光，对头缝不得超过

图6-40
城门安装

800mm。凡木构件与墙体或灰背接触面，均精刷CCA防腐材料四遍。

图6-41
城门顶铁皮

14. 大木安装

（2004年8月1日～10月31日）

大木安装应从明间开始，施工先立四根金柱，安好横、纵连接件后，安前后檐柱构架使之成为整体，支上迎门戗野戗防止有大位移，随后安装次间金柱、连接件、檐柱，安装完毕进调整，柱子拨正调直，梁枋到位，校核尺寸，尔后安装斗拱、檩枋、椽子、望板。

图6-42
柱类吊装

图6-43
金柱制安

图6-44
平身科、柱头科斗拱制安

图6-45
望板安装

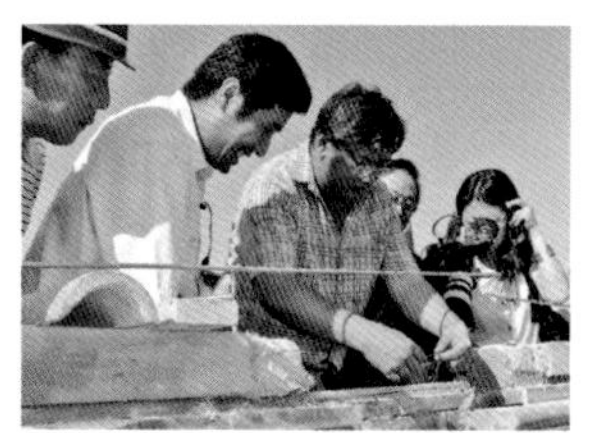

图6-46
2004年8月19日，永定门城楼正脊合龙

15. 屋面工程

（2004年7月18日～2005年8月22日）

望板上做聚氨酯二布六涂防水层，施工时须做到聚氨酯涂刷时厚薄一致，无纺布搭头不得小于100米，防水层必须赶压严实，无气泡；总厚度要符合设计要求和有关规范要求。

本工程取消护板灰工序，防水层上直接做泥背垫层。为防止以上材料向下溜滑应在望板上钉两道防滑条，防滑条上加铺二道无污布且要粘压严密。

垫层干至八成后方可苫灰背，青灰背面层必须反复刷青浆与轧浆，赶轧次数不得少于三浆三轧。灰背必须做到无裂纹，光亮平滑，无灰拱子麻刀泡，平均厚度不得少于30毫米。灰背干后经验收合格后，方可进行下一道工序。

在铺设瓦前，对瓦件进行仔细检查，剔除有残损、裂纹和风化严重的瓦件，按原制添配。铺瓦使用掺灰泥，配比为白灰：黄土＝1：2，黄土应选用

图6-47
苫青灰背（泼浆）

图6-48
轧灰背（不少于三浆三轧）

图6-49
灰背拍麻

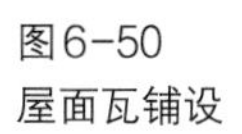

图6-50
屋面瓦铺设

图6-51
现场泼灰

亚黏性好黄土，严禁使用落房土。先挑脊后宽瓦。先将正脊筒子坐中向两边排，做大吻做垂脊，垂脊必须囊向一致，做瓦面时要先冲垄，再大面积铺瓦；铺瓦时，栓线齐全，随时检查是否合格，上腰节、中腰节、下腰节沟滴，都要栓线不少于5道，檐头必须麻刀灰瓦。铺瓦时应注意背实瓦翅，蛐蜒当须用青麻刀灰填实抹严。做到摆正摁实，压落一致，底瓦无侧偏、无喝风，檐头无倒喝水，瓦垄直顺，瓦面囊向一致，瓦脸严实，夹垄坚实、无裂纹、无翘边，下脚大小一致、赶压平光。檐头脊根三块瓦须用青灰。

本工程所用灰浆须选用优质生灰块泼制，其熟化期不少于30天，青灰配比白灰：青灰：麻刀＝100：8：5。泼灰出灰率变化时，可以按灰膏折计，灰膏陈伏期不得超过两天。所用灰浆配比必须准确，按规定制作试样送检，强度统一。

所有砖、瓦件要有出厂合格证和检验报告。

16. 油饰彩画工程

（2004年2月18日～2005年9月20日）

凡露明大木、槛框、板门做一麻五灰地仗，椽子、连檐、扇活单皮四道灰，棂心为走细灰。大木、槛框、塌板、扇活饰铁红，连檐瓦口银朱红，椽子绿肚红身。

一麻五灰地仗工艺为先用小斧子将大木表面砍成麻面，斧迹应与木纹垂直，斧迹间距7.5～10厘米，深约2毫米，撕缝时先将木构件小裂缝表层用铲刀刮成V型，以便使地仗的油灰浸入。

为防止构件较宽裂缝收缩，在缝内应用竹钉和竹片卡牢；下竹钉时，须由缝的两端开拼，同时钉下，钉距不大于150毫米。下完竹钉后，先将木构件表层灰尘扫净，通刷油浆一遍。

（1）捉缝灰。

（2）粗灰，做粗灰时应注意衬平、刮直、抹圆，灰层厚度为2毫米。

（3）粘麻，所有麻须梳通、梳软，使麻时应随粘随用轧子压实，并用油满浸透麻丝。

图6-52
砍斩见木骨及撕缝（砍净挠白，不伤木骨）

图6-53
下竹钉

图6-54
上捉缝灰

图6-55
通灰

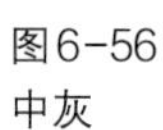

图6-56
中灰

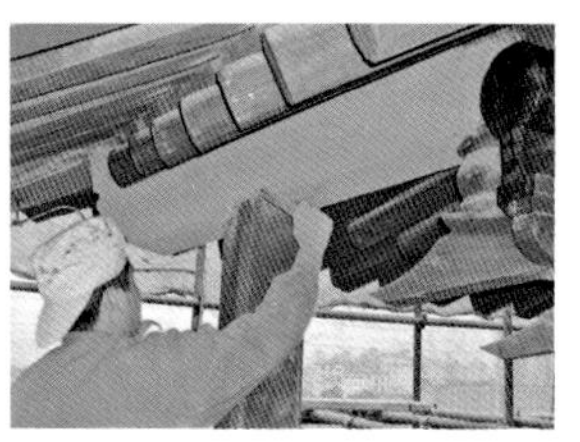

图6-57
细灰

（4）压麻灰，压麻灰必须与麻严密粘实。若遇槛框、�条、线脚时，须用竹板按规格做成模子在灰上压出线脚。
（5）中灰，使中灰后用铁板通抹一遍，干后磨平擦净，厚度不超过15毫米为好。
（6）细灰，用铁板通抹一遍，厚度2～3毫米。
（7）钻生，细灰干后用生桐油满刷一遍，干后用砂纸磨平。

单皮灰操作工艺同一麻五灰地仗一致。

油饰工程按设计文件要求，所有油饰均采用传统材料和工艺施工，其工艺为：
（1）浆灰，以细灰面加血料调成糊状，以铁板满克骨一道，干后以砂纸磨之，以水布掸净。
（2）细腻子，以血料、水、土粉子（3：1：6）调成糊状，以铁板将细腻子满克骨一遍，来回刮实，并随时清理，以防接头重复，干后以砂纸细磨，以水布掸净。
（3）垫头道油：头蘸配好色油，搓于细腻子表面，以油栓横蹬竖顺，使油均匀一致，除银朱油先垫光樟丹油外，其他色油均垫光本色油，干后以青粉炝之，以砂纸细磨。
（4）二道油（本色油）：操作方法与垫光油相同。
（5）三道油（本色油）。
（6）罩青油（光油）：以丝头蘸光油搓于三道油上，并以油栓横蹬竖顺，使油均匀、不流不坠，栓路要直，鞅角要搓到，干后即为成活。油饰操作时要注意气候变化，温度过低和过高及湿度大时，不得施工。

彩画须严格按设计图纸，正式施工前做彩画小样使设计和有关人士认可方可正式施工。

图6-58
使麻

图6-59
亚麻灰

图6-60
绘制天花彩画

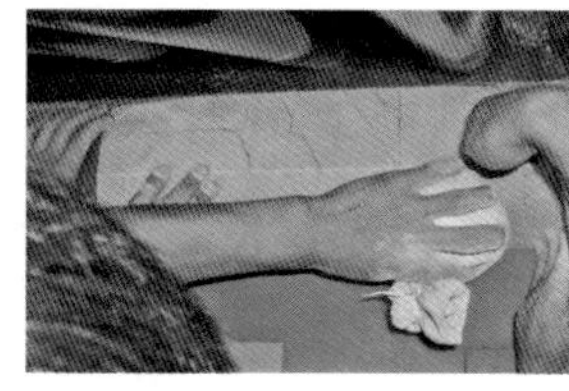

图6-61
拍谱子

图6-62
画样板

图6-63
彩绘椽头

图6-64
门钉上油饰

图6-65
匾额做地仗

图6-66
永定门城楼挂上匾额

建筑篇·七 复建永定门城楼的历史文化价值

北京市文物保护协会会长 孔繁峙 撰写

永定门在明清两朝是北京外城正中的抵御外敌入侵的军事防御之门，是古代都城向世人展现国体和国威的礼仪之门，同时也是北京城中轴线空间系列南端点的重要标志性建筑，具有重要的古都历史文化价值和巨大的社会影响力。在民众及专家学者的强烈呼吁下，北京市政府于2004年重新修复的永定门城楼向世人再现了历史上的原貌，不但延续了其古都历史文化的重要特征，而且时代的发展又赋予永定门城楼更为重大的历史文化价值。

永定门城楼的复建，是依照国家文物法规的相关规定和审批程序，经北京市人民政府批准的一项重要的文物复建项目，整个复建过程是严格依照文物法规标准，全程采用了科学严谨的传统方式。复建方案是参照了1924年喜仁龙《北京的城墙和城门》的测绘资料和20世纪40年代的实测数据，特别是依据了1957年城楼测绘图等准确的历史资料。复建方案是在科学考古发掘的基础上，经文物专家的审定把关。整个复建工程采用了传统的工艺、传统的技术、传统的营造方式，特别是复建工程全部采用历史传统材料，在城砖的选择上，使用了全市民众捐献的明代城墙砖，其中还有部分当年拆除永定门城楼的历史城砖，在复建工程的整个过程中，建立了详细完整的工程记录和施工档案；因此，采用严谨、科学的方式复建的永定门城楼，能够延续历史上永定门的全部历史文化信息，具有文物建筑的属性和一定的历史价值、文化价值和科学价值。特别是依照文物复建的标准、传统的复建工艺和历史的建筑材料以及准确的复建效果，使复建后的永定门城楼含有历史建筑的真实性。

保持历史的真实性是永定门城楼复建工程的重要准则和标准。在城楼的整个复建过程中，都注意保存和延续了一切有价值的历史及文化信息，整个复建的全部过程始终没有离开真实性这一价值标准，并最大限度恢复和延续了永定门城楼原有的历史价值。随着近几十年来世界各国对文化遗产保护利用的深入实践和对《国际遗产公约》中有关保护文化遗产真实性观念认识的深化与发展，人类文化遗产的真实性内涵也在不断扩充和完善。尤其是围绕对复建后的人类遗产建筑真实性的概念，也在不断产生新的认识。特别是在世界范围内对韩国首尔的“崇礼门”和法国“巴黎圣母院”这两处人类遗产项目曾遭大火焚毁后，对其重新复建后的建筑仍具原有历史价值的认可，使那种认为文物建筑不能复建和复建后的历史建筑就是没有价值的“假古董”的观念，开始得到改变。对以科学方式复建的整体外观及主体结构没有任何改变的永定门城楼的真实性也逐步有了新的认识，这就是复建的永定门城楼，绝不是一座历史建筑的仿品，而是永定门历史建筑在其原有周边历史环境和原有历史空间上的复原。具有一定的历史、科学、审美等层面的价值。

永定门城楼复建后的准确性，还在其忠实于历史的原有位置；使用了真实的明代城砖；仿制了明式的两块匾额；采用传统的建筑材料和传统的营造工艺，并使城楼完全恢复了当初历史上的完整状态，而其外观并没有改变。其整体视觉效果，既恢复了城楼建筑的历史原有结构，又使其外观风貌完全延续了历史岁月状态下的真实性。

永定门城楼的复建展现了北京中轴线形成与发展的历史过程。伴随着北京古都城市自元代七百年以来的发展历程，北京中轴线自北向南，曾历经元代的形成、明代初期的继承与发展、明代中后期的向南扩展和清代的进一步完善等不同的发展阶段，而最终形成纵贯全市、全长7.8千米且布局完整的中轴线。在历经四百年沧桑岁月后的1957年，为解决首都城市日益拥挤的城市交通问题而拆除永定门后，致使中轴线失去了南端的标志性建筑。而永定门城楼的复建，向世人再次展现了中轴线历史发展的完整过程，并再现了中轴线最终形成的南端点的历史性标志。

复建后的永定门城楼最大的历史文化价值，是延续了中轴线南端四百余年的历史发展轨迹。恢复了整个中轴线的空间范围和时间范围的历史完整性，尤其是永定门城楼的文化价值，更多的是体现在中轴线的整体价值上，体现在由中轴线所新产生强大而丰富的中国文化上。永定门的文化价值与中轴线的整体价值是密不可分的。在中轴线整体布局中，永定门同正阳门及钟鼓楼等中轴线历史建筑一样，是从属于中轴线、服务于中轴线的，但同时也在中轴线整体建筑构成的历史格局中，彰显其独特的历史人文价值。

复建后的永定门城楼，在中轴线的整体布局中具有特殊的功能和价值，也是中轴线整体格局中不可或缺的。在北京中轴线上及两侧的建筑规划布局中，自北向南对称分布着城市的报时建筑、道路、桥梁、宫殿建筑、祭祀建筑、礼仪建筑、城防建筑等独立的建筑个体，都各自承担着不同的城市功能，并在古都城市中发挥着不同的作用。在其共同构成的中轴线整体形态后，即由此产生了一个新的更为强大且内容更为丰富的中轴文化，其文化的内涵、性质、功能和高度以及对整个古都城市空间秩序的巨大影响力，是中轴线所包含的任何一个遗产项目所无法达到的，正是由于永定门城楼的复建，才使得一个有整体中轴线所产生的中轴文化的重大价值被社会所认知，并由此展现了人类文化遗产的普遍价值。

永定门城楼的复建，恢复了老北京地域传统文化的著名历史标志；永定门城楼自明嘉靖营建以来，先后经历了四百余年的时代岁月与战争风雨，特别是经清代乾隆年间的重建后，使得永定门城楼最终成为外城七座城楼中最为高大壮丽的古都南大门。随着明代以来外城形成的正东坊、正西坊、崇北坊、宣南坊等八大坊的不断繁盛，民居成巷，在城南市民生活中，永定门已成为老北京出入京城的交通要道和著名的历史地标建筑，承载了丰富的区域历史文化内涵，是老城南部区域重要的社会文化空间。复建后的永定门城楼，重新焕发了历史的文化魅力与生机，并使这一历史区域再次延续了上述特有的地域传统文化。

永定门城楼的复建，再现了古都中轴线南端历史传统景观，使历史上的永定门与向北延伸的中轴

图7-1
永定门城楼现状

道路上的正阳门遥相观望的历史景观依然如故；特别是历史上由永定门城楼北侧两翼的天坛、先农坛共同构成的“两坛一楼”的历史景观也再次呈现于世人面前；同时也使中轴线南端点永定门城楼周边这一特殊的历史环境景观，同中轴线北端点钟鼓楼周边的传统胡同、四合院构成的古都传统民居的历史环境，遥相呼应，并共同展现了中轴线历史环境构成的传统景观特色。

永定门城楼的复建，将极大地推动历史文化名城保护工作的发展，永定门城楼是历史形成的中轴线南端起点建筑，它凝聚了北京数百年的城市发展史，见证了老北京南城形成的整个过程和城市生活的巨大转变，是古都传统文化和现代文化价值的活载体，是北京历史文化的精华部分，也是整个城市重要的历史人文景观。永定门城楼的复建，重新焕发出古都城市建筑的历史特色，对北京文化名城特别是老城南部历史景观的保护与恢复，具有重大意义。可充分整合利用南部城墙的历史遗迹，以永定门城楼为南城墙的中心标志，可将外城已复建的东南角楼、左安门城楼遗迹(存有完整的城门值房建筑)和待复建的西南角楼、右安门城楼遗址及历史上的护城河等遗迹整合连线，可向世人展示北京南城墙的原有位置、规划走向及历史风貌特色。

复建后的永定门城楼，实现了中轴线的历史完整性，从而使北京城完整展现了古都特殊的城市布局结构——即外城、内城、皇城、宫城，四重城郭相套的历史城市格局及其所代表的不同区域的文化内涵。由于历史上城墙的逐步拆除，特别是永定门拆除以后，北京历史上特有的外城、内城、皇城等城市结构从整体上已经消失，历史上曾经分明的城域界限逐渐模糊不清。正是由于永定门城楼的复建，使历史上原有的北京城市历史结构，通过中轴线上的永定门、正阳门、天安门等标志建筑，向世人展示了北京外城、内城、皇城的界限和位置及不同的城市传统文化特色。

永定门城楼的复建，不仅实现了中轴线的历史完整性，使老城的南部城墙有了突出的标志，而且更在历史文化名城保护的前提下，为整个北京城市建设带来新的发展模式。北京城市总体规划正是依据永定门城楼这一中轴线南端点建筑的重要标志，将这条古老的中轴线向南部延伸二十余千米的北京大兴国际机场，作为现代北京城市发展的南部中心轴线，与中轴线北端延长线上的奥林匹克中心的鸟

图7-2
民国时期永定门石匾（首都博物馆藏）

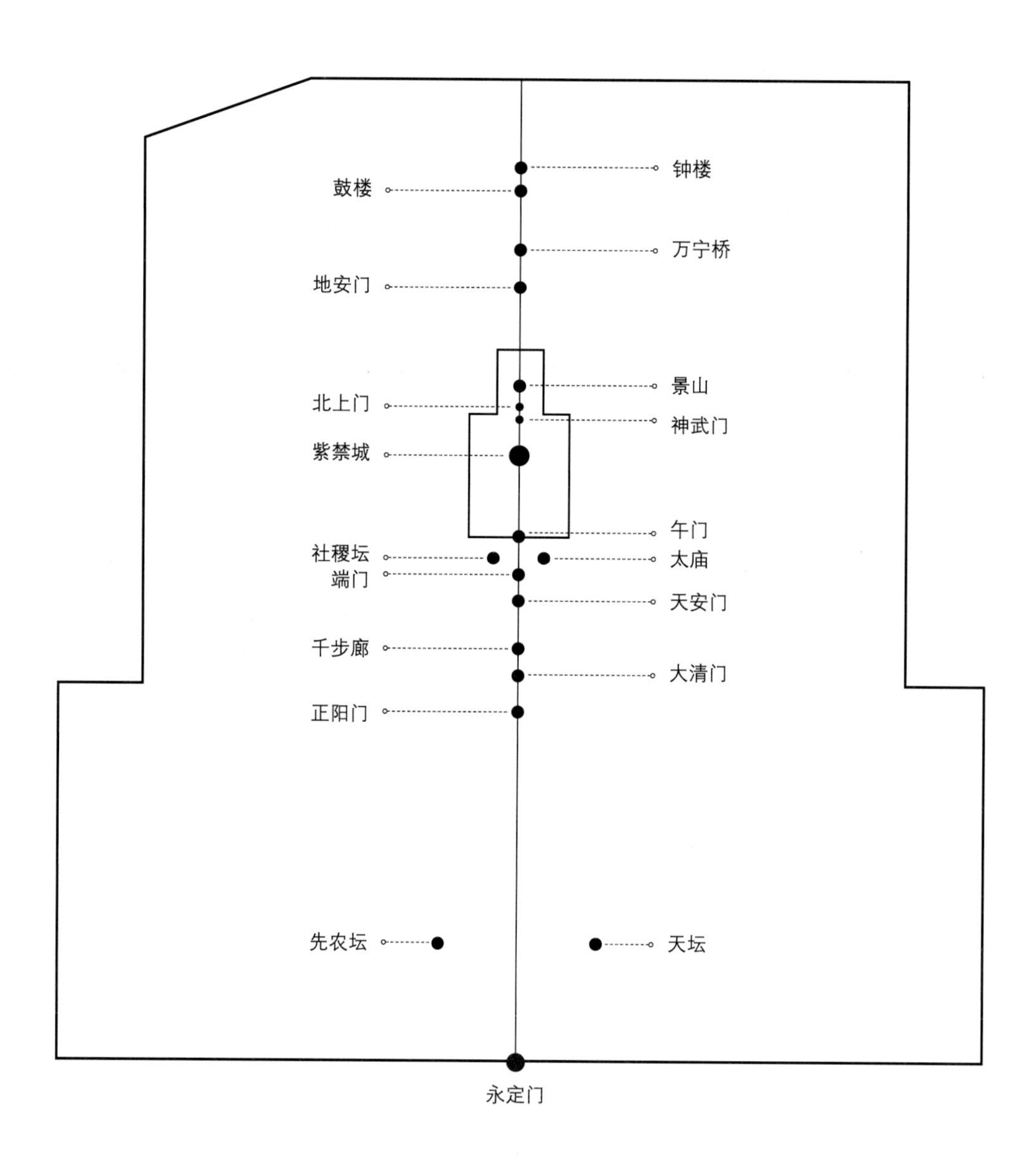

图7-3
北京中轴线上的传统建筑

巢、水立方、国际会议中心、中国科学技术馆等标志性建筑，共同构成南北呼应的新北京现代城市发展的中轴线。首都现代城市正是在中轴线的南北双向延伸的发展中，不断赋予古都中轴线新的文化内涵。

永定门城楼的复建，得到了广大市民的广泛关注和热情支持。在复建工程中，很多市民和社会单位曾纷纷来到施工现场，热情捐献当年拆除城墙特别是拆除永定门城楼时的明代城砖，为城楼的复原及最大程度地保持历史原有信息提供了重要保障。全市以高校、科研单位为主体的专家智库，积极为永定门城楼复建工程决策及中轴线保护提供了重要专家咨询和科研成果，确保了复建工程的科学性和准确性。各大新闻媒体对永定门复建工程进行了多种方式的广泛报道，深度解读了永定门城楼的历史文化及城楼复建的古代营造技术与历史科技知识，使古都历史文化知识得以进一步普及与传播，极大地提升了公众对永定门城楼复建的重要意义及中轴线历史文化的认知度，促进了广大公众积极参与历史文化名城保护工作的热情。

永定门历史建筑承载了鲜明的地域传统文化特色，展现了古都中轴线重要的历史发展阶段，同时也积淀了北京古都城市发展的历史信息。永定门城楼的复建，是北京历史文化名城保护的重大举措，代表了“老城整体保护”与民族优秀传统文化的回归，为北京中轴线的保护与“申遗”创造了条件，并由此拉开了国人深刻认识中轴线的文化价值和全面保护北京历史文化名城的序幕。

［1］
2004年
复建工程竣工后的永定门城楼

［2］
2021年9月28日
喜迎国庆佳节，永定门城楼上演绚丽灯光秀（摄影 张迪鑫）

[3]
2022年
永定门前布置冬奥会标志

［4］
2023年
永定门城楼南面

［5］
2023年
永定门城楼北面

［6］
2023年
永定门城楼西面

[7]
2023年
永定门城楼东面

[8]
2023年
永定门航拍

附录・一 永定门史料选编

「一」实录

○嘉靖四十二年十二月乙巳朔，工部尚书雷礼请增缮重城，备规制，谓永定等七门当添筑瓮城。

《明世宗肃皇帝实录》卷五百二十八

○命管文书内官监太监冉登总督正阳等九门、并永定等七门巡视点军写敕与之。

《明神宗显皇帝实录》卷五百三十三

○乙丑，上传谕兵部，逆奴狂逞山海、蓟、昌等处，已严行防御其京畿官庶人等恐有惶惑动摇。该部便移文五城厂卫督捕各衙门，多方布置，旗尉番快人等昼夜巡警缉获奸细仍出示晓谕各宜安静。都重二城居住人民不许擅自举放火炮，致生事端。正阳等九门并永定等七门守门员役启闭炤常。各门直日官军遣官查点，不许雇觅顶替搪塞如违从实参处。

《明熹宗悊皇帝实录》卷十八

○礼部启言，圣驾至京，文武百官迎接礼仪应行豫定。先期工部、锦衣卫修治道途设行殿于通州。城外南向司设监设帷幄御座于中。尚衣监备冠服，锦衣卫设卤簿仪仗，旗手卫设金鼓

门外并迤南地方。将阜成门外南界拨归右营。圆明园汛安设都司。其南营管正阳、崇文、宣武等门。旧有参将驻崇文门，游击驻宣武门，即将此两处令南营参游驻札。西珠市口以西之西南汛，改设都司。其北营管德胜、安定、东直等门，并朝阳门外北界。参将应驻德胜，游击驻安定。德胜门守备改设都司。安定、东直、朝阳俱安设守备。其左营管东便、广渠、左安等门，并永定门外东界，朝阳门外南界，参将应驻朝阳，游击驻东便，其右营管西便、广宁、右安等门，并永定门外西界。阜成门外南界，参将应驻阜成，游击驻广宁。并于左安门外适中之地设左营都司，右安门外适中之地设右营都司，而朝阳、东便、广渠、阜成、西便、广宁各安设守备。

《清高宗纯皇帝实录》卷一千一百三十六

○嘉庆七年三月，谕内阁：前因提督衙门奏盘获偷窃仓米一案称，靠仓城墙所生杂树，易于攀援上下，降旨令该管衙门即行芟除。原专指近仓城墙树株而言。并未将各城墙树木概行砍伐。所降谕旨甚明，乃提督衙门谘会工部将正阳门、永定门等内外

门禁。

《清德宗景皇帝实录》卷三百二十四

○光绪二十四年六月，己亥，谕内阁：昆冈等奏永定门城楼失去炮位，请将弁兵分别惩处一折。据称，本月初六日，据正蓝旗汉军炮营参领联棣禀称，因武胜营调取炮营存炮，当赴永定门城楼查验，始知失去铜炮二位等语。城楼重地，宜如何严密看守，乃竟有失去炮位情事。该弁兵等平日所司何事？实属疏懈异常。所有城门及绿营直班住宿弁兵，着交刑部严行审讯。该管堂官查取职名，先行交部议处，并着步军统领衙门、顺天府、五城一体严缉窃犯，务获究办。

《清德宗景皇帝实录》卷四百二十二

○光绪二十九年八月，直隶总督贡世凯奏：永定门迤西，左安门四道垛口迤西，东便门角楼迤南，西便门角楼头道垛口四处城墙，各有火车道豁口，请由铁路局修葺整齐，各留门洞，以通火车。所需工款，由局报效报闻。

《清德宗景皇帝实录》卷五百二十

○辛丑新筑京师外城成，上命正阳外门名永定。崇文外门名左安，宣武外门名右安，大通桥门名广渠，彰义街门名广宁。

《明世宗肃皇帝实录》卷四百三

○永乐中定都北京。建筑京城周围四十里。为九门，南曰丽正、文明、顺成，东曰齐化、东直，西曰平则、西直，北曰安定、德胜。正统初更名丽正为正阳，文明为崇文，顺成为宣武，齐化为朝阳，平则为阜成，余四门仍旧。城南一面长一千二百九十五丈九尺三寸。北二千二百三十二丈四尺五寸。东一千七百八十六丈九尺三寸。西一千五百六十四丈五尺二寸。高三丈五尺五寸，垛口五尺八寸，基厚六丈二尺，顶收五丈。嘉靖三十二年，筑重城，包京城南一面，转抱东西角楼止，长二十八里。为七门，南曰永定、左安、右安。东曰广渠、东便。西曰广宁、西便。城南一面长二千四百五十四丈四尺七寸。东一千八十五丈一尺。西一千九十三丈二尺。各高二丈，垛口四尺，基厚二丈。顶收一丈四尺。四十二年，增修各门瓮城。

《明世宗肃皇帝实录》卷四百三

旗帜，教坊司设大乐，俱于行殿西候。驾至前导先期一日传报。文武百官俱吉服于行殿西道傍百步之外候，驾过侍班跪接。驾入行殿，升御座。鸿胪寺官赞，排班文武各官班齐，行五拜三叩头礼毕，候上更衣。百官前行，驾由永定门入大清门，升武英殿，文武百官由大清门左右进至承天门外金水桥南，文武分班，驾至跪迎俯伏候。驾过百官各散，凡一应执事人员仍伺候。次日黎明，文武百官于武英殿朝毕。上表请即帝位候旨俞允。

《清世祖章皇帝实录》卷八

○乾隆二年三月壬辰，上诣黄幄行礼跪送神主启行。上先回京恭候奉迎神主。是夕宿次遣官恭代行礼。癸巳，神主黄舆由永定门、正阳门入，上预诣太庙街门外幄次恭候。

《清高宗纯皇帝实录》卷三十八

○乾隆四十六年七月，请每汛定额：千总二、把总四、经制外委六、额外外委三。所有裁拨添置分驻各事宜：一中营副将应驻海甸，游击驻四王府，将旧有南一一汛改为乐善园汛，管西直

城墙大小树株尽行砍锯，并欲连根刨撅，粘修砖块，此又系明安器小易盈、遇事张大之明证。今工部堂官奏称，树根与土脉相联，应请停止刨挖其各城墙大小树株，仍请全行砍伐亦属非是。试思正阳等内九门永定等外七门海墁排垛宇墙杂树共有一千五百余株，若概令纷纷砍伐，成何事体？且与前次谕旨不符，此事仍交提督衙门，止将城墙靠近仓库一带所生杂树易于攀援上下者量为芟除枝叶，亦无庸刨挖根株，余俱不必砍伐。

《清仁宗睿皇帝实录》卷九十五

○光绪十九年五月，谕内阁：御史端良奏，匪徒迎神进香，败俗酿弊，请饬禁止，并严申门禁一折。据称，永定门外南顶地方庙，向于五月闲迎神进香，男女杂沓。竟有公侯大员部院职官微服混淆其闲，致有驰骋车马压毙幼孩等情。甚至永定门亦迟至亥刻始行掩闭等语。所奏如果属实，殊属不成事体。着步军统领南城御史，严饬营城司坊各官，一体严行禁止。傥敢明知故纵，即行从严参办。并分饬各城门该管员弁，务当遵照向章，按时启闭，以重

附录·一 永定门史料选编

「二」会典

二十八里。为门七：南为永定门，左为左安门，右为右安门，东为广渠门，西为广宁门，在东西隅而北向者，东为东便门，西为西便门，明嘉靖三十二年建，四十三年成。本朝重加修整。外城南面二千四百五十四丈四尺七寸，东长一千八百五丈一尺，西一千九十三丈二尺。下石上砖，共高二丈，堞高四尺，址厚二丈，顶阔一丈四尺。设七门，门各有楼。内永定、广宁二门，乾隆三十二年门楼改檐三层，布筩瓦、脊兽。城闉七，角楼六，城垛六十三，堆拨房四十三所，雉堞九千四百八十七，炮窗八十八；东、西便门楼及角楼，制如内城谯楼，设炮窗雉堞，均留鎗窦；东便门东，西便门东，水关各一，皆三洞，每洞内外均有铁栅；东便门西水关一，内外二层，铁栅如之。

《嘉庆钦定大清会典则例》卷六百六十五

○提督九门巡捕五营步军统领一，除统辖步军营外，专辖巡捕营，中营统辖南、左、北、右四营，十六门门千总。提督中军妆管中营副将一，驻札海甸新荘，妆管中营、圆明园、阳春园、树邨、静宜园、乐善园五汛。

四十名；东便门千总二，门甲十名，门军四十名；西便门千总二，门甲十名，门军四十名。

《光绪钦定大清会典》卷四百二十八

○通御器械，内城正阳门信炮五，大炮十，炮车十，火药一瓮（计三十斤），号杆龙旗、号灯各五，撒袋二十，弓二十，矢四百，架二座，乌枪、长枪各二十，架二座，余八门半之，正阳、崇文、宣武、朝阳四门激筒各一，正阳、朝阳、阜成、西直、安定五门各储垫板十六块，崇文等八门共分储旧炮一千八百二十七。外城永定门锁钥二，云牌一，撒袋十，弓十，矢二百，长枪十，炮五，炮车五，火药二千斤，余六门均如之。永定门烘药二十九斤，右安门十四斤，余五门各储二十八斤有奇，西便门红杖二十，广安门红杖十，余各四十。

《光绪钦定大清会典》卷八百六十七

○增八旗直班，各有定所，更番宿直。详见则例。内城九门，安定、德胜、东直、西直、朝阳、阜成、崇文、宣武八门，各按军士居止方位，八旗

○皇城四门军士七千三百九副，正阳等九门军士一千九百七十八副，永定等七门军士一千一百十二副。

《大明会典》卷一百九十三

○外为重城环内城，南面转抱东西两角楼迤北而止。广袤二十八里，辟七门。南曰永定、左安、右安。东曰广渠、东便。西曰广宁、西便。角楼六。三面修四千六百三十二丈七尺有奇。崇二丈，堞广四尺，趾厚二丈，上阔丈有四尺，下设水关三……外七门惟永定门形方，东西便门无城闉，门各启楼，楼前对峙者为谯楼。

《乾隆钦定大清会典》卷七十二

○正阳门八旗轮直以满洲、蒙古。九门外旧营房以满洲、蒙古，新营房以满洲、蒙古、汉军。外城七门镶黄旗直东便门，正黄旗直西便门，正白旗直广渠门，正红旗直广宁门，镶白、镶蓝二旗直左安门。镶红旗直右安门，正蓝旗直永定门均以汉军。

《乾隆钦定大清会典》卷九十五

○外城环京城南面，转抱东西角楼，长

中营游击一。驻扎香山四王府邨。副将中军兼管圆明园汛都司一，驻札挂甲屯。千总二，把总四，外总四，外委六，额外外骿三，兵五百名。畅春园汛守备一，驻答理海甸新庄。千总二，把总四，外委六，额外外委三，兵六百名。静宜园汛守备一，驻答香山。千总二，把总四，外委六，外委三，兵五百八十名。乐善园汛守备一，驻答札西关。千总二，把总四，外委六，额外外委三，兵五百八十名，内九门：正阳门千总二，门甲三十名，门军四十名，崇文门千总二，门甲三十名，门军四十名；宣武门千总二，门甲三十名，门军四十名；德胜门千总二，门甲三十名，门军四十名；安定门千总二，门甲三十名，门军四十名；朝阳门千总二，门甲三十名，门军四十名；阜成门千总二，门甲三十名，门军四十名；东直门，门甲三十名，门军四十名；西直门知总二，门甲三十名，门军四十名。外七门：永定门知总二，门甲十名，门军四十名；左安门千总二，门甲十名，门军四十名；右安门知总二，门甲十名，门军四十名；广渠门知总二，门甲十名，门军四十名；广宁门知总二，门甲

满洲、蒙古、汉军分直。惟城门领安定门以正蓝旗，德胜门以镶蓝旗，东直门以镶白旗，西直门以镶红旗，朝阳门以正白旗，阜成门以正红旗，崇文门以镶黄旗，宣武门以正黄旗，正阳门八旗轮直以满洲、蒙古，九门外旧营房以满洲、蒙古，新营房以满洲、蒙古、汉军。外城七门，镶黄旗直东便门，正黄旗直西便门，正白旗直广渠门，正红旗直广宁门，镶白镶蓝二旗直左安门，镶红旗直右安门，正蓝旗直永定门，均以汉军。

《光绪钦定大清会典》卷八百六十七

附录 · 一 永定门史料选编

[三] 清宫档案

央，一千一百零五庹三尺五寸；自西直门楼中央至西北角楼，二百庹；由西北角楼至德胜门楼中央，一千二百九十一庹零五寸，东侧三千二百九十三庹二尺七寸，合计为九里，尚畬五十三庹二尺七寸；南侧三千九百八十三庹四尺，合计为十一里尚畬二十三庹四尺；西侧二千九百三十五庹，合计为八里，尚畬五十五庹；北侧四千零六庹四尺，合计为十一里，尚余四十六庹四尺。四周共一万四千二百一十九庹零七寸，计有三十九里半。

步军统领耆英等奏请查勘永定门大楼修理工程事奏折

道光十一年六月初八日

○奴才耆英奴才奕经奴才博启图谨奏，为循例奏闻事。

○据永定门城门领张朝瀚等呈报，本门城上大楼箭楼擎檐柱歪斜，瓦片破碎，大木拔榫，楼窗栏杆损坏，天花板挂檐板油饰脱落，呈请修理等情。奴才等当即移咨工部查勘去后，兹准工部覆称，业经派员前往，查勘得楼座擎檐柱沉陷，檐柱糟朽，情形较重，必应亟为修理，惟约计钱

在于臣部木仓取用外，共需物料工价银二千九百八十一两五钱九分八厘。于九月二十八日奏请，钦派大臣承修奉硃笔圈出宗室耆英、特登额钦此。移咨去后今据承修工程处咨称，前项工程修理完竣，知照原估大臣查验。经原估大臣查验相符，于道光十二年六月十六日覆奏。奉大学士管理工部事务臣曹振镛等谨题，为题销用过钱粮数目，事先准步军统领衙门奏修永定门大楼、箭楼工程于道光十一年六月初八日奉旨，永定门大楼、箭楼工程，著工部查勘办理钦此。钦遵当经臣部于六月二十五日奏请钦派大臣查估奉硃笔圈出宗室禧恩等，奏明永定门大楼、箭楼工程应修情形，于七月二十一日覆奏奉旨依议钦此。

呈俸满门千总霈霖等员引见单（道光朝，具体时间不详）

○第一排俸满门千总四员。霈霖，镶红旗汉军，年三十四岁，由云骑尉，系安定门千总。五年俸满，据署步军统领和硕庆亲王奕劻等以该员年力强壮，弓马可观，咨送到部，或以营守备用，或以衙守备用，恭候钦定。

奉朱批：着赶紧兴办，工部知道。钦此。钦遵移咨查验前来，臣等当即督同原派司员前往各处详细复勘，除广渠门水冲浪窝一段，前经臣等附片奏明估办在案，今复查得安定门大楼迤东城墙上砖海墁裂缝塌陷一道，长二十一丈；永定门迤东第一垛口东边城垛坍塌二个、歪闪一个，往东又歪闪城垛一个；城根脚砖脱落一段，折长五尺，永定门迤西城垛缺残一个，广渠门迤北第一垛口北边砖泊岸坍塌一段，折长二丈五尺；往北水簸箕坍塌一座，长六尺；东便门迤南第一垛口下砖泊岸坍塌一段，折长二丈五尺；西便门角楼迤南第三垛口砖泊岸坍塌一段，长一丈八尺；第四垛口下泊岸一座上面海墁砖破碎三段，各见方四尺；中心灰土酥散一段，长三丈；广安门角楼迤北第一垛口西北角曲尺城根坍塌一段，折长六尺。情形均属紧要，应即造具做法细册，咨送工部照例核算钱粮归入修筑城墙案内，一并兴修。

○其外七门冲刷浪窝数处，虽距城远近不一，情形轻重不等，惟现在帑项支出且平垫浪窝向归该营经理，应请旨仍交步军统领衙门，转饬各营将弁，各按该管地面即行填补，毋稍

九门提督费扬古奏报测量京城各门及四周里程折

康熙十五年正月二十四日

○窃照康熙十一年正月十六日，值班首领费约色转奉上谕：着由太和殿台阶起，经太和门、午门、端门、天安门、大清门、正阳门至永定门丈量里程，并将庹数、城四周之庹数、多少庹为一里程等情，写明奏来。钦此。

○臣等同翼长萨克查巴图鲁、邦纳米等率协领等丈量：……以三百六十庹为一里……由正阳门楼中央向东，至崇文门楼中央一千零五十七庹一尺；由崇文门楼中央至东南角楼，八百六十二庹；由东南角楼向北至朝阳门楼中央，一千一百九十五庹三尺五寸；由东直门楼中央至东北角楼，五百九十七庹二尺二寸；自东北角楼向西至安定门楼中央一千二百六十八庹；由安定门楼中央至德胜门楼中央一千四百四十七庹三尺四寸；自正阳门楼中央向西至宣武门楼中央，一千一百九十六庹四尺；由宣武门楼中央至西南角楼，八百六十七庹三尺；自西南角楼向北至阜兴门楼中央，一千六百二十九庹一尺三寸；由阜成门楼中央至西直门楼中

粮已在千两以上，例由该衙门自行奏明咨部办理等因前来。查永定门大楼箭楼既据该门领呈报，今准工部咨称派员勘估，约计钱粮已在千两以上，应由奴才衙门自行奏明，理合循例具奏，请旨敕交工部查勘办理，为此谨奏。

大学士管理工部事务曹振镛等为题请核销修理永定门大楼等工程用过工料银两事

道光十二年闰九月初七日

○今该工程将修过处所丈尺做法并用过工料钱粮，造具细册咨部核销。前来臣等按册逐款查核，所有前项工程共实用过工料银二千九百八十一两五钱九分八厘，均属与例相符。应准开销，理合循例具题。再此案咨文于道光十二年八月二十六日到部，闰九月初七日办理，具题合并声明。臣等未敢擅便，谨题请旨修理永定门大楼一座，记五间揭瓦，头停挑换，椽望并拆。修中层西北角擎檐柱、栏杆、格扇，补砌砖石。又箭楼一座，记三间夹陇黏修照旧，油画等工按例核算。除所需颜料等项移咨户部取用杉篙，架木

旨以营守备用，旨以衙守备用。

○铁寿，镶黄旗汉军，年四十九岁，由恩骑尉。系永定门千总，五年俸满。据署步军统领和硕庆亲王奕劻等以该员年力强壮，弓马可观，咨送到部，或以营守备用，恭候钦定。旨以营守备用，旨以卫守备用。

○铁守，镶黄旗汉军，年四十九岁，由恩骑尉。系永定门千总，五年俸满。据署步军总领和硕庆亲王奕劻等以该员年力强壮，弓马可观，咨送到部，或以营守备用，或以卫守备用，恭候钦定。旨以营守备用，旨以卫守备用。

吏部尚书柏葰等奏为续勘京师城工情形事奏折

咸丰三年九月初六日

○臣柏葰臣翁心存臣肃顺谨奏，为续勘城工分别情形轻重据实奏闻，仰祈圣鉴事。

○窃臣等奉派查估城工，已将应修处所奏明咨交工部在案，嗣准门外冲刷浪窝一段，安定门大楼迤东城墙平面裂缝东西计长十数丈，外七门水冲浪窝离城一二尺三四尺者数段，请旨饬下工部赶紧一并查勘办理等因。

永定二门城楼及本旗炮局，其本旗炮局，专派本旗官兵看守，崇文门亦由本旗派拨官兵在彼往宿，协同城门领等看守。惟永定门系属外城，向由该城门领等会同绿营弁兵住宿看守，今失去炮位，官兵等毫无觉察，实难辞咎。相应请旨饬交步军统领衙门查取职名照例办理，并将住宿兵丁照例治罪。仍请饬下步军统领衙门顺天府五城一体，严缉窃犯务获。是否有当，理合恭折奏闻。伏乞皇上圣鉴，训示遵行。谨奏请旨。

○都统管理理藩院事务大学士奴才宗室昆冈

副都统奴才福森布穿孝副都统奴才福珠礼假署副都统奴才色楞额

着为步军统领左右翼总兵派员统兵在马家堡车站永定门天桥巡逻弹压巡护事谕旨

光绪二十四年

○军机大臣面奉谕旨：京城地面，五方杂处，良莠不齐，日前竟有乘外国人车桥进城聚众滋闹之事。着步军统领左右翼总兵，拣派参游一员，率领弁兵百余名，在于马家堡铁路车站，并永定门内外天桥一带地方，分段巡逻，认真弹压保卫，其九城

安门四道垛口迤西、东便门角楼迤南、西便门角楼头道垛口四处城墙，各有火车道豁口一个，臣等饬据天津道王仁宝等，前往勘得豁口四处，砖土错杂，殊碍观胆，拟由臣等会同督办卢汗铁路事宜，臣盛宣怀会办关内外铁路事宜，臣胡燏棻饬局勘估变通筹办所有豁口，各留一门洞以通火车，余均修葺整齐。所需工款，即由各铁路报效，不请公款。理合附片具陈。伏乞圣鉴训示。谨奏。

○光绪二十九年八月初八日奉

○朱批：知道了。钦此。

禀为查勘永定门东门扇折损情形事

宣统二年二月

○敬禀者司员等前奉堂派查勘永定门门扇工程。遵即带同厂商前往查勘。得永定门内东门扇糟朽一角高九尺，宽五尺余，并门背后底带三根折损等情，除由厂商估具做法清单，理合禀覆伏乞宪鉴。

○民政部司员郑咸、沈炤谨禀。

迟缓俟一律完竣后，即由办理巡防王大臣查验，倘有奉行不力，及填补未臻妥协，即据实奏参，从重惩办，并请此后内外各城如有冲刷浪窝处所，即由该旗营并该管地面随时平垫，毋任废弛。则城根可期巩固，帑项不致虚縻。所有臣等续勘城工缘由，谨缮折具奏，是否有当，伏乞皇上训示遵行。谨奏。

大学士正蓝旗汉军都统昆冈等奏为永定门城楼失去炮位请饬步军统领衙门查取绿营弁兵职名照例办理等事奏折

光绪二十四年六月十七日

○正蓝旗汉军都统管理理藩院事务大学士奴才宗室昆冈等谨奏，为永定门城楼失去炮位，恭折奏闻仰祈圣鉴事。

○窃奴才等所管正蓝旗汉军炮营参领联棣禀称，现奉武胜新队奏调各旗所存台湾铜炮，运赴各旗炮局以备查验，参领联棣即于本月初六日带同官兵前往永定门，会同该城官兵上城，因见门楼封锁，浮搭封条脱落，当即进内查点。查楼内向储台湾铜炮五位，内失去炮二位，即询该署门领文瑞等此项炮位何时被窃，据云实不知情等语。奴才等闻之深为骇异伏查正蓝旗汉军炮位，分存崇文

内外官厅堆拨，遇有洋人经过，一体妥为巡护，毋得稍有疏虞。钦此。

奏为永定门城楼失去炮位拟处失察玩法官弁请饬汉军都统各察各旗炮位事奏片

光绪二十四年

○再本年六月昆冈等奏永定门城楼失去炮位，请将弁兵分别惩处，旋据获犯交刑部审办。夫以守城炮位，胆敢窃取镕毁，坚守者失于觉察，偷窃者敢于犯法，是皆平日疏于防检。永定门楼上铜炮既可盗窃销毁，其各城楼各炮厂炮位不可不详加察点也。所有旧储，若干现存，若应请旨饬下汉军都统，各察各旗炮位，是否与册存原数相符，有无丢失果否适用，统限十五日内察明，册报军机处，用备缓急，庶军机有资，亦自强之一道也。是否有当，伏乞皇太后皇上圣鉴。谨奏。

直隶总督袁世凯奏为变通筹办永定门等处城墙车道豁口事奏片

光绪二十九年八月初八日

○再查工部原奏清单，内开永定门迤西、左

长盛木厂修理永定门东扇门做法工料估单

宣统二年二月

○谨将查勘永定门内城东门扇一扇丈尺情形分晰开列于后。现查情形，永定门内城东门扇一扇糟朽一块，高九尺，宽五尺二寸。背后门带三根，内无存一根，糟朽不堪二根，缺欠铁门钉六个，车辋钉二百三十五个，平铁叶三十五块。谨拟永定门内城东门扇一扇糟朽一块，用松木刓补，门带三根照旧添新。缺欠门钉六个，车辋钉二百三十五个，平铁叶三十五块照旧添新，钉补齐整，照旧油饰黑油。成做共工料估需京平足银三十六两七钱整。

长盛木厂商人魏振鹏呈为修理永定门内东扇工程完竣事

宣统二年三月

○具呈长盛木厂商人魏振鹏呈为工程完竣事。窃商蒙大部派修永定门内城东门扇糟朽一块，用新料刓补。门带糟朽不堪无存，照旧换新。缺欠门钉、车辋钉、平铁叶子照旧添新，钉补齐整，油饰黑油等工，于三月二十日修理一律完竣，为此呈报。

附录·一 永定门史料选编

［四］地方文献

四十名。

《畿辅通志》卷三十八

○雍正二年四月，步军统领会同八旗都统等，奏准内城九门每门门军四十名。缺出将满洲蒙古教养兵丁挑补。外城七门每门门军四十名，缺出将汉军教养兵丁挑补。其门军居住房屋，内九门旧设绿旗门军原各有官房一间，应即给与居住。外七门门军旧无房屋，交与工部于各门相近之处，每门盖给房屋四十间……永定门内东西空地四，段盖房四十间，计十座。内四座每五间，三座每四间，二座每三间，一座二间。

《钦定八旗通志》卷一百十三

○嘉靖三十二年，筑重城包京城南一面。转抱东西角楼止。长二十八里，为七门。南曰永定、左安、右安。东曰广渠、东便。西曰广宁、西便。城南一面长二千四百五十四丈四尺七寸，东一千八十五丈一尺，西一千九十三丈二尺。各高二丈，垛口四尺，基厚一丈，顶收一丈四尺。四十二年增修各门瓮城。

《日下旧闻考》卷三十八

西为广宁门，在东西隅而北向者，东为东便门，西为西便门，明嘉靖三十二年建，四十三年成。本朝重加修整。外城南面二千四百五十四丈四尺七寸，东长一千八百五丈一尺，西一千九十三丈二尺，下石上砖，共高二丈，堞高四尺，址厚二丈，顶阔一丈四尺，设七门，门各有楼，城闉七，角楼六，城垛六十三，堆拨房四十三所，雉堞九千四百八十七，炮窗八十八；东、西便门楼及角楼，制如内城谯楼，设炮窗雉堞，均留枪窦；东便门东，西便门东，水关各一，皆三洞，每洞内外均有铁栅；东便门西水关一，内外二层，铁栅如之。

《光绪顺天府志》京师志一城池

○外城环京城南面，转抱东西角楼，长二十八里。为门七：南为永定门，左为左安门，右为右安门，东为广渠门，西为广宁门。在东西隅而北向者，东为东便门，西为西便门。明嘉靖三十二年建，四十三年成。前清重加修整。外城南面二千四百五十四丈四尺七寸，东长一千八百五丈一尺，西一千九十三丈二尺，下石上砖，共高二丈，堞

年，兵事益急，议筑前三门关厢及外城，仍不果。至是给事中朱伯宸复申其说，通政使赵文华亦以为言，上问严嵩，嵩力赞之，命平江伯陈圭等，择日兴工。帝是之，然终虑工费浩大，成功不易。屡以问嵩，嵩乃自请至工所视察。随上手札，略言城工，有深至七，八尺者，今筑基皆已出土面，程功较易。帝以财图示不社保，应先筑南面，俟后再成，四周之制可同陈圭说计之。于是嵩等议，将现筑正南一面，东西二端转北，接包内城东西角，刻期完报。是年十月工成，即今城也。城长二十八里。为门七，南曰永定……

《旧都文物略》一城垣略

○正阳等九门、永定等七门，正副提督二员，关防一颗。

○京城内外十六门，正阳门，掌门官一员，管事官数十员。带管外罗城南面居中永定门。凡冬至圣驾躬诣圜丘郊天，并耕藉田，崇祯辛未年五月初一日，今上因旱诣圜丘步祷，咸由正阳门出也。

《酌中志》卷十六

○正阳门掌门官一员，管事官数十员，带管外罗城南面居中之永定门。凡冬至圣驾恭诣圜丘郊天，并耕籍田皆由于此。

《明宫史》卷二

○嘉靖三十二年，又筑重城，包京城南面，转抱东西角楼，长二十八里，为七门。南曰永定门、左安门、右安门，东曰广渠门今名沙河门、东便门，西曰广宁门、西便门。四十二年，又增修各门瓮城。是后以时修治。所谓京邑翼翼，四方之极也。

《读史方舆纪要》卷十一

○永定门，城门尉一员，城门校一员，千总二员。正蓝旗甲兵十名，绿旗门军

○永定门在外城之正南。长元按：永定门东扇属南城，西扇属中城，以街心分界。

《宸垣识略》卷九

○永定门在外城正南。南城副指挥署在永定门外。中营正南守备署在永定门外。

《宸垣识略》卷十二

○永定门城门领门吏各一员，正蓝旗汉军人。门千总二员，门甲十名（正蓝旗汉军九名，镶蓝旗汉军一名），门军四十名（正蓝旗汉军二十名，镶蓝旗汉军二十名）。

《金吾事例》设官上

○永定门门领一员，官房八间。门吏一员，官房六间。门千总二员，每员官房四间。门甲十名，每名官房一间。门军四十名，每名官房一间。

《金吾事例》章程卷四

○城环京城南面，转抱东西角楼，长二十八里，为门七：南为永定门，左为左安门，右为右安门，东为广渠门，

高四尺，址厚二丈，顶阔一丈四尺。设七门，门各有楼，城闉七，角楼六，城垛六十三，堆拨房四十三所，雉堞九千四百八十七，炮窗八十八。东便门东、西便门东，水关各一，皆三洞，每洞内外均有铁栅。东便门西水关一，内外二层，铁栅如之。自光绪庚子京奉火车自永定门之东辟门而入，其后遂经东便门以达通州，京汉火车亦自东便门而入，于是外城增辟三门。

《燕都从考》二城池

○外城虽由徐达命叶国珍设计，并未修筑。永乐间加修内城，于外城亦未遑计及，至嘉靖三十二年始修筑外城。先是嘉靖二十一年，边报日亟，御史焦琏等请修关厢墩堑，以固防守。都御史毛伯温等复言："古者有城必有郭，城以卫民，郭以卫城，常也。若城内居民众多，则有重城，凡重地皆然。京师尤重，太祖定鼎金陵，既建为城，后复设罗城于外。成祖迁都金台，当时内城未立。今城外之发，殆倍城中，宜筑外城，包络既广，控制更雄，且郊坛尽收其中，不胜大幸"。诏从之。下户、工二部议复，以给事中封养直谏而止。至二十九

附录·一 永定门史料选编

「五」1946年北平市工务局修缮永定门史料

邓玉娜 选编

永定门坐落在北京城中轴线的最南端，始建于明嘉靖三十二年（1553），清乾隆皇帝在位期间曾两次增建、重修该门，使其成为包括城楼、箭楼、瓮城等建筑在内的京师外城的最大城门，规模宏伟，在城市交通和军事防卫方面有重要意义。

但是，随着岁月的流逝，风霜雪雨和战火对永定门造成了比较大的毁坏。抗战胜利后，北平市政府开始着手城市建设工作，对永定门的修缮工程被列为北平市工务局1946年上半年工作计划之一。此次修缮工程包括对城楼及箭楼、墩台、瓮城及其东部城垣三个项目，由隶属于工务局的文物整理工程处负责督建，分别于同年下半年竣工。

现将北京市档案馆所藏的关于此次永定门修缮工程的档案整理公布，档号：J1-4-140、368，J17-1-2982、3033。

城楼、箭楼

○北平市工务局关于永定门城楼及箭楼修缮工程招标的签呈

（1946年6月17日）

工会字第一三〇三号

查永定门城楼及箭楼工程业经招商领标，定于六月二十日上午十一时在本局文物整理工程处开标，除由本局派员监标外，理合签请钧府派员届时莅临监标，实为公便。谨呈市长熊、副市长张

北平市政府工务局局长　谭炳训

中华民国三十五年六月十七日

[秘书处加签意见：拟请派员监标。六、十七。派李主任青煜监标。六、一七。代。张伯谨印。]

○北平市政府会计主任李青煜就永定门城楼及箭楼修缮工程招标一事的报告

（1946年6月22日）

中华民国三十五年六月二十二日于会计室

奉交下本府工务局长谭炳训签请补修永定门城楼及箭楼工程，祈派员监标。等由。奉批：派李主任青煜监标。等因。职谨遵于本月二十日前往，计有标商中和等十一家，本府会计处、技术室、工务局均派员参加，经由文整工程处卢技正领导举行开标，结果有敬胜、天顺、中和三家标价为低，当众商定依例将此三家送请工务局审查委员会审核决定。职询之此项工程情形，据云：于开标之前不能公布标底数目，一切均由审查会审查办理。等语。谨将经过情形并附抄开标纪录一份，恭请鉴核。谨呈秘书长杨转呈市长熊、副市长张

职　李青煜

[批示：阅悉。二、廿二。熊斌印。张伯谨印。]

附：文物整理工程处永定门城楼及前楼修缮工程开标纪录

投标厂商	总标价		工作日数	特别声明	附记
敬胜	29,438,200	00	60		
天顺	39,826,000	00	90		
中和	39,949,400	00	80	十五日内有效	
建平	43,976,100	00	100	五日内有效	
德源	47,860,000	00	95	木材不足及运用由官方运送与供给	
广和	52,500,000	00	70		
卫华	50,130,000	00	75		
大业	58,500,000	00	100		
大隆	59,834,200	00	100	七日内有效	
公兴顺	53,278,200	00	120		
宝恒	61,384,200	00	150		

○工务局文物整理工程处为拟将永定门城楼及箭楼修缮工程交天顺营造厂承揽的签呈

（1946年7月6日）

事由：为永定门城楼及箭楼修缮工程拟交次低标天顺承揽签请鉴核由。

查永定门城楼及箭楼修缮工程前于六月二十日由常股长中祥、邵股长士元陪同市府派员李科长膏煜、柯科员经藩莅处监视。是日领标者十二家，除隆记未到外，收到标函十一封，最低标敬胜公司，标价为贰千玖百肆拾叁万捌千贰百元；次低标天顺建筑厂，标价为叁千玖百捌拾贰万陆仟元，均未超过本处原估（肆千叁百肆拾柒万元）。惟旋据敬胜呈以物价增长过大请求取消等情，提经六月二十七日标审会第三次会议决议："通知敬胜仍应承做，否则没收押标金，工程交由次低标承揽。"等因。记录在卷。遵即传知敬胜速来商订合同。兹据呈复，仍恳体恤商艰准予退标。等情前来，依照标审会决议案，本工程应交由次低标天顺承揽。除照章没收敬胜押标金并传天顺前来洽订合同外，理合检同标价审查关系书类签请鉴核。谨呈局长

附呈做法说明书一件、图样一件〈略〉、预估单一件、标价审查报告一件、标单十一件〈略〉、标价审查会第三次纪录二份。

技正兼代文物整理工程处处务卢实谨签

七月六日

［工务局第二科科长签注：拟饬迅与次低标签订合同赶速开工，并报府备案。七、六。王孝楧印。］

［局长批示：如拟。七、十。谭炳训印。］

附1：永定门城楼及箭楼修缮工程做法说明书

甲、工程范围：

本修缮工程包括以下二项：

（一）城楼一座（七开间布瓦三滴水）。

（二）箭楼一座（布瓦单檐歇山）。

城台不在本工程范围之内。

承揽人须依照下节工程概要及施工细则，在本处监督之下，切实施工。

乙、工程概要：

（一）城楼

项目	名称	现状	修缮概要
1	上下檐装修	全部无存	添配完整
2	平座栏杆	全部无存	添配完整
3	天花	盖板全部无存，井口支条约存十分之一	照样添配齐整
4	连檐瓦口	各檐均朽失大半	朽失者添换新料，小残者剔挖钉补
5	望板	糟朽大半	糟朽者一律换新
6	楼板楞木	梯口处局部残缺，平座者四角均朽	添换完整
7	擎檐柱	无存	添新
8	博缝山花	少有残缺糟朽	钉补剔换
9	滴珠板	糟朽大半	过朽者换新
10	走马板	全部无存	添配完整
11	棋枋板	少有残缺	钉补齐全
12	楼梯	全部无存	重新装配
13	下檐柱	间有糟朽劈裂	剔挖钉补
14	斗拱	大体完整，小有残裂	钉补齐整
15	翼角	各屋角梁头及翘飞椽均有糟朽	大朽换新，小朽钉补
16	瓦件	各层勾滴大部残缺，余者筒板松脱，裹灰剥落	配齐瓦件，局部揭瓃，全部裹垅刷浆
17	瓦脊	正脊歪闪崩裂，垂脊博脊残缺，戗脊、岔脊大部无存	歪闪崩裂者拆下重砌，残缺者一律添配齐全
18	兽头	脊兽歪闪，垂戗及合角兽等间有残缺	歪者归正，残缺者一律配齐
19	狮马	大部无存	照样添新
20	楼上砖墙	一部崩裂	拆砌完整
21	平台海墁	局部残缺走动	残缺处照样添配新砖，走动处重新起墁
22	楼下海墁	残缺不平	补墁平整
23	压面石	大部走错	归复正位
24	砖墙灰皮	膨臌脱落	找补抹灰，全部刷浆
25	油饰彩画	油色画面均模糊不清	外檐见新

（二）箭楼

项目	名称	现状	修缮概要
1	板门	门扇无存，栏框糟朽	添换完整
2	方眼窗	缺二十三扇，护窗板全部无存	添配新窗及护窗板
3	过木山花	外部均糟朽	剔挖贴补
4	椽望	大部糟朽	大朽换新，小朽钉补
5	连檐瓦口	全部糟朽残缺	添换整齐
6	仔角梁	梁头均有糟朽	剔挖钉补
7	斗拱	少有残裂	钉补齐全
8	瓦顶	垅瓦松脱渗滴，勾滴筒板残缺	添配瓦件，择要揭瓦
9	瓦脊	崩残脱落	全部调整
10	兽头狮马	残缺	添配齐全
11	砖墙	局部崩残，灰缝大部剥落	嵌补勾缝
12	楼内墁砖	破碎不平	添砖起墁
13	楼内灰皮	膨臌脱落	全部抹灰刷浆
14	油饰彩画	均晦暗破坏	外檐油画见新

乙〔丙〕、施工细则：

（一）木作通则：所有一切大小木作，不分城楼箭楼，其糟朽残缺或劈裂之处（见概要）一律用官发木料添配或钉补，添配之件须按照原样原大不得差异；其全部无存者，临时发给大样，明面均须刮细见新，榫卯合缝，务求坚固严密，当施挺钩铁活之处照例配齐，钉补之处亦须平整严实，不得歪扭离缝。

（二）瓦作通则：

1. 瓦顶：瓦件及诸脊残缺歪裂处，或因渗漏致椽望等糟朽过甚之处，不分城楼箭楼一律揭瓦除背，清理灰迹，完整瓦件堆积一方，待椽望修整后，苫三：七焦渣背一层，厚随旧，百比三麻刀青灰背一层，厚一公分，再以百比三麻刀青白灰，利用拆下旧瓦，重新瓦瓦调脊。瓦件及兽头狮马等缺欠之数，由承揽人照样配齐，再将全部瓦顶之残余裹垅灰皮铲除净尽，重新以百比三麻刀青白灰裹垅，刷月白浆见新。

2. 砖墙：崩缺之处照旧补砌完整，膨裂处拆下重砌，归复正位，一律用一：三白灰黄土泥砌，砖块不足由承揽人添备，砌前须以清水将砖块浸湿，砌好后百比三麻刀青灰勾缝，其他砖缝勾灰脱落处找补勾抹。

3. 墙皮：膨臌脱落处一律将灰迹铲除尽净，再以清水将墙面淋湿，百比三麻刀灰找抹平整，不分新旧全部刷原色灰浆见新。

4. 海墁：砖块残缺处照样添砖补墁，其走错或凸陷之处一律起墁平整，坐灰灌浆。

5. 压面：城楼平台压面石大部走错，以白灰重新归安平正。石料不足照样添配。

（三）油饰彩画通则：

1. 地仗：外檐柱、檩、梁、枋、滴珠板、斗拱、槛、框等项残余油灰地仗铲除干净，扫清浮土，撕缝汁油浆一道，捉缝灰灰一道，衬平上细油灰一道，磨细钻生桐油一道，油活上细腻子一道，画活上胶矾水一道，至新添之装修、天花走马板、楼梯及栏干〔杆〕等先以腻子找平，钻生桐油一道。

2. 油饰：连檐、瓦口、滴珠板、装修、栏干〔杆〕、楼梯及椽望(限外檐)等应作红色油饰之部，均底油一道，漂红土油二道，亮油一道；椽肚椽帮及栏干〔杆〕、望柱头等应作绿油饰之部，均绿铅油一道；鸡牌绿油二道，光油一道；其他杂色油饰均随色作三道油饰，内檐添换之椽望等随色断白。

3. 彩画：外檐全部随旧作雅乌墨旋子彩画，普照乾坤一统天下枋心，雅乌墨天花（限城楼下檐廊下）草龙圆光三蓝岔角，颜色照例分配。

4. 颜色：所用颜色均须采用上品，日后不得有退色之弊。

丁、附则：

（一）材料检查：本工程所用材料除官发者外，均须经本处检查认可方得使用。

（二）官发材料：桐油二七三〇市斤，松木一六一六〇板呎，有余缴还，不足由承揽人添备。

（三）借用杉槁：本工程承揽人得向本处借用

杉槁一千根，红白皮各半，用毕须立即归还。

（四）安全障幕：本工程位当交通冲要，施工时须先设安全障幕，谨防瓦木坠落伤及行人，如有意外，由承揽人负完全责任。

（五）工程地界：本工程适当城防要地，开工时须先会同本处监工员及驻守永定门军警双方，划定工程地界限，由承揽人负责严令工人不得越出。

（六）清理工地：工竣验收之前，须将工地清理干净，废料余土等由承揽人运赴指定地点。

附2：预估单

永定门城楼修缮工程预估单

项目	名称	单位	数量	单价	总价	附注
1	板门	槽	4	29,200	110,800	
2	格扇	槽	6	70,320	421,900	
3	走马板	m^2	92	920	84,600	
4	天花	m^2	99	3,520	348,500	
5	滴珠板	m^2	32	1,040	33,300	
6	剔换椽望	m^2	200	1,700	340,000	
7	楼板	m^2	27	1,040	28,100	官发木料楞木在内
8	擎檐柱	件	4	5,500	22,000	
9	栏杆	m	86	6,940	596,800	
10	楼梯	m	10	11,600	116,000	
11	山花脊板	m^2	3	860	2,600	
12	斗拱	攒	244	460	112,200	
13	揭瓦	m^2	200	5,820	1,164,000	
14	裹垅刷浆	m^2	579	1,480	856,900	
15	添配瓦件	件	3,800	50	140,000	
16	脊砖	块	400	45	18,000	大开条
17	拆砌砖墙	m^2	2	29,150	58,300	
18	修整海墁	m^2	40	3,850	15,4000	
19	归安压面	m	50	1,630	81,500	
20	抹灰	m^2	320	1,610	515,200	
21	油饰	m^2	1,716	2,700	4,633,200	
22	彩画	m^2	1,214	10,330	12,540,600	官发桐油
23	地仗	m^2	2,930	1,960	5,742,800	
24	绳杆架木	约15%			4,218,300	
25	杂运费	约10%			2,812,400	
						35,158,000
26	包工人柜费	约10%			3,516,000	
					共计 3,867,400	

永定门箭楼修缮工程预估单

项目	名称	单位	数量	单价	总价	附注
1	板门	槽	1	25,000	25,000	
2	方眼窗	槽	23	8,600	198,000	
3	剔补过木	20件	1	20,800	20,800	官发木料
4	剔换椽望	m^2	63	1,700	107,100	
5	钉补斗拱				19,000	
6	揭瓦	（b）	63	5,820	366,700	
7	添配瓦件	件	2,000	50	100,000	
8	裹垅	（b）	126	1,350	170,100	
9	刷浆	m^2	252	130	32,800	
10	嵌补砖缝	m^2	148	1,950	288,600	
11	抹灰	m^2	213	1,610	342,900	
12	墁地	m^2	32	3,850	123,200	
13	油饰	m^2	230	2,700	621,000	
14	彩画	m^2	61	10,330	630,100	官发桐油
15	地仗	m^2	300	1,960	588,000	
16	绳杆架木	约10%			363,350	
17	杂运费	约10%			363,350	
					4,360,000	
18	包工人柜费	约10%			436,000	
					共计 4,796,000	

永定门箭楼城楼修缮工程总预估单

1. 箭楼修缮工程预估	4,796,000	
2. 城楼修缮工程预估	38,674,000	共43,470,000
3. 管理杂费	174,000	
共计	45,210,000	

官发材料

1. 松木	16,160板呎
2. 桐油	2,730斤

附3：文物整理工程处建筑工程标价审查报告表

工程号数	文三五号	监标员	李膺煜 常中祥 祝经藩 邵士元
工程名称	永定门城楼 及箭楼修缮工程	设计者	赵法参
开标日期	35年6月20日 上午11时	审查者	雍正华
本处原估	国币43,470,000	复核者	卢实

续表

<table>
<tr><td colspan="8">前两标标价与工作期限</td></tr>
<tr><td colspan="2">标次</td><td>投标厂商</td><td colspan="2">标价</td><td>工作期限</td><td colspan="2">与本处原估之比□</td></tr>
<tr><td>1</td><td>最低标</td><td>敬胜</td><td colspan="2">29,438,200元</td><td>60</td><td colspan="2">67.8%</td></tr>
<tr><td>2</td><td>次低标</td><td>天顺</td><td colspan="2">39,826,000元</td><td>90</td><td colspan="2">91.6%</td></tr>
<tr><td colspan="8">其余各厂商标价与工作期限比较</td></tr>
<tr><td>标次</td><td>投标厂商</td><td>标价</td><td>工作期限</td><td>标次</td><td>投标厂商</td><td>标价</td><td>工作期限</td></tr>
<tr><td>3</td><td>中和</td><td>39,949,400元</td><td>80日</td><td>11</td><td>宝恒</td><td>61,384,200元</td><td>150日</td></tr>
<tr><td>4</td><td>建平</td><td>43,976,100元</td><td>100</td><td>12</td><td>隆记</td><td>（未到）</td><td></td></tr>
<tr><td>5</td><td>德源</td><td>47,860,000元</td><td>95</td><td>13</td><td></td><td></td><td></td></tr>
<tr><td>6</td><td>广和</td><td>52,500,000元</td><td>70</td><td>14</td><td></td><td></td><td></td></tr>
<tr><td>7</td><td>公兴顺</td><td>53,278,200元</td><td>120</td><td>15</td><td></td><td></td><td></td></tr>
<tr><td>8</td><td>卫华</td><td>57,130,000元</td><td>75</td><td>16</td><td></td><td></td><td></td></tr>
<tr><td>9</td><td>大业</td><td>58,500,000元</td><td>100</td><td>17</td><td></td><td></td><td></td></tr>
<tr><td>10</td><td>大隆</td><td>59,834,200元</td><td>100</td><td>18</td><td></td><td></td><td></td></tr>
<tr><td colspan="8">附件：厂商标单十一份，本处预估单一份</td></tr>
<tr><td colspan="8">审查意见：查最低标敬胜每项单价过小，总价合本处预算67.8%。次低标天顺土木各项过大，但油饰彩画过小，总价合本处预算91.6%。
中华民国三十五年六月二十日</td></tr>
</table>

附4：文物整理工程处标价审查会第三次记录

地　　点：工务局第一科

时　　间：六月二十七日上午十一时

出席人员：王孝楧　工务局第二科

黄惠良　会计室

柯经藩　会计处

卢　实　文整处

李颂琛　工务局

列　　席：赵法参

（七）押标金

决议：按总价（标底）2%～5%。

（八）标价有效期限

决议：自开标之日起十五日内有效。

（九）永定门城楼及箭楼工程

通知敬胜仍应承做，否则没收押标金并取消以后投标资格，工程交由次低标承做。

（十）取消投标资格厂商如以前所有承揽工程正在施工中，经验收证明成绩优良者得恢复投标权。

（十一）天安门前石桥及女墙修缮

次低标工信拒绝承揽，除照前案处罚外，工程交由第三标敬胜承做。

（十二）文整工程同一厂商不得同时承做三标以上之工程。

○北平市工务局为将永定门城楼及箭楼修缮工程交天顺营造厂承揽致市政府签呈

（1946年7月13日）

工二字第一四八七号

案据本局文物整理工程处呈称："查永定门城楼及箭楼修缮工程前于六月二十日当众开标，由建筑股长常中祥、账务股长邵士元陪同市政府李科长膏煜、柯科员经藩莅临监视。是日领标者十二家，除隆记未到外，计收到标函十一封，最低标敬胜公司，标价为贰仟玖百肆拾叁万捌仟贰百元；次低标天顺建筑厂，标价为叁仟玖百捌拾贰万陆仟元，均未超过原估价款(肆仟叁百肆拾柒万元)。惟旋据敬胜呈以物价增长过大请求取消等情，提经六月二十七日标审会第三次会议决议：'通知敬胜仍应承做，否则没收押标金，工程交由次低标承揽。'等因。记录在卷。遵即传知敬胜速来商订合同。兹据呈复，仍恳体恤商艰准予退标。等情前来，依照标审会决议案，本工程应交由次低标天顺承揽。除照章没收敬胜押标金并传天顺前来洽订合同外，理合签请鉴核。"等情到局。除饬该处迅与次低标天顺建筑厂签订合同赶速开工外，理合检同标价审查会第三次纪录签请鉴核备

案。谨呈市长熊、副市长张

附呈标价审查会第三次会议记录一份〈略〉。

北平市政府工务局局长　谭炳训

中华民国三十五年七月十三日

[秘书长签注：拟准备案。七、十三。杨宣诚(印)。]
[批示：如拟。七、十三。熊斌(印)。张伯谨印。]

○文物整理工程处为永定门城楼及箭楼修缮工竣请派员验收的签呈

(1946年10月29日)

事由：签报永定门城楼及箭楼修缮工程竣工请派员验收并发款由。

查永定门城楼及箭楼修缮工程前经签奉批准交天顺营造厂承做，遵于七月二十八日开工，呈报有案。兹据该厂呈报：业于十月二十六日工竣，请予验收发款。等情。旋派赵技正法参检查，据复称：遵于十月二十八日详细全部检查，对于合同所规定各项工程业已完成。等情。复查无异，理合检同竣工关系书类，签请鉴核派员验收，并发第三期(即末期)工款。谨呈局长

附呈做法说明书两份〈略〉，竣工检查申请报告书、请领工款书、图样〈略〉各二份。

技正兼代文物整理工程处处务卢实谨签

中华民国三十五年十月二十九日

[工务局第二科科长签注：拟请先于派员验收，再呈府验收。十、廿九。王孝楧印。]
[工务局局长批示：二科派员往验。十、卅。谭炳训印。]

附1：建筑工程竣工检查报告书

一、工程号数：文字三五〇五号
一、工程名称：永定门城楼及箭楼修缮工程
一、施工地点：永定门
一、承揽价额：叁仟玖佰捌拾贰万陆仟元正
一、施工期限：九十日
一、开工日期：三十五年七月廿八日
一、竣工日期：同年十月廿六日

右列工程经于三十五年十月廿八日详细全部检查，对于合同所规定各项工程业已完成。谨此呈报，敬请派员验收。

检查员赵法参谨呈

中华民国三十五年十月二十八日

附2：建筑工程竣工检查申请书(承揽人提出)

一、工程号数：文字三五〇五号
一、工程名称：永定门城楼及箭楼修缮工程
一、施工地点：永定门
一、工程概要：瓦木油饰彩画工程
一、承揽价额：叁仟玖百捌拾贰万陆仟元正
一、施工期限：九十日
一、开工日期：三十五年七月廿八日
一、竣工日期：三十五年十月廿六日

兹为合同所规定各项工程业已全部完竣，谨请派员检查验收。此上文物整理工程处

承揽人北平天顺营造厂谨呈

中华民国三十五年十月二十八日

附3：建筑工程请领工款书(承揽人提出)

一、工程号数：文字三五〇五号
一、工程名称：永定门城楼及箭楼修缮工程
一、承揽价额：叁仟玖百捌拾贰万陆仟元正
一、已领工款：叁仟肆百万元正
一、请领工款：伍百捌拾贰万陆仟元正
一、未领余额：无

兹为合同所规定之第三期工程(全部竣工经初次

验收后）业已完成，敬祈核发。此上文物整理工程处

承揽人北平天顺营造厂谨呈

中华民国三十五年十月二十八日

○北平市工务局为永定门城楼及箭楼修缮工竣请派员复验致市政府呈（稿）

（1946年11月8日）

二字第二五三八号

查永定门城楼及箭楼修缮工程交由次低标天顺营造厂承做，业于本年七月十三日以工二字第一四八七号签呈报请核备，并奉批示："准备案。"在案。兹据文物整理工程处签报："该项工程于七月二十八日开工，业于十月二十六日工竣，经派员检查，对于合同规定各项工程均已完成，请派员验收。"等情到局。经派技正林治远、账务股长邵士元会同该处技正赵法参前往逐项查验，据报："所做各项工程，尚无不合。"除指复准予验收外，理合检同竣工检查申请书、检查报告书暨做法说明书、蓝图等件，备文呈请鉴核派员复验，实为公便。

谨呈市长何〇副市长张〇

附呈竣工检查申请书一纸、检查报告书一纸、做法说明书一份、修缮工程图三张〈略〉。

全衔局长　谭〇〇

○北平市政府工务局指令（稿）

（1946年11月8日）

工二字第二五三九号

令文物整理工程处

十月二十九日签呈一件，为永定门城楼及箭楼修缮工程竣工请派员验收并发款由。

签呈及附件均悉。经派员查验尚无不合，准予验收，并准发末期工款。除报府派员复验外，令仰知照。此令。件存。

局长　谭〇〇

○北平市政府关于永定门城楼及箭楼修缮工程复验不合格的指令

（1946年12月12日）

府技字第1454号

令工务局

呈一件据文整工程处签报永定门城楼及箭楼修缮工程工竣请派员验收等情，经派员查验尚无不合，除指复外检同附件请鉴核派员复验由。

呈件均悉。经派员查验，不符之处甚多，兹随令附发一览表一份，仰即转知厂商遵照表列各项克日翻修完竣，检同竣工图、工事结算表及竣工决算表报候复验。此令。件存。

市长　何思源

中华民国三十五年十二月十二日

[工务局第二科科长签注：交林技正治办。十二、十三。王孝樸印。]

[林技正签注：已录令交文整工程处签复。十二、十三。林治远印。]

附：永定门城楼箭楼经验不符工程一览表

一、瓦顶裹垅一部分龟裂；

一、瓦顶刷浆颜色不匀；

一、箭楼方眼窗户全部钉死，不通空气（说明书上虽未载明钉铁活页，但窗户为流通空气之用，不宜全部钉死）；

一、城楼斗拱部分斗口倾斜，彩画颜色有成块脱落者；

一、城楼檐柱油饰不亮并已见裂纹；

一、城楼新添板门已有破裂；

一、滴珠板不平整，油饰不佳，亦有裂纹；

一、棋枋板及走马板粗糙；

一、门洞大门修装不佳，油饰太劣。

中华民国三十五年十二月三日

○文物整理工程处申请复验的签呈

（1947年1月8日）

事由：遵令查复永定门城楼箭楼工程经验不符各项已饬厂商遵照修竣，惟内有数项不在原订合同之内，未便限令一并翻修，据实申复请鉴核转呈示遵由。

案奉抄发市府技字第一四五四号指令，为永定门城楼箭楼经验不符，仰即转知厂商遵照表列各项克日翻修完竣，检同竣工图、工事结算表及竣工决算表报候复验。此令。等因到处。遵即转饬原承揽商天顺营造厂遵照办理。嗣据呈报：业经遵令找补修整各情形，并申明内有数项系不在说明书内者及有人力不能为者各缘由，请予核办前来。经饬主管赵技正详加审核，兹据签称，据该厂呈：业将与原订合同不符各部全部修竣，经查尚无不合，惟未包括于合同之内者，似难强令翻修。

一、瓦顶刷浆不匀（原令第二项）

原做法为局部揭瓦瓦面因而干湿不同，浆色并非不匀。

一、箭楼方眼窗全部钉死不过空气（说明书虽未载明钉铁活页，但窗户为流通空气之用，不宜全部钉死）（原令第三项）

查此类做法，现存旧窗原属如此，设计之初为保存古样不宜擅改，至通气一节，支起护窗板则气自通，因窗为方眼也。

一、城楼斗拱倾斜（原令第四项）

查斗拱如有倾斜必须大木落架方能归正，本工程经前后数次详查，并无十分倾斜者，故原做法不及落架，所示斗拱倾斜，不在本工程范围之内，仅少有劈裂者，业已钉补齐全。

一、城楼檐柱油饰不亮并已见裂纹（原令第五项）

油饰不亮一节，厂商来呈已加解释（见钞呈）查属实情，至地仗裂纹一节，乃必然现象，因本工程原有地仗均系低级之油灰地仗，而不披麻裹布，修缮做法一本古法古制原则，照原样未加更改，所生此小裂纹实为难于防止之事，然如脱落则属施工不良，承揽厂商须负赔修之责，但查现尚无脱落之处。

一、城楼新添板门已有破裂（原令第六项）

因官发木料经伏雨浸湿，体积膨胀，门扇造成后，复经数月干缩乃生裂缝，似非承揽人施工不良，但兹已遵令修好。

其他（门洞大门修装不佳油饰太劣一项，原不在本期工程范围之内）不符各点，经查厂商呈文所陈尚属确实。等情。据此，综查原令饬修，计分九项，现在第一、第四、第六等项业由原承揽商遵照修竣，其他各项既据赵技正核明多未包括在原订合同之内，似未便限令一并翻修。奉令前因，理合据实申复，造具工事结算表、工程竣工决算表并附钞天顺营造厂来呈，签请鉴核转呈示遵。谨呈局长

附呈工事结算表二份，工程竣工决算表二份〈缺〉，照钞天顺营造厂来呈一件。

代理文物整理工程处处长户实谨签

中华民国三十六年一月八日

[工务局第二科科长签注：拟呈府核备。一、八。王孝印。]

[工务局局长批示：阅。1/11。谭炳训印。]

附1：北平工务局文物整理工程处工事结算表

文字三五〇五号

工程名称：永定门城楼及箭楼修缮工程	
承造商号：天顺营造厂	规定期限：九十天
订立合同日期：	根据合同扣除日期：无
开工日期：三十五年七月廿八日	核准延期日数：无
完工日期：三十五年十月廿五日	逾期日数：无
原预算或原合同所订总价：39,826,000元	预计：九十天
追加：	实做工程额：39,826,000元
	扣罚款额：
共计：9,826,000元	净付：

主办机关长官卢实之印　主办工程人员赵法参印　监工员纪玉堂

附2：天顺营造厂致文物整理工程处呈（稿）

敬呈者，敝厂承揽贵处永定门城楼及箭楼修缮工程，此项工程业已验收相符，经二次又验收时言及所挑工程各条款数项有不在说明书者，有人力不能为者，有敝厂业已找补修整者及局部揭瓦湿干关系者，有木料收缩性等情形，各项分析列左：

一、瓦顶裹垅一部分龟裂

经敝厂查看实际共有两块，每块面积长一公寸五宽一公寸，此项原因或为工程完竣拆架木之时工人一时疏忽将灰皮碰破，敝厂业已派人修理完整。

二、瓦顶刷浆不匀

此项工程因局部揭瓦瓦顶湿干不同浆色因稍异，并非不匀。

三、箭楼方眼窗户全部钉死不通空气（说明书虽未载明钉铁活页，但窗户为流通空气之用，不宜全部钉死）

敝厂谨按照文整处发给图样说明书照原样承做。

四、城楼斗拱倾斜，彩画有成块脱落者

因此项斗拱工程仅摘要钉补残缺，非全部挑顶拆做，彩画并无成块脱落者，仅斗口上粉条有形如豆粒大小脱皮者，敝厂现已找补正齐。

五、城楼檐柱油饰不亮并已见裂纹

城楼檐柱油饰敝厂于十月二十六日呈报竣工，经二次验收时约为六十余日，在此日数中瓮城内全部民房拆卸，灰土扬飞，再加逆风大作，难免有污本工程，擅土即亮；地仗已有裂纹，此种油饰地仗并无披麻挂灰（说明书载明），难免有激渣小裂之处，做法是单披灰。

六、城楼新添板门已有破裂

敝厂承做此项工程时正在大雨时行中，官发木料全属湿料，俟二次验收时已至严冬，木料乃有收缩性，油饰地仗理由同城楼檐柱，现敝厂已修好。

七、滴珠板不平整，油饰不佳，亦有裂纹

糟朽过甚者添配，小朽者、劈裂者钉补，并不完全拆下重装（说明书载明），油饰地仗同城楼檐柱。

八、走马棋枋板粗糙

此项油饰乃是随色断白（说明书载明）。

九、门洞大门修装不佳，油饰太劣

修装乃是旧有缺欠铁板及门钉由敝厂添配，门扇历年过久，并表面完全用铁板及铁帽钉、包钉而不露木丝，坎坷不平，又在交通要路，尘土飞扬，故而油色表面不亮。理合呈请文物整理工程处核办。

北平天顺营造厂（印）谨呈

中华民国三十五年十二月二十日

○北平市工务局为永定门城楼及箭楼修缮工程申请复验致市政府呈（稿）

（1947年1月17日）

二字第一二〇号

案奉钧府三十五年十二月十二日府技字第一四五四号指令，为本局呈报永定门城楼箭楼修缮工竣请派员验收一案，以该工程不符之处甚多，附发一览表，饬转知厂商遵照表列各项翻修完竣，检同竣工图表等件报候复验。等因。奉此，遵经抄发原令，饬文物整理工程处遵办去后。兹据报称：不符各项已饬原承揽厂商遵照修竣，惟内有数项不在原订合同之内，未便限令一并翻修，等情。并逐项申复到局。经核尚无不合，理合检同申复表暨工事结算表，备文呈请鉴核准予备案，实为公便。谨呈市长何、副市长张

附呈申复表一纸、工事结算表一纸〈略〉。

全衔局长　谭〇〇

中华民国三十六年一月十七日

○北平市政府指令

（1947年2月27日）

36府秘二字第1837号

令工务局

卅六年一月十七日工二字第一二〇号呈一件奉令以永定门城楼及箭楼修缮工程多有不符，附发一览表饬转知厂商翻修报验，经饬据文整工程处逐项申复，检同申复表、工事结算表请鉴核验收由。

呈件均悉。准予备案。此令。件存。

市长　何思源

中华民国三十六年二月廿七日

墩台

○文物整理工程处为拟将永定门墩台修缮工程交天顺营造厂承做的签呈

（1946年10月25日）

事由：为拟具永定门墩台修缮工程计画，并经传商核价，拟交最低价天顺营造厂按核减数承做，签请核示由。

关于永定门整理计画原概算案内系列为两项：（一）永定门城楼肆千伍百捌拾万元，（二）永定门箭楼及瓮城全部壹千伍百伍拾万元。嗣以瓮城全部整理方式尚待从长研讨，而箭楼工程又比较简单，故永定门城楼一并设计标办，以期便当。其标价共为叁千玖百捌拾贰万陆千元，现将告竣。惟查城箭二楼虽经修整一新，而墩台于沦陷期间破坏殊甚，残迹依然，兹为保持二楼永久并壮观起见，拟再将墩台予以修整，其工程范围限于墩台全部（瓮城局部及楼东城墙小部、马道等均不在内）。至工款一节，因瓮城整理关系多方，年内尚难解决，自无从实施，拟即流用瓮城概算，及时修办，俾臻完善。经饬勘估设计约需壹千贰百叁拾肆万捌千元，随于十月二十三日传商四家比价，并电准会计室派邵股长士元监视，审查结果，除公兴顺估单内数量、单价二栏均未填写，根据估单所订条例应作无效外，其余三家，以天顺所开壹千壹百玖拾伍万贰千元为最低，约占本处原估百分之九十七，大致尚称公允。但贴金一项，所开面积为二二平方公尺，较原估面积二•六平方公尺超出一九•四平方公尺，似有错误，按该商所开单价（四五〇〇〇元）乘算，计多列捌拾柒万叁千元，自应由估单总价内扣除，经与该商洽减，业已取得同意，拟即以核减数壹千壹百零柒万玖千元交天顺营造厂承做，可否之处，理合检同关系书类签请鉴核示遵。谨呈局长

附呈做法说明书壹册、本处预估单壹纸、图样壹纸〈略〉各叁份，厂商估单四纸〈略〉。

技正兼代文整理工程处处务卢实谨签

中华民国三十五年十月二十五日

附1：永定门墩台修缮工程做法说明书

甲、工程概说：

永定门城箭二楼现经修整已焕然一新，而墩台于沦陷期间破坏较甚，残迹依然。为保二楼永久并壮观瞻起见，再将墩台予以修整，工程范围限墩台全部，瓮城局部及楼东城墙小部、马道等不在其内。

乙、工程概要：

一、墩台

名称	现状	修缮方法
1. 女墙	大部残破，墙顶全部无存	补砌完整
2. 海墁	墁砖大部碎裂且楼基年久下陷，至海墁相对升高与基面几已相平，雨水时浸墙基柱础	全部起出，落低重墁，防御墙有碍工作拆除另砌
3. 墩台墙皮	砖缝勾灰大部剥落，砖块大部崩残酥碱，砖面涂有大片广告	勾抹嵌补刮除广告，刷浆见新
4. 城门	门钉铁页等均有残缺	钉配齐整
5. 油作	门扇包铁全部生锈，门垅过木油皮地仗崩脱约三分之一	红土油饰，门钉贴金

二、瓮城及城墙

名称	现状	修缮方法
1. 堞墙	瓮城堞墙少有残缺，楼东部城上堞墙缺十四段许	均补砌完整
2. 女墙	瓮城上部女墙几全部残缺，东城上女墙无存	瓮城上女墙找补砌整，余者不补
3. 城门	东部城墙墙面脱落砖块一部，瓮城并东部城墙南面均涂有大片油浆广告	脱落砖块找补平整，油浆广告一律刮除
4. 城上树木	瓮城城头生有小树多株	全部砍除

丙、施工细则：

1. 女墙、堞墙：图示范围内之女墙残破及缺顶之处一律补砌完整，墙身用工地现存之旧砖，以三七灰泥砌，百比三麻刀灰勾缝，墙顶用新城砖青白灰砌作硬顶，砍砖扣脊亦以麻刀灰勾缝，旧墙缝灰脱落处同酥碱之处一律找补，全部刷浆二道见新，堞墙仅予砌整，不另勾缝刷浆。

2. 海墁：按照图示范围将原有海墁全部起出，下部灰土随旧坡势落低十公分，重新以起出之旧砖择优铺墁平整，砖块不足由工地现存整砖添补，临时防御墙先予拆除，工毕再砌。

3. 墩台及城面：墩台灰缝脱落之处及砖面酥碱者，以百比三麻刀灰勾抹完整，砖块脱落者嵌补整齐，全部墩台、墙面刷灰浆二道见新，瓮城墙面不动，东部城墙图示脱落砖块处找补平整，油浆广告一律刮除。

4. 城门门扇：铁页、铁钉等锈烂残缺者均照原样配齐钉固。

5. 油作：门扇、门垅及过木等均以二道油灰找平，地仗并作四道油饰（垫油一道、红土油两道、光油一道），但门扇包铁及铁钉等生锈处须先全部刮去再作油活。

6. 砍树：墩台及瓮城城头所生小树一律砍除。

丁、附则：

1. 材料：官发生桐油二百七十三市斤，城砖一项利用城上下堆存之旧砖，至所用新砖及其余材料均由承揽人自备。

2. 杉槁：承揽人得向本处借用，以伍佰根为限，用毕立须送还。

3. 清理工地：工竣验收之前须将工地清理干净。

附2：预估单

永定门墩台修缮工程预估单

名称	单位	数量	单价	共计	附注
1. 嵌砌砖墙	m^3	39	38,160	1,505,000	旧城墙就地取用
2. 勾缝	m^2	489	630	308,000	
3. 刮除广告	m^2	270	9,350	2,525,000	
4. 刷浆	m^2	1,250	1,716	2,145,000	

续表

名称	单位	数量	单价	共计	附注
5. 翻修海墁	m^2	208	6,160	1,286,000	
6. 修整门扇	扇	4	95,700	383,000	
7. 地仗	m^2	201	3,769	758,000	
8. 油饰		232	3,630	843,000	官发桐油273市斤
9. 贴金		2.6	47,080	123,000	以上9,876,000
10. 运杂费		约10%		1,484,000	内有拆砌防御墙496,000
11. 绳杆架木		约10%		988,000	
总计				12,348,000	

总预估单

名称	金额	备注
1. 工程预估	12,348,000	官发桐油273市斤
2. 管理杂费	495,000	按工程预估4%计
两项合计	12,843,000	

中华民国三十五年十月十六日

○工务局第二科技士张昌黎签呈

（1946年10月26日）

本件遵核尚无不合之处，惟各项工程数量文整工程处预估单及包商比价工料估价表所列各不相同，似应由该处按实际修理部分详细测定，以便竣工时验收。至包商所列各项单价尚称平允，拟请准交最低标天顺营造厂以核减总价壹仟壹佰零柒万玖千元承做。可否，乞示。

职张昌黎签

中华民国三十五年十月廿六日

[工务局第二科科长签注：拟请准交天顺厂依核减数一一〇七九〇〇〇元承做，约请会计室核呈。十、廿六。王孝楧印。]

[工务局会计主任签注：拟准发包并呈府备案。十、廿八。黄惠良。]

[工务局局长批示：如拟。十、廿九。谭炳训印。]

○北平市工务局为将永定门墩台修缮工程交天顺营造厂承做致市政府呈（稿）

（1946年11月2日）

二字第二四四五号

据文物整理工程处十月廿五日第一二四号签呈：为拟具永定门墩台修缮工程计画，经十月廿三日传天顺、德源、大业、公兴顺四厂商比价，并电准会计室派邵股长士元监视，审查结果，以天顺营造厂所开一一九五二〇〇〇元为最低，约占本处原估百分之九十七。但贴金一项，所开面积为二二平方公尺，较原估面积二•六平方公尺超出一九•四平方公尺，似有错误。按该商所开单价（四五〇〇〇元）乘算，计多列八七三〇〇〇元。自应由估单总价内扣除。经与该商洽减，业已取得同意，拟即以核减数一一〇七九〇〇〇元交天顺营造厂承做，检同单图等件签请核示。等情。经核尚无不合，拟请准交该厂依核减数一一〇七九〇〇〇元承做。除指复外，理合检同原单图等件，呈请鉴核备案。谨呈市长熊、副市长张

附呈做法说明书一册、文整处预估单一纸、图样一纸各二份，厂商估单四纸〈略〉。

全衔局长　谭〇〇

○北平市政府工务局指令（稿）

（1946年11月2日）

工二字第二四四六号

令文物整理工程处

卅五年十月廿五日签呈乙件，为拟具永定门墩台修缮工程计画，并经传商核价，拟交最低价天顺营造厂按核减数一千一百零七万九千元承做，检同单图等件签请核示由。

签呈暨附件均悉。准交天顺营造厂依核减数

承做。除呈报市府核备外，仰即知照。此令。

局长　谭〇〇

○文物整理工程处为永定门墩台修缮工竣请派员验收并发末期工程款的签呈

（1946年11月29日）

事由：签报永定门墩台修缮工程竣工请派员验收并发款由。

查永定门墩台修缮工程前经签奉令准交天顺营造厂承做，遵于十一月三日开工呈报有案。兹据该厂呈报：业于十一月二十五日工竣，请予验收并发末期款叁百伍拾柒万玖千元。等情。旋派赵技正检查，据复称：遵于十一月二十六日详细全部检查，对于合同所规定各项工程业已完成。等情。复查无异，按照合同规定，全部竣工经初次验收后应付末期工款叁百伍拾柒万玖千元，理合检同竣工关系书类签请鉴核派员验收，并发末期工款。谨呈局长

附呈做法说明书图〈略〉、竣工检查申请报告书、请领工款书各二份。

代理文物整理工程处处长卢实谨签

中华民国三十五年十一月二十九日

［工务局第二科科长签注：拟请派员先行验收，再呈府复验。十一、廿九。王孝樸印。］

［工务局局长批示：二科。谭炳训印。］

附1：建筑工程竣工检查报告书

一、工程号数：文三五二九号

一、工程名称：永定门墩台修缮工程

一、施工地点：永定门

一、承揽价额：壹仟壹佰零柒万玖仟元正

一、施工期限：三十日

一、开工日期：三十五年十一月三日

一、竣工日期：同年十一月廿五日

右列工程经于三十五年十一月二十六日详细全部检查，对于合同所规定各项工程业已完成，谨此呈报，敬请派员验收。

检查员赵法参谨呈

中华民国三十五年十一月二十七日

附2：建筑工程竣工检查申请书（承揽人提出）

一、工程号数：文字三五二九号

一、工程名称：永定门墩台修缮工程

一、施工地点：永定门

一、工程概要：瓦木铁油饰工程

一、承揽价额：壹仟壹佰零柒万玖仟元正

一、施工期限：三十天

一、开工日期：三十五年十一月三日

一、竣工日期：三十五年十一月二十五日

兹为合同所规定各项工程业已全部完竣，谨请派员检查验收。此上

文物整理工程处

承揽人北平天顺营造厂谨呈

中华民国三十五年十一月二十五日

附3：建筑工程请领工款书（承揽人提出）

一、工程号数：文字三五二九号

一、工程名称：永定门墩台修缮工程

一、承揽价额：壹仟壹佰零柒万玖仟元正

一、已领工款：柒佰伍拾万元正

一、请领工款：叁佰伍拾柒万玖仟元正

一、末领余款：无

兹为合同所规定之第二期工程（全部竣工经初次验收后）业已完成，敬祈核发。此上

文物整理工程处

承揽人北平天顺营造厂谨呈

中华民国三十五年十一月二十五日

○北平市政府为核定修缮工料费并招商比价工事应先报府派员参加监视的指令

（1946年12月4日）

府会字第1143号

令工务局

呈乙件据文物整理工程处签呈，为拟具永定门墩台修缮工程计画并经传商核价，拟交最低价天顺营造厂按核减数一千一百零七万九千元承做签请核示。等情。经核尚无不合，拟请准交该厂承做。除指复外，检同图单等件呈请核备由。

呈件均悉，经核全部工料费为九一八三二九一元，仰即遵照办理具报。嗣后招商比价工事应先报府派员参加监视为要。此令。件存。附估单乙件〈略〉。

市长　何思源

中华民国三十五年十二月四日

○北平市工务局为准许永定门墩台修缮工程验收致市政府呈（稿）

（1946年12月13日）

二字第二八二三号

查永定门墩台修缮工程交由天顺营造厂承做，业于本年十一月二日以工二字第二四四五号呈报请核备在案。兹据文物整理工程处签报：该项工程于十一月三日开工，十一月二十五日工竣，经派员详细检查，对于合同规定各项工程已全部完成，请派员验收。等情。经派计划股长梁柱材前往勘验，尚属相符。除准予验收外，理合检同工程图说备文呈请鉴核备案。谨呈市长何、副市长张

附呈做法说明书一份、图一纸〈略〉。

全衔局长　谭○○

○北平市工务局为申述永定门墩台修缮工程比价依据致市政府呈（稿）

（1946年12月20日）

二字第二九一○号

案奉钧府三十五年十二月四日府会字第一一四三号指令，为据本局呈送拟具永定门墩台修缮工程图说比价单等件，经核需款九一八三二九一元，附发估单，饬即遵照办理具报。嗣后招商比价工事应先报府派员参加监视为要。等因。奉此，遵查该项工程系于本年十月二十三日依照简化办理工程手续暂行办法之规定办理比价，十一月二日呈请核备，十一月三日开工，至十一月二十五日工竣。钧府指令下局时，该工程已由本局查验相符，饬准验收，工款现已全部付清，拟请免于核减。至关于比价工事应呈请钧府派员参加一节，查系本年十一月十九日本府第七十六次会报通过之各项工程处理办法所规定。惟该项办法业经十一月二十九日第二十七次市政会议决议本案撤销，仍照简化办法办理，记录在卷。嗣后招商比价工事拟遵照决议案办理以免分歧。奉令前因，理合叙案声复，恭请鉴核。关于永定门墩台修缮工程并祈赐准备案，实为公便。谨呈市长何、副市长张

全衔局长　谭○○

○北平市政府指令

（1946年12月26日）

府技字第2111号

令工务局

呈一件为据文整处签报永定门墩台修缮工程工竣请派员验收等情，经派员查验相符，除准予验收外，谨检同图说呈请核备由。

呈件均悉。该项工程前以包商所开估价款过

高，经予指令饬照核定款数交商承做，办理情形迄未据报。又该工程竣工后应报请本府勘验，该局迳予验收亦有未合，仰即遵照前令办理，并检同竣工图表等件报府候验。此令。件存。

市长　何思源

中华民国三十五年十二月二十六日

○北平市政府指令

（1947年1月6日）

36府会字第60号

令工务局

卅五年十二月二十日工二字第二九一〇号呈一件，为奉令核定永定门墩台修缮工料费并饬嗣后比价工事应报请派员参加等因，谨叙案声复请鉴核由。

呈悉，既据声复，姑准备案。此令。

市长　何思源

中华民国三十六年元月六日

○北平市工务局为申述备案致市政府呈（稿）

（1947年1月20日）

二字第一四三号

案奉钧府三十五年十二月二十六日府技字第二一一一号指令，为指复本局呈报永定门墩台修缮工程完竣准予验收请核备一案，内开："呈件均悉，该工程前以包商所开估价款过高，经予指令饬照核定款数交商承做，办理情形迄未据报。又该工程竣工后应报请本府勘验，该局径予验收亦有未合，仰即遵照前令办理，并检同竣工图表等件报府候验。此令。"等因。奉此，遵查本案前奉府会字第一一四三号指令，核减工料等费并饬嗣后招商比价工事应先报府派员参加监视。等因。业于三十五年十二月二十日以工二字第二九一〇号呈据实申复在案。关于工程竣工后应报请钧府勘验一节，查修正审计机关稽察各机关营缮工程及购置变卖财物办法第三条第一款之规定：营缮工程在二千万元以上者，其开标、比价、决标、订约、验收应通知审计机关派员监视，其不足二千万元之工程自应由各该起造机关自行办理。文物整理工程处为本局之附属机关，为郑重起见，凡不足二千万元之工程，其比价、验收等事本局均已派员参加，严格论之，于审计法似已稍嫌过当。本工程工款一千一百余万元，既经本局派员验收，拟请钧府免予复验。至该工程竣工图因工程并无变更，与修缮工程图完全相同，前已呈送在案，理合补呈工事结算表，并谨据实申复，恭请鉴核赐准备案，实为公便。谨呈市长何、副市长张

附呈工事结算表一纸。

全衔局长　谭〇〇

附：北平市工务局文物整理工程处工事结算表

文字三五九二号

工程名称：永定门墩台修缮工程	
承造商号：天顺营造厂	规定期限：三十天
订立合同日期：十一月	根据合同扣除日期：无
开工日期： 三十五年十一月三日	核准延期日数：无
完工日期： 三十五年十一月二十五日	逾期日数：无
原预算或原合同所订总价： 11,079,000元	预计：三十天
追加：	实做工程额：11,079,000元
	扣罚款额：
共计：11,079,000元	净付：

主办机关长官卢实之印　主办工程人员赵法参印　监工员纪玉堂

○**北平市政府指令**

（1947年3月11日）

36府秘二字第2173号

令工务局

三十六年一月二十日工二字第143号呈一件，奉令指示永定门墩台修缮工竣准验收一案应遵照办理各项，谨据实申复补呈工事结算表请赐准核备由。

呈件均悉，准予备案。此令。件存。

市长　何思源

中华民国卅六年三月十一日

瓮城、城垣

○**文物整理工程处为拟将永定门瓮城及其东部城垣修缮工程交天顺营造厂承做的签呈**

（1946年12月11日）

事由：签报永定门瓮城及其东部城垣修缮工程比价结果拟请交最低价天顺营造厂承做可否请示由。

关于永定门城楼箭楼及墩台各修缮工程业经先后签奉派员验收具报各在案。国门内外，均庆重光，惟查瓮城内原有缸瓦棚摊，近始遵令迁移完结，因之墙面遗留拆卸旧痕甚深。瓮城东部城垣原有油浆广告，现虽刮除而残垢难尽，且各处墙面砖块率多脱落酥碱，均须修葺，俾新旧墙面一致，以期保固而壮观瞻。当经遵谕拟具整理计画，估需柒百捌拾伍万元，嗣传华光、天顺、宝恒三家比价，在会计室派员监查之下，结果以天顺所开陆百玖拾柒万伍千元为最低，约占本处原估百分之八十八，尚属公允，拟即交低价天顺营造厂承做，一面洽订合同准备开工，其款拟在第二期怀仁堂概算余额内列支，是否可行，理合检同关系书类，签请鉴核示遵。谨呈局长

附呈做法说明书及图〈略〉、预估单各三份，厂商估单三份〈略〉。

代理文物整理工程处处长卢实谨签

中华民国三十五年十二月十一日

[工务局第二科科长签注：拟请准交天顺承做，工款在第二期余额内匀支。十二、十二。王孝楔印。]

[工务局局长批示：如拟。12/13。谭炳训印。]

附1：永定门瓮城及其东部城垣修缮工程说明书

甲、工程概说：

本工程瓮城及其东部城垣之堞墙、女墙前以残缺过甚，有碍观瞻，曾摘要砌整（属永定门墩台修缮工程），墙面旧涂之油浆广告亦曾同时刮除，惟大部城面砖块脱碱及缝灰剥落、女墙残缺等处均略而未修。工程竣后，局部残垢虽已清除，而新旧砖色井然各异，仍欠雅观。兹再按照图示范围将前此未修之部再加修整，并予刷浆见新，以期本期工竣门面近处坚固美观，两无遗憾焉。

乙、施工细则：

一、女墙：东西马道上部女墙（自墩台至马道降口）东西各一段将残墙及原有堆置之乱砖移去，重新以一三灰泥垒砌完整，白麻刀灰勾缝，工作硬顶并布瓦扣脊墙面刷月白浆二道见新。

二、瓮城及城面：瓮城内外墙皮下起自地平，上至极顶，砖块脱落酥碱及缝灰剥落之处嵌补整齐并勾缝刷浆，东部城墙同，材料做法同，一□墙面因拆除民房所留之旧痕与残余之白灰皮等须一律砍除干净。

三、清理墙根积土：瓮城圈内原存拆房废土积压城根，须掘离城面一公尺外深至地平止，就地堆置不运出城。

丙、附则：

一、清理工地：工竣验收之前须将工地清理干净。

附2：永定门瓮城及其东部城垣修缮预估单

项目	名称	单位	数量	单价	总价	备注
1	拆砌女墙	m^3	21.2	29,000	613,000	
2	勾缝	m^2	1,398	630	882,000	
3	刷浆	m^2	2,796	1,716	4,804,800	墙面修整在内
4	清理积土	m^2	138	1,750	241,500	
					6,541,300	
5	绳杆架木		约10%		654,350	
6	运杂费		约10%		654,350	
					7,850,000	

○北平市工务局为将永定门瓮城及城垣修缮工程交天顺营造厂承做致市政府呈（稿）

（1946年12月19日）

二字第二八九五号

案据文物整理工程处签称："遵谕拟具永定门瓮城及其东部城垣修缮计画，估需七百八十五万元，经传华光、天顺、宝恒三家比价，在会计室派员监查之下，结果以天顺所开六百九十七万五千元为最低，约占本处原估百分之八十八，尚属公允，拟即交最低价天顺营造厂承做，洽订合同准备开工，其款拟在第二期怀仁堂概算余额列支。是否可行，签请核示。"等情。据此，经核尚无不合。除饬准外，理合检同图说估单，备文呈请鉴核备案。

谨呈

市长何　副市长张

附呈说明书及工程图合订本二份、预估单二纸〈略〉。

全衔局长　谭〇〇

○北平市政府指令

（1946年12月28日）

府技字第2217号

令工务局

三十五年十二月十九日呈一件，为文整处签报永定门瓮城及其东部城垣修缮工程请交开价最低商天顺营造厂承做，除饬准外检同图说、估单呈请核备由。

呈件均悉，准予备案。此令。件存。

市长　何思源

中华民国三十五年十二月二十八日

○文物整理工程处为永定门瓮城及东部城垣修缮工竣申请派员验收的签呈

（1946年12月31日）

第二一七号

事由：为签报永定门瓮城及其东部城垣修缮工程竣工请派员验收并发款由。

查永定门瓮城及其东部城垣修缮工程前经签奉批准交天顺营造厂承做，遵于十二月十五日开工呈报有案。兹据该厂呈报：业于十二月二十五日工竣，请予验收并发末期款国币壹百玖拾柒万伍千元。等情。旋派技正赵法参检查，兹据复称：遵于十二月二十六日详细全部检查，对于合同所规定各项工程业已完成。等情。复查无异，按照合同规定，全部竣工经初次验收后应付末期款国币壹百玖拾柒万伍千元。理合检同竣工关系书类，签请鉴核派员验收并发第二期（即末期）工款。谨呈局长

附呈工程竣工决算表〈略〉、工事结算表、做法说明书及图〈略〉、竣工检查申请报告书、请领工款书各二份。

代理文物整理工程处处长卢实谨签

中华民国三十五年十二月三十一日

[工务局第二科科长签注：拟请派员验收。十二、卅一。王孝楧印。]

[工务局会计室加签意见：本局验收后发末期工款壹百玖拾七万五千元，可否乞示。十二、卅一。黄惠良。]

[工务局局长批示：二科派员。一、四。谭炳训印。]

附1：北平工务局文物整理工程处工事结算表

文字三五四三号

工程名称：永定门瓮城及其东部城垣修缮工程	
承造商号：天顺营造厂	规定期限：二十五天
订立合同日期：	根据合同扣除日期：无
开工日期： 三十五年十二月十五日	核准延期日数：无
完工日期： 三十五年十二月廿五日	逾期日数：无
原预算或原合同所订总价：	预计：二十五天
6,975,000元	实做工程额：6,975,000元
追加：无	扣罚款额：
共计：6,975,000元	净付：

主办机关长官卢实之印　主办工程人员赵法参印　监工员鄂醒民章

附2：建筑工程竣工检查报告书

一、工程号数：文字三五四三号

一、工程名称：永定门瓮城及其东部城垣修缮工程

一、施工地点：永定门

一、承揽价额：陆佰玖拾柒万伍仟元正

一、施工期限：二十五日

一、开工日期：三十五年十二月十五日

一、竣工日期：同年十二月二十五日

右列工程经于三十五年十二月二十六日详细全部检查，对于合同所规定各项工程业已完成，谨此呈报，敬请派员验收。

检查员赵法参谨呈 中华民国三十五年十二月二十七日

附3：建筑工程竣工检查申请书（承揽人提出）

一、工程号数：文字三五四三号

一、工程名称：永定门瓮城及其东部城垣修缮工程

一、施工地点：永定门

一、工程概要：瓦作拆垒及勾缝刷浆工程

一、承揽价额：陆佰玖拾柒万伍仟元正

一、施工期限：二十五日

一、开工日期：三十五年十二月十五日

一、竣工日期：三十五年十二月二十五日

兹为合同所规定各项工程业已全部完竣，谨请派员检查验收。此上文物整理工程处

承揽人北平天顺营造厂谨呈

中华民国三十五年十二月二十五日

附4：建筑工程请领工款书（承揽人提出）

一、工程号数：文字三五四三号

一、工程名称：永定门瓮城及其东部城垣修缮工程

一、承揽价额：陆佰玖拾柒万伍仟元正

一、已领工款：伍佰万元正

一、请领工款：壹佰玖拾柒万伍仟元

一、未领工款：无

兹为合同所规定之第二期工程（全部竣工经初次验收后）业已完成，敬祈核发。此上文物整理工程处

承揽人北平天顺营造厂谨呈

中华民国三十五年十二月二十五日

○**北平市工务局为永定门瓮城及城垣修缮工程验收合格申请备案致市政府呈（稿）**

（1947年1月20日）

二字第一五三号

查永定门瓮城及东部城垣修缮工程交由天顺营造厂承做，业经呈奉钧府三十五年十二月二十八日府技字第二二一七号指令准予核备在案。兹据文整工程处签报：“该工程业于三十五年十二月二十五日工竣，详细检查，对于合同规定各项工程已全部完成，请鉴核派员验收。”等情。经派计画股长梁柱材前往勘验，所修各项尚属相符。除指复准予验收外，理合检同图说暨工事结算表等件，备文呈请鉴核准予备案。谨呈

市长何　副市长张

附呈图说合订本一份、工事结算表一纸〈略〉。

全衔局长　谭○○

○**北平市政府工务局指令（稿）**

（1947年1月20日）

工二字第一五四号

令文物整理工程处

卅五年十二月卅一日第二一七号签呈一件，为签报永定门瓮城及东部城垣修缮工程竣工请派员验收并发款由。

签呈及附件均悉。准予验收，并发末期工款。除报请核备外，仰即知照。此令。

局长　谭○○

○**北平市政府指令**

（1947年1月31日）

36府技字第826号

令工务局

三十六年一月廿日呈一件，为据文整工程处签报永定门瓮城及东部城垣修缮工程完竣请验收一案，经准验收，谨检同图说及工事结算表等件呈请核备由。

呈件均悉。既据查验相符，准予备案。此令。件存。

市长　何思源

中华民国三十六年一月三十一日

附录 · 一 永定门史料选编

［六］关于永定门的历史诗词

《永安门》

［明］许国佐

欲我诚何意，料君亦是狂。
但能存不杀，何至过相方。
永定门前约，太平州上望。
烽烟今未已，肉食叹难商。

（永安门此处应指永定门。明《万历顺天府志》绘《金门图说》中将永定门写作永安门。）

《上元夜扈从出永定门作》

［清］陈廷敬

对仗金床下殿行，玉街车马溢春声。
天迴烟景低帷殿，野旷星河出幔城。
北斗龙杓随凤辇，东风画鼓杂鼍更。
归来独拥残书坐，一穗缸花夜笑生。

《北城寒食有怀南郊旧游寄呈朱大司空并索玉友荆州和二首》其二

［清］查慎行

明园狂醉已经年，永定门坊记堕鞭。
想得出郊重系马，一行新柳变新烟。

《寒食出永定门扫祖墓有感》

［清］严沆

逢时端欲重清门，索米兼容拜九原。
可是牛眠瞻祖德，能留马鬣亦君恩。
翻悲故国先灵远，何处青山落日昏。
老母肩舆聊怅望，百年亲为剪苹蘩。

《永定门》

［清］黄祐

玉辇经行路，离宫夜幸时。
半天闻鼓角，夹道宿旌旗。
树暗重楼阖，沙平万马嘶，
御香应不断，常待晓风吹。

《永定门看桃花》

［清］潘恭寿

永定门外海子北，闻说桃花多数新。
寻芳久无放眼地，载酒况遇同心人。
连山十里红漠漠，映水千顷清粼粼。
繁枝折取君真惜，归车满载长安春。

《永定门外》

［清］爱新觉罗·弘历

（一）

一夜云容聚散争，晓来春宇丽新晴。
轻烟宿润相融洽，颇喜青郊物向荣。

（二）

土囊风息不扬尘，微雨从看捷有神。
恰值鸣梢向南苑，试蒐兼为一行春。

（三）

群称地润知诚否，毕竟亲觇始慰心。
却惜一犁犹未及，绿畴何以发秧针。

《二月十九日出永定门暂至东高村即目》

［清］张问陶

出郭知春远，西山雪乍晴。
高原开日气，灌木聚禽声。
官马黄初浴，旗田绿未耕。
路歧村径熟，老衲又逢迎。

《西垣赴馆即墨，五月十二日出永定门与别》

［清］吴敏树

阴云千里入行辀，望断莱阳海角头。
等是未归犹此别，独还孤寓为谁留。
馆人忽报家书至，安字从教客泪收。
却看封题逾两月，天涯鱼雁重人愁。

《出永定门里许有松横偃子立道旁画以传之》

近代 陈宝琛

不惜道途老，终伤气类孤。
年来兵马过，天幸免樵苏。

《七月初十日入永定门》

近代 郑孝胥

双阙空嵯峨，积尘霾楚囚。
天桥望落日，徙倚将谁俦？
华屋岂不存，视之如山丘。
吾今实桃梗，尝与土偶游。

《出永定门》

近代 程清

王气千年后，谁收永定功。

哀鸿纷载道，怒马剧嘶风。

举国山河旧，惊心杼轴空。

王孙道困苦，也解乞年丰。

（少陵哀王孙诗云见人不敢道姓名，但道困苦，乞为奴。今八旗子弟情景似之。）

《惜红衣 · 永定门秋望》

近代 陈匪石

过眼云孤，寻秋地窄，凤城今夕。

岸苇无情，盈颠为谁白。

荒坛废宇，斜照外、神鸦颜色犹昔。

灯火几家，矗高楼西北。

尘香九陌，如梦笙歌，春深旧京国。

兰台再试，赋笔惘然忆。

谱入水风残调，一片鼓笳声急。

算燕鸿来去，乔木百年能识。

《三月二十三日集永定门外十里庄范文正公顾亭林祠》

近代 汪荣宝

曹署幸无事，郊原初变春。

芳菲惊节物，功德念先民。

百世由随踵，双祠若比邻。

相从倾社酒，吴客意何亲。

早读先贤传，恭闻君子儒。

清风永齑粥，逸语偶菰芦。

忧乐关天下，兴亡系匹夫。

横流今在眼，望古独踟蹰。

《深秋永定门城上晚景》

现代 傅斯年

我同两个朋友，

一齐上了永定门西城头。

这城墙外面，紧贴着一湾碧青的流水；

多少棵树，装点成多少顷的田畴。

里面漫弥的芦苇，

镶出几重曲折的小路，几堆土陇，几处僧舍，

陶然亭，龙泉寺，鹦鹉邱。

城下枕着水沟，

里外通流。

最可爱，这田间。

看不到村落，也不见炊烟；

只有两三房屋，半藏半露，影捉捉在树里边，

虽然是一片平衍，

树上却显出无穷的景色，

树里也含着不尽的境界，

丛错，深秀，回环。

那树边，地边，天边，

如云，如水，如烟，

望不断——一线。

忽地里扑喇喇一响，

一个野鸭飞去水塘。

仿佛像大车音波，漫漫的工——东——噹。

又有种说不出的声息若续若不响。

转眼西看，

日已临山。

（西山去此有三十余里，故日甫下山天已昏黑。）

起初时离山尚差一竿；

渐渐的去山不远；

一会儿山顶上只剩火球一线；

忽然间全不见。
这时节反射的红光上翻。
山那边，冈峦也是云霞，云霞也是冈峦；
层层叠叠一片，
费尽了千里眼。
山这边，红烟含着青烟，
青烟含着红烟，
一齐的微微动转，
似明似暗；
山色似见似不见——
描不出的层次和新鲜。
只可惜这舍不得的秋郊晚景，
昏昏沉沉的暗淡；
眼光的圈，匆匆缩短。
树烟和山烟，远景带近景，
一块儿化做浓团。

回身北望，
满眼的渺茫；
白苇渐渐成黄苇；
青塘渐渐变黑塘。
任凭他一草一木；
都带着萎黄——颓唐——模糊模样。
远远几处红楼顶，几缕天灶烟，
正是吵闹场，繁华地方；
更显得这里孤伶凄怆。
荒旷气象，
城外比不上他苍凉。

附录·二 设计图版

建1　区位图

建2　地形图

建3　城台平面图

建4　城楼首层平面图

建5　城楼二层平面图及首层梁架结构平面图

建6　城楼平座梁架结构、腰檐梁架结构及屋顶梁架结构平面图

建7　券顶平面图

建8　券洞示意图

建9　西侧入口卫生间平面详图

建10　铺装平面图

建11　南立面图

建12　北立面图

建13　西立面图

建14　东立面图

建15　1-1剖面图

建16　2-2剖面图

建17　3-3剖面图

建18　4-4、5-5、6-6剖面图及平座大样图

建19　楼梯大样图

建20　角梁大样图

建21　首层檐斗拱大样图

建22　平座斗拱大样图

建23　腰檐斗拱大样图

建24　屋顶斗拱大样图

建25　首层檐、平座斗拱构件尺寸表

建26　腰檐、屋顶斗拱构件尺寸表

建27　城门大样图

建28　城楼首层板门大样图

建29　城楼首层山侧板门大样图

建30　城楼二层隔扇大样图

建31　办公区门窗大样图(一)

建32　办公区门窗大样图(二)及栏杆详图

建33　铺装节点、脊、角背、檐口、放脚及角柱位置大样图

建34　榫卯节点大样图(一)

建35　榫卯节点大样图(二)

结1　城台基础平面图

结2　基础详图一

结3　基础详图二

结4　基础详图三

结5　基础详图四

结6　基础详图五

结7　基础详图六

北
三
环
西
二
环
北
钟鼓楼
三
西
景山
玉渊潭
故宫
二
环
天安门
环
正阳门
北京西客站
路
路
南
永定门
二
南
三

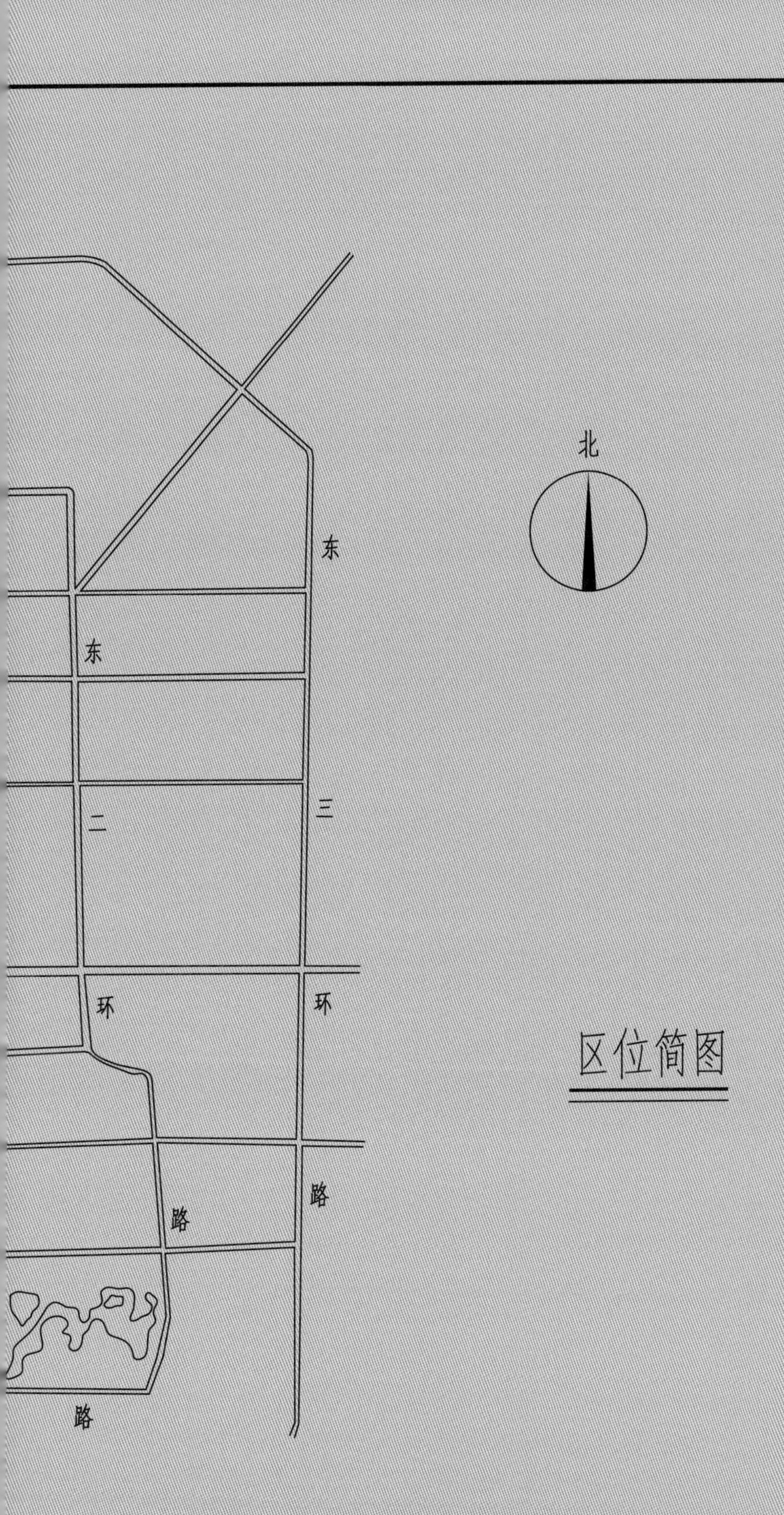

区位简图

建1　区位图

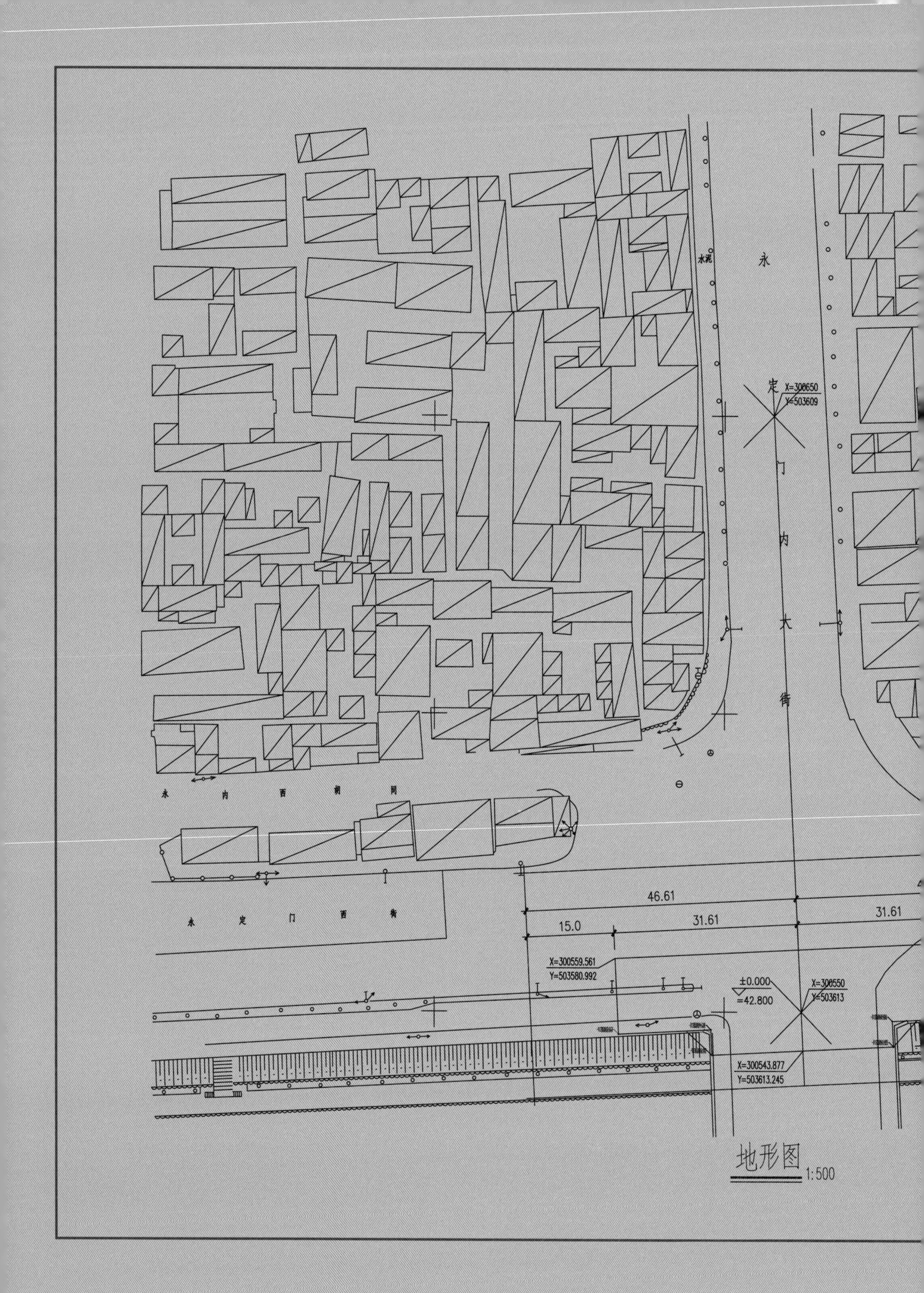

永定门内大街
水泥
X=300650
Y=503609
永内西胡同
永定门西街
46.61
15.0
31.61
31.61
X=300559.561
Y=503580.992
±0.000
=42.800
X=300550
Y=503613
X=300543.877
Y=503613.245

地形图 1:500

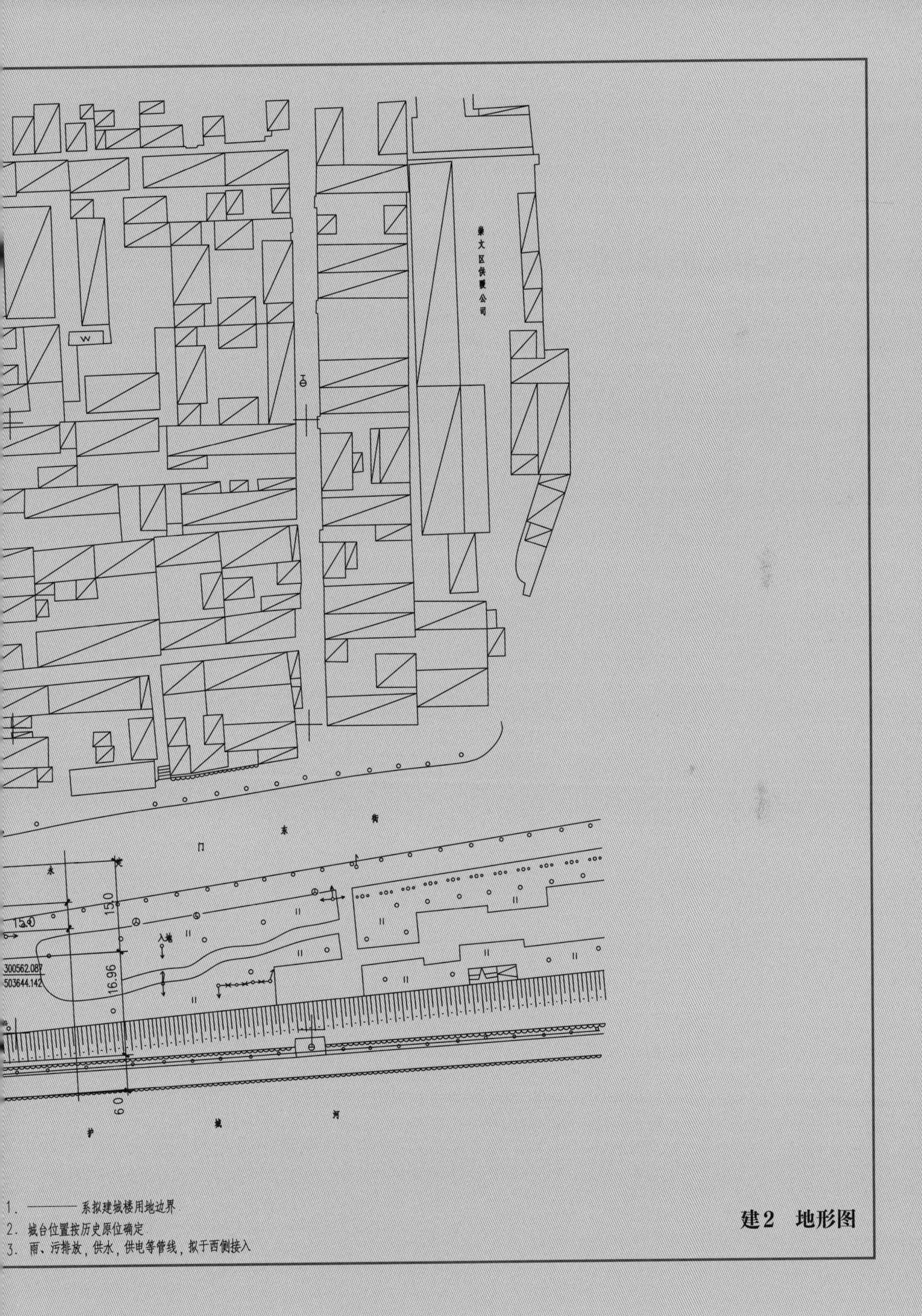

300562.087
503644.142
15.0
16.96
6.0
护 城 河
1. ———— 系拟建城楼用地边界
2. 城台位置按历史原位确定
3. 雨、污排放，供水，供电等管线，拟于西侧接入

建2 地形图

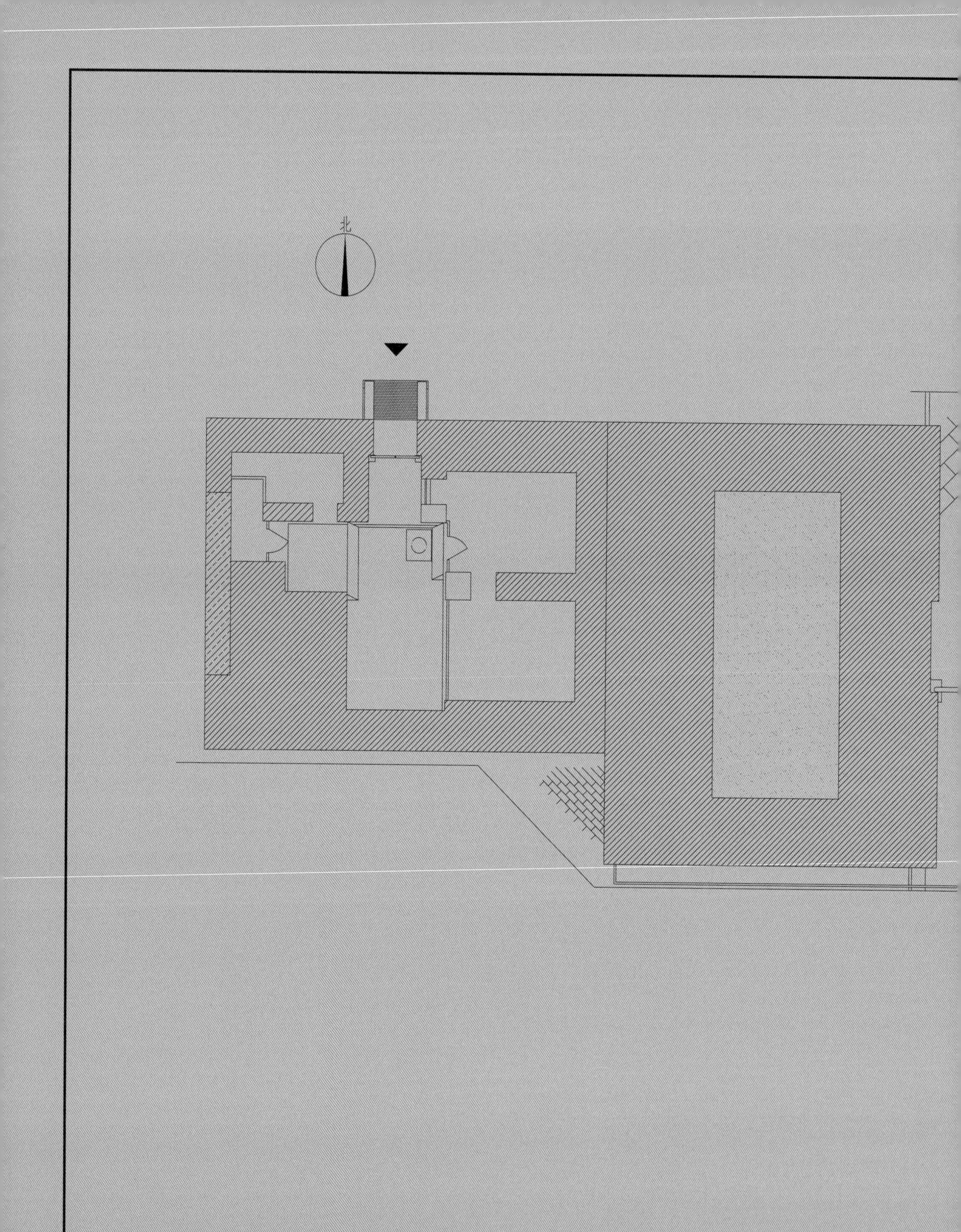
北

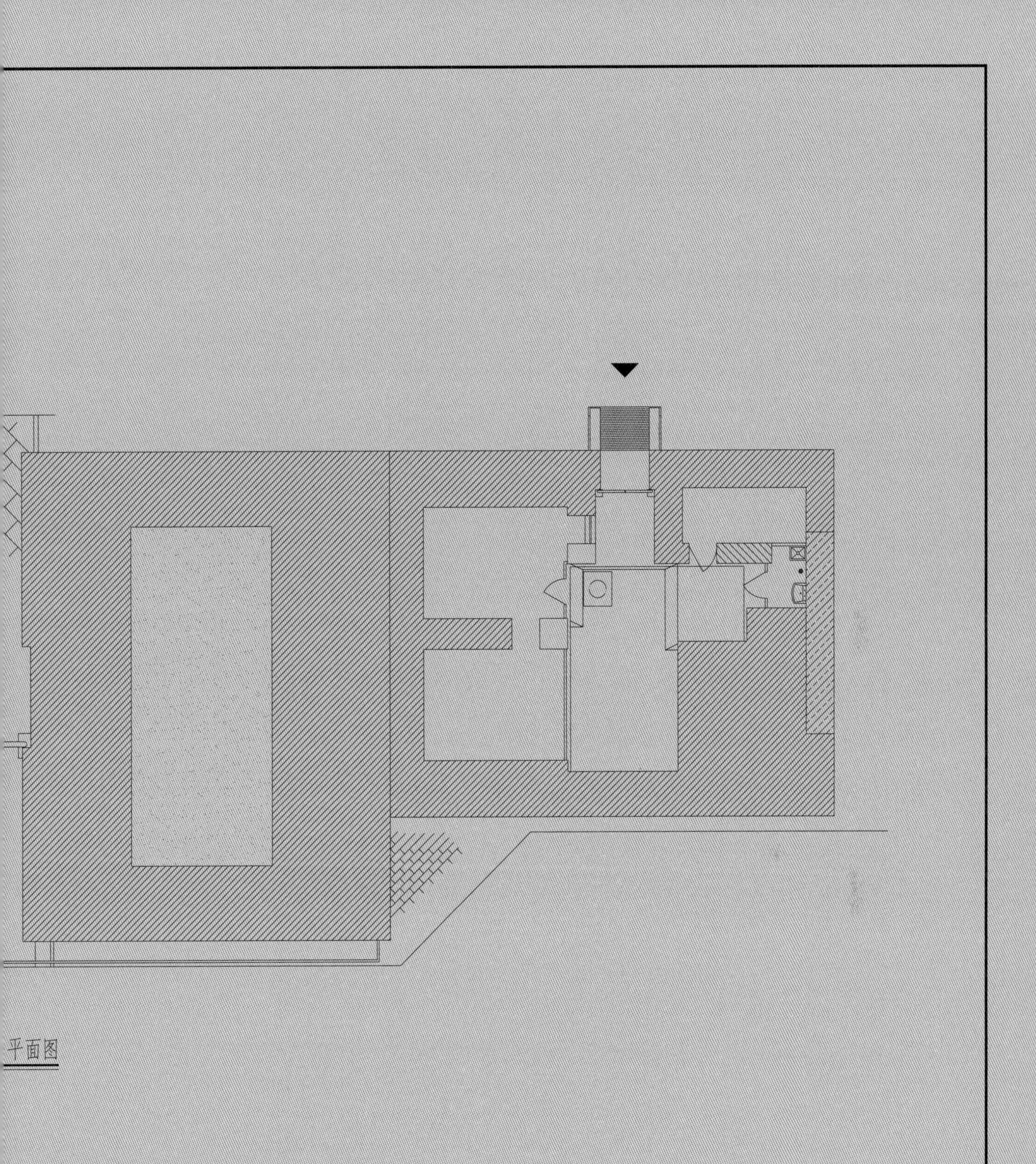

建3　城台平面图

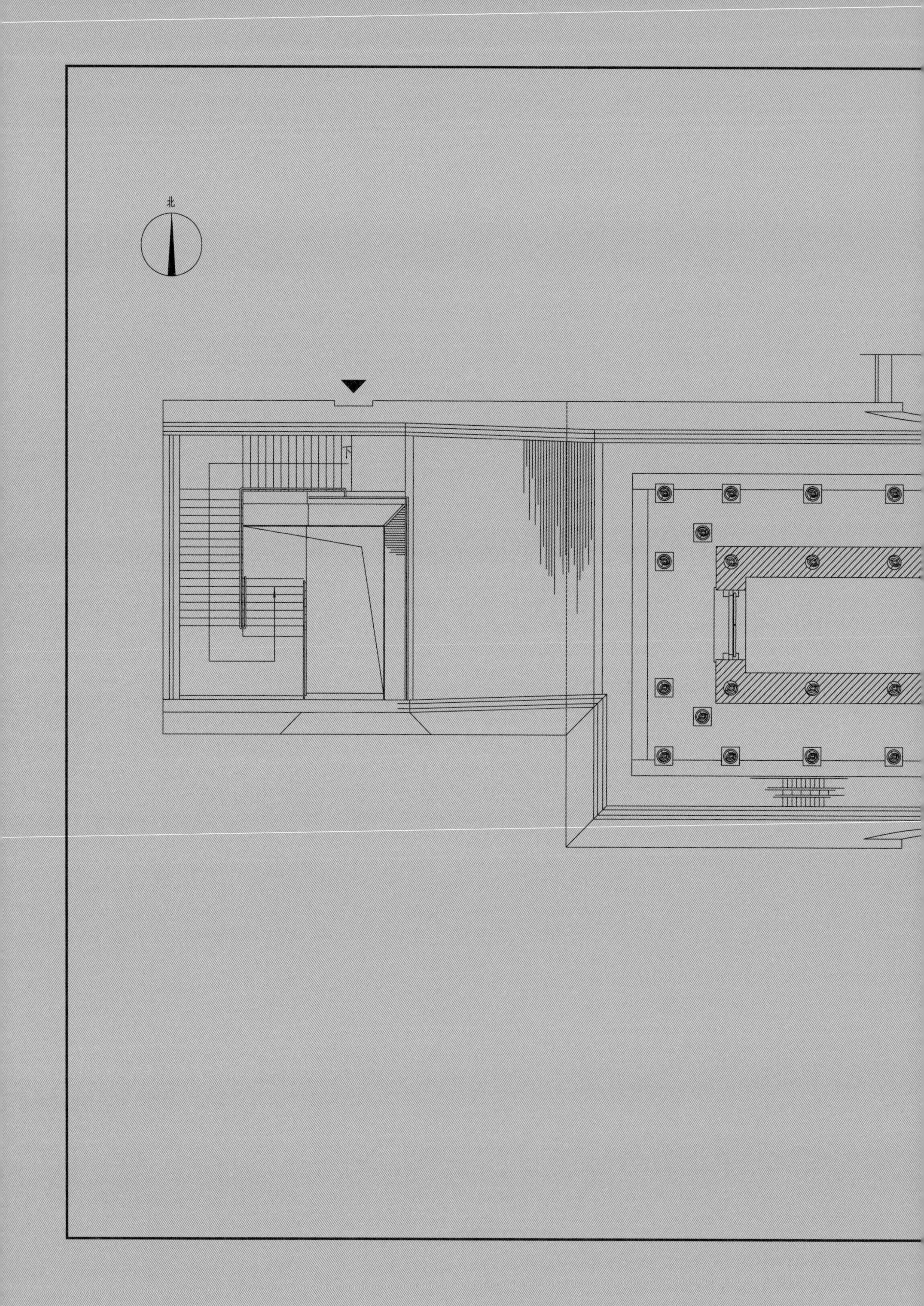
北
下

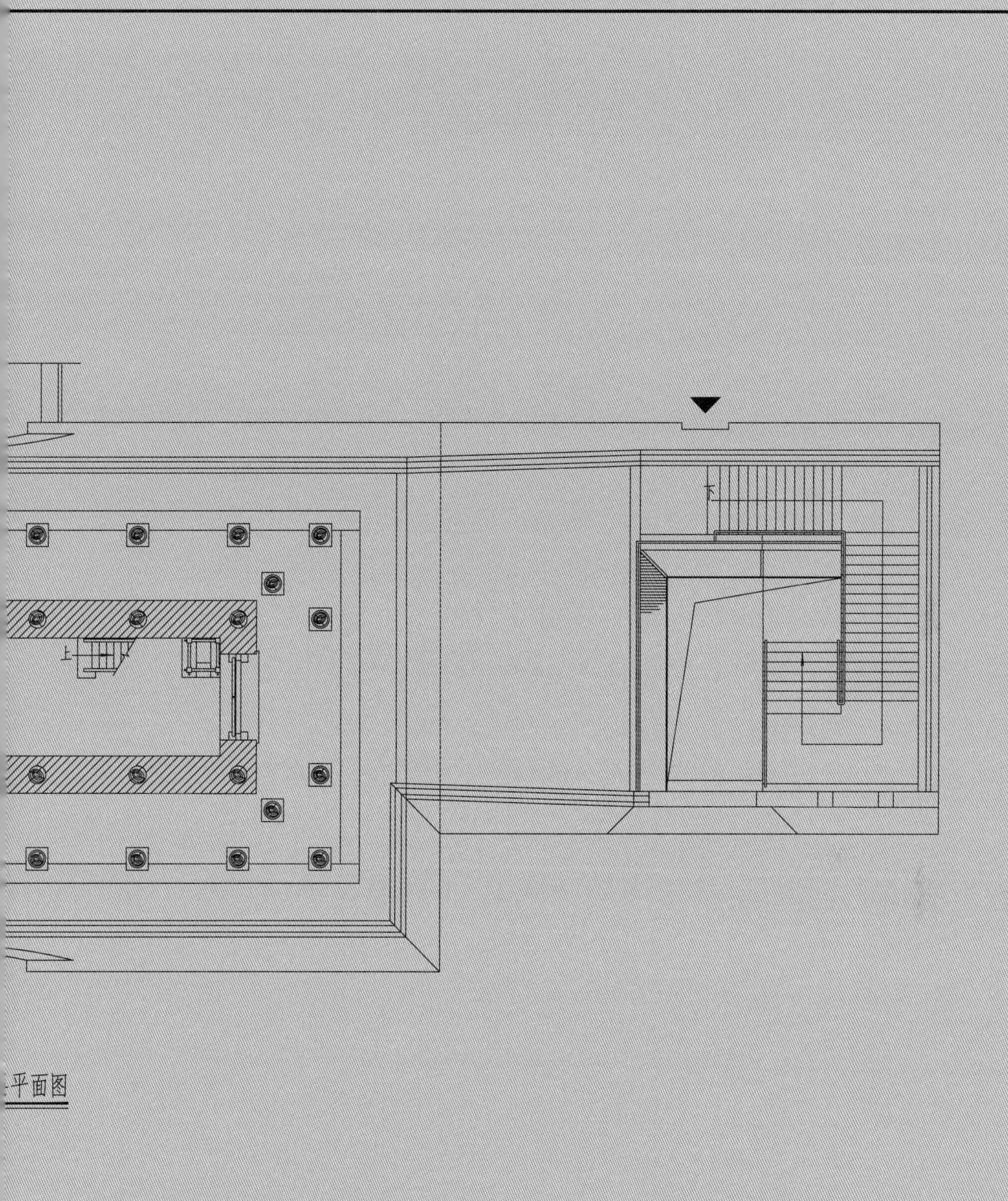

建4　城楼首层平面图

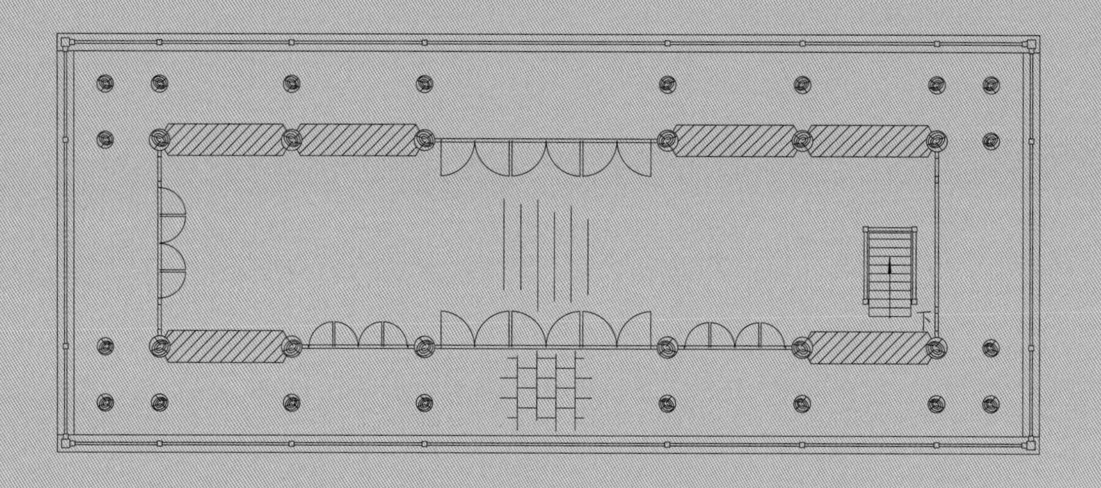

二层平面图

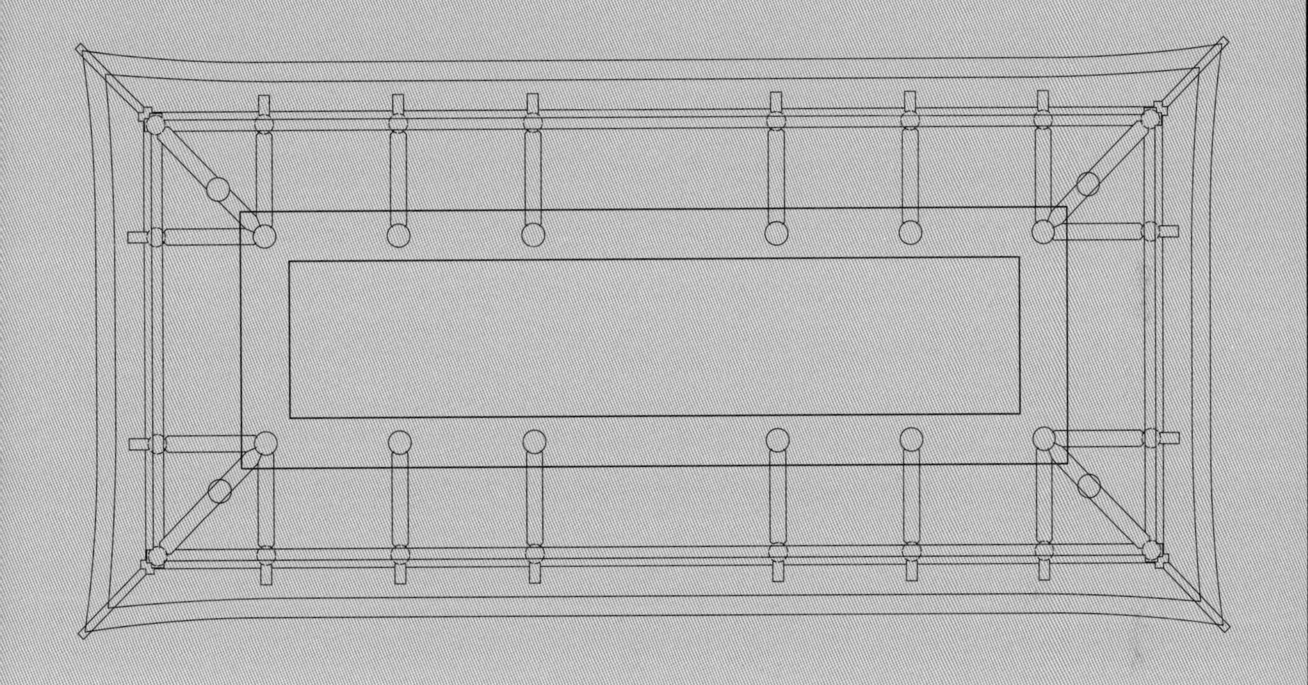

首层梁架结构平面图

建5　城楼二层平面图及首层梁架结构平面图

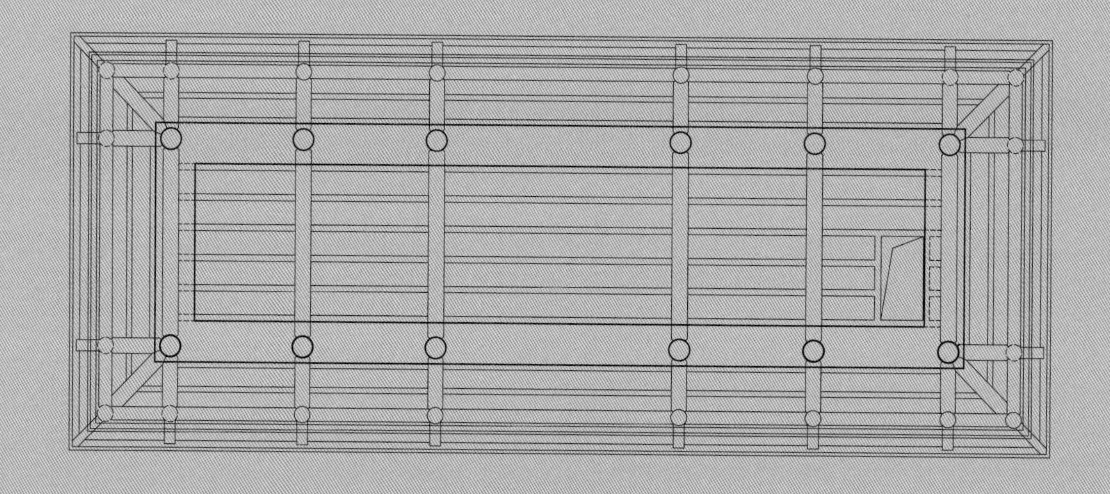

城楼平座梁架结构平面图

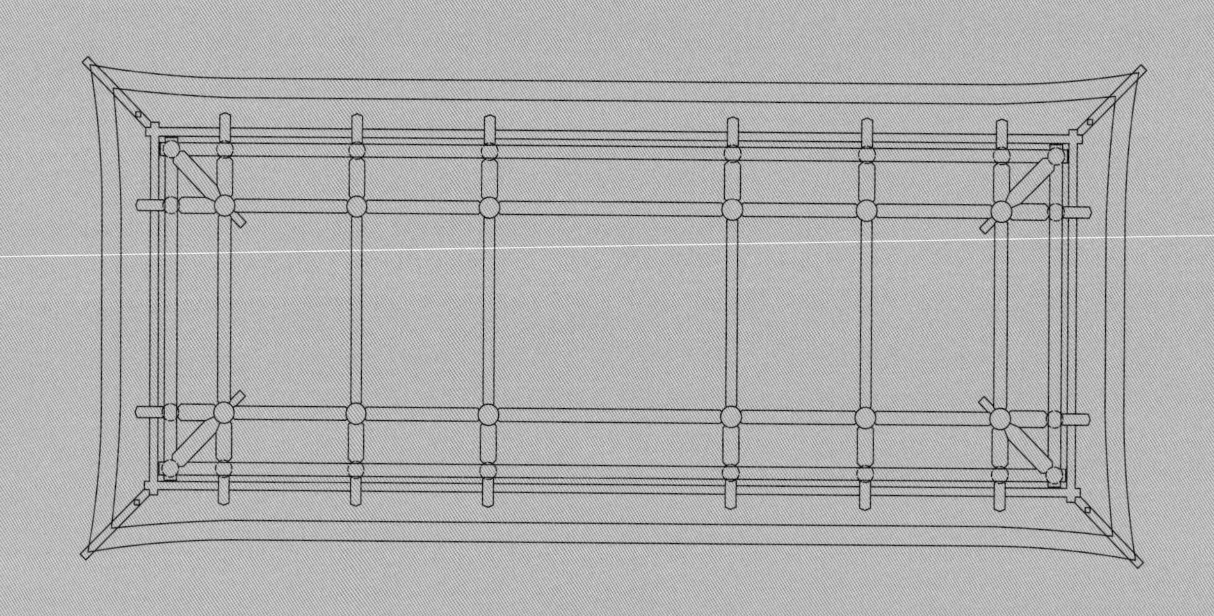

城楼腰檐梁架结构平面图

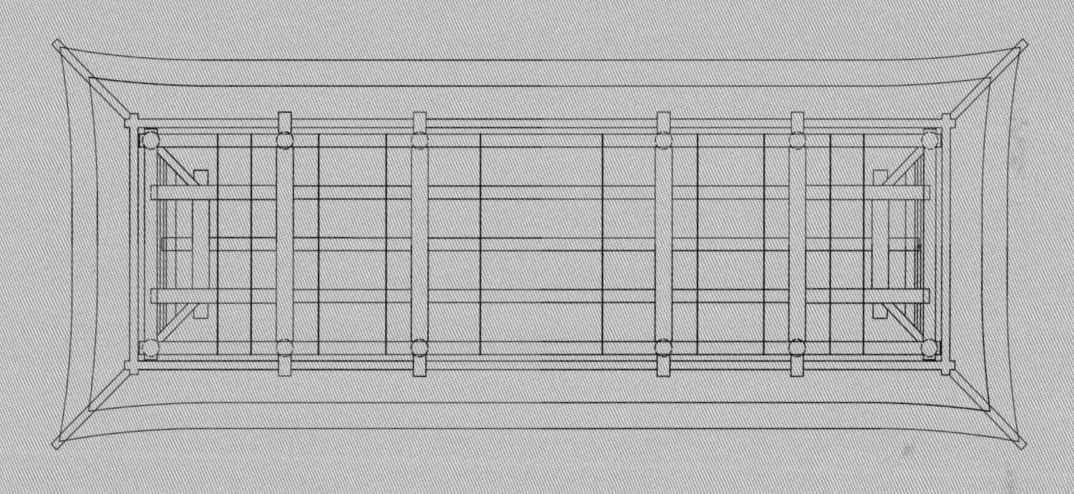

屋顶梁架结构平面图

建6　城楼平座梁架结构、腰檐梁架结构及屋顶梁架结构平面图

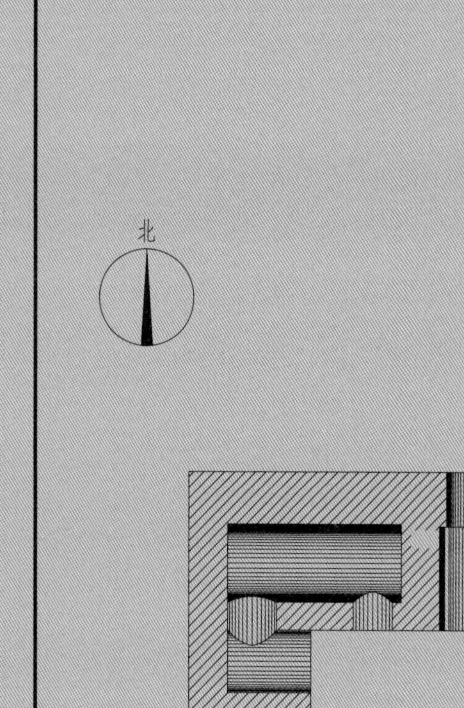
北

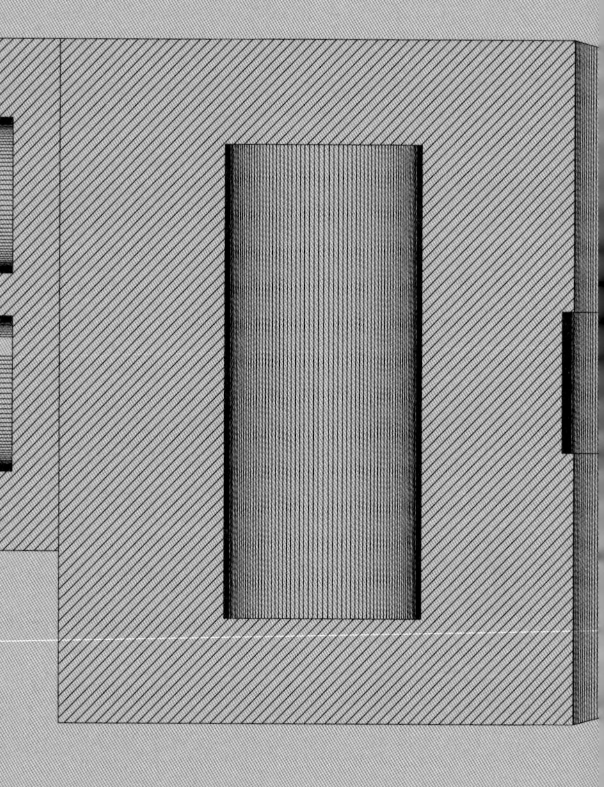

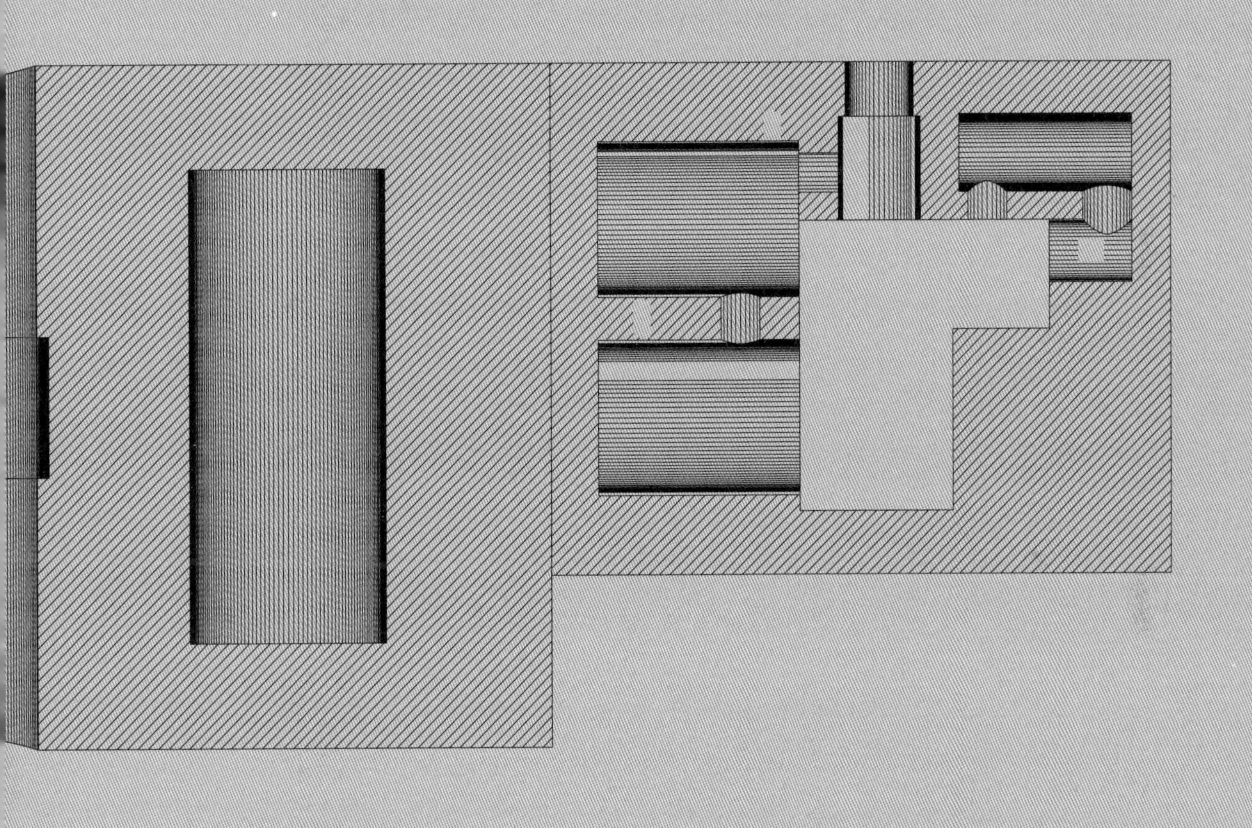

券顶平面图

建7　券顶平面图

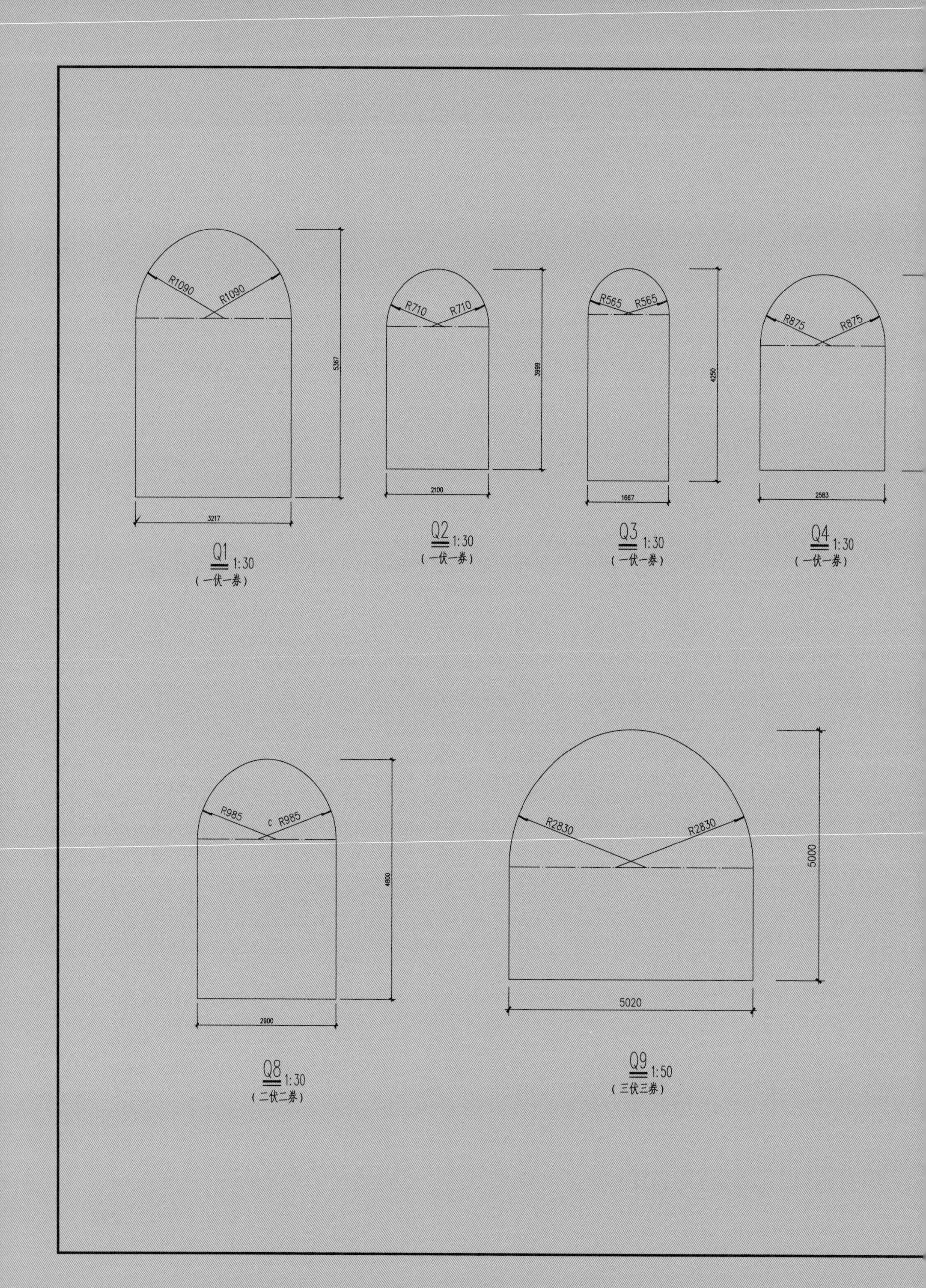
R1090
R1090
5367
3217
Q1 1:30
（一伏一券）
R710
R710
3999
2100
Q2 1:30
（一伏一券）
R565
R565
4250
1667
Q3 1:30
（一伏一券）
R875
R875
2583
Q4 1:30
（一伏一券）
R985
R985
4800
2900
Q8 1:30
（二伏二券）
R2830
R2830
5000
5020
Q9 1:50
（三伏三券）

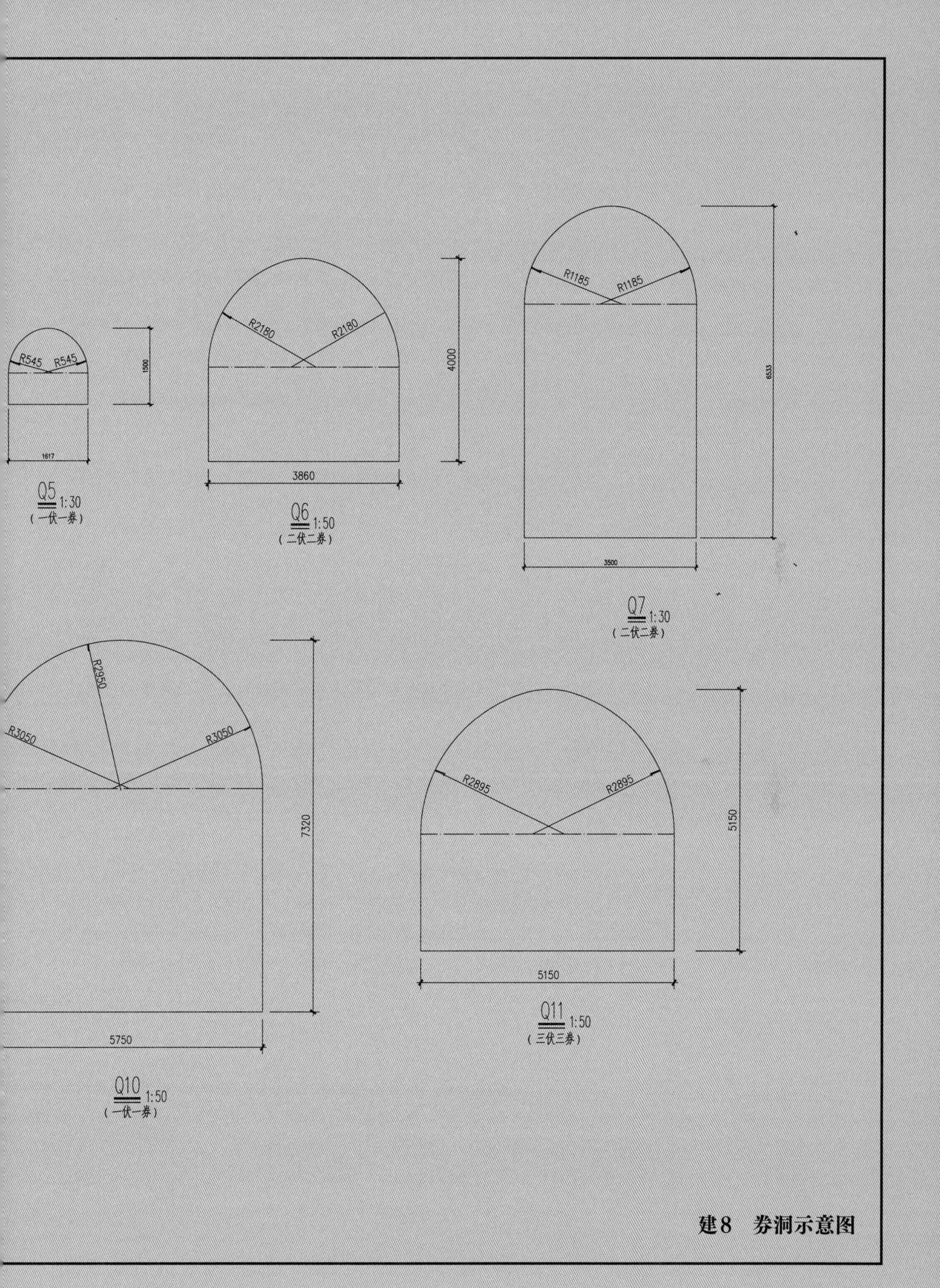
R545
R545
1500
1617
Q5 1:30
（一伏一券）
R2180
R2180
4000
3860
Q6 1:50
（二伏二券）
R1185
R1185
6533
3500
Q7 1:30
（二伏二券）
R2950
R3050
R3050
7320
5750
Q10 1:50
（一伏一券）
R2895
R2895
5150
5150
Q11 1:50
（三伏三券）

建8　券洞示意图

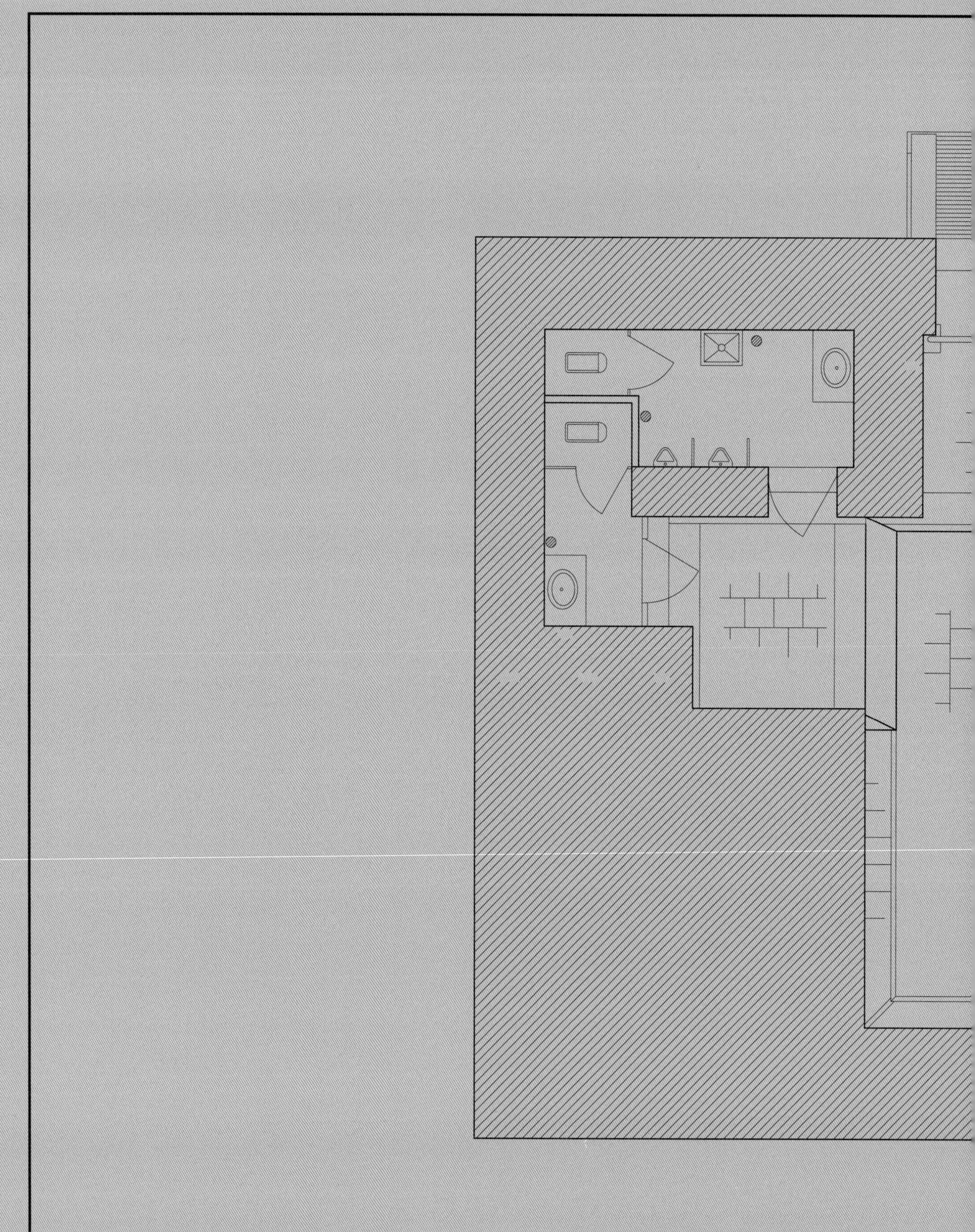
西侧入口卫生间平面详图

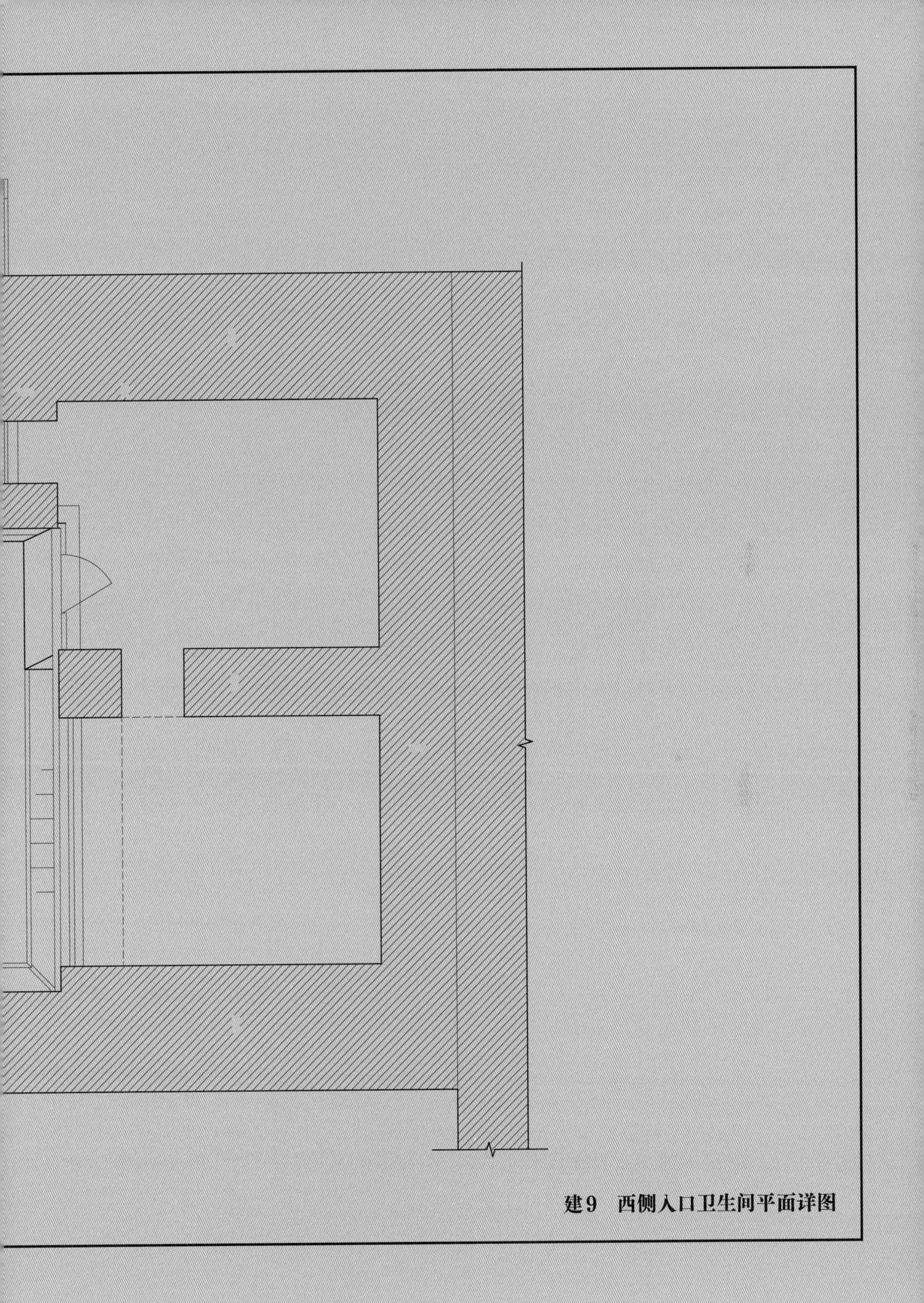

建9　西侧入口卫生间平面详图

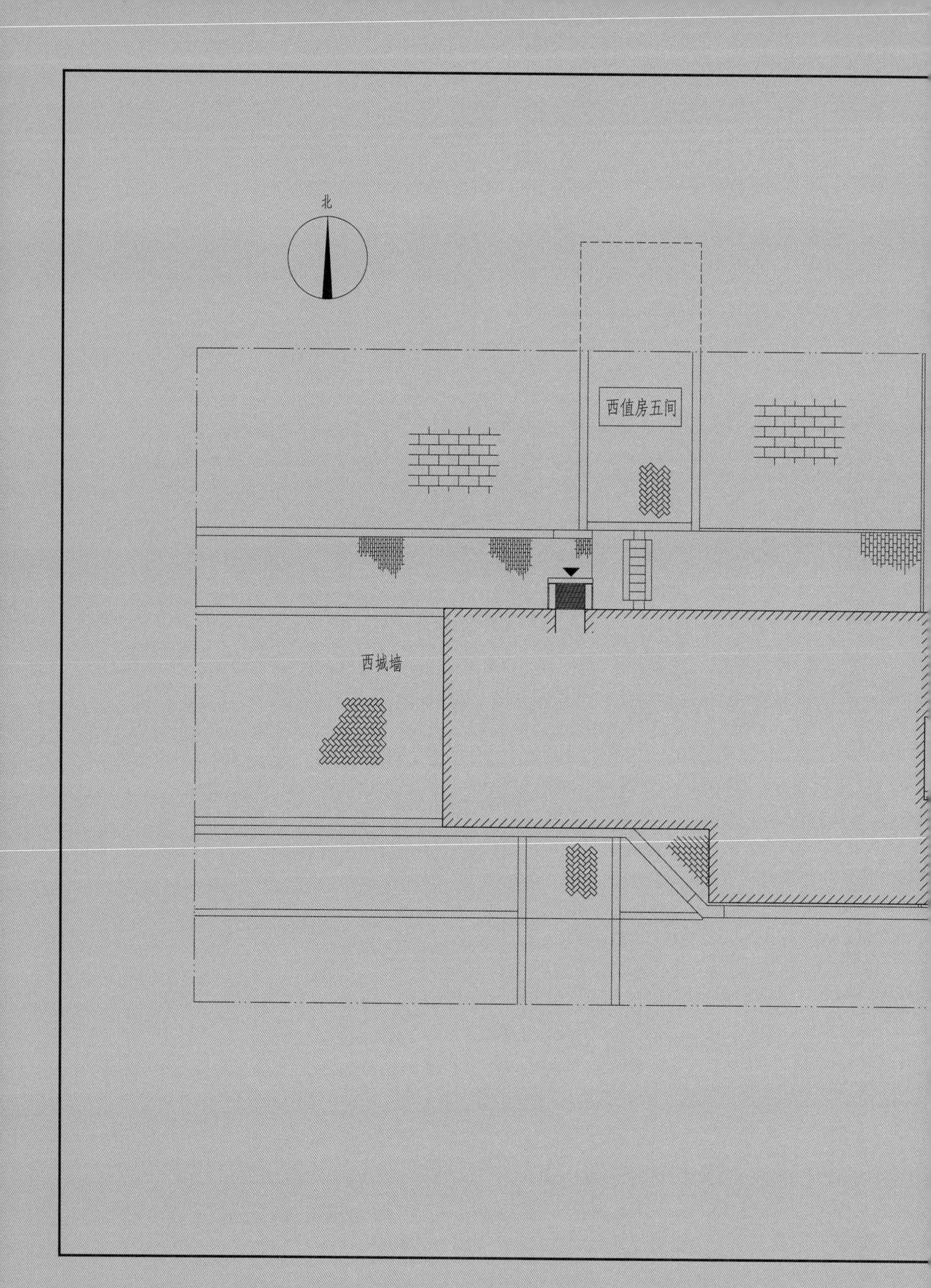
北
西值房五间
西城墙

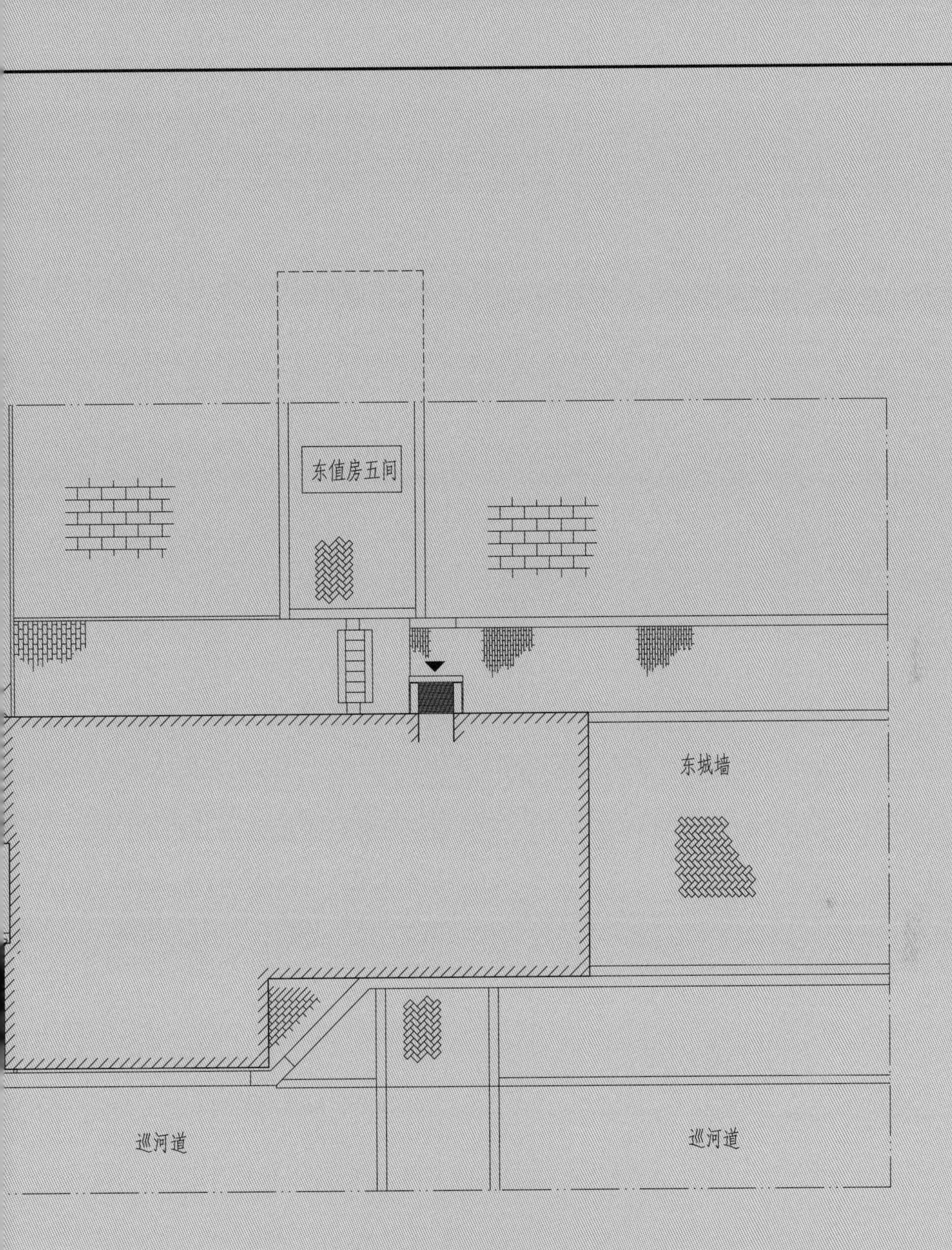

建10　铺装平面图

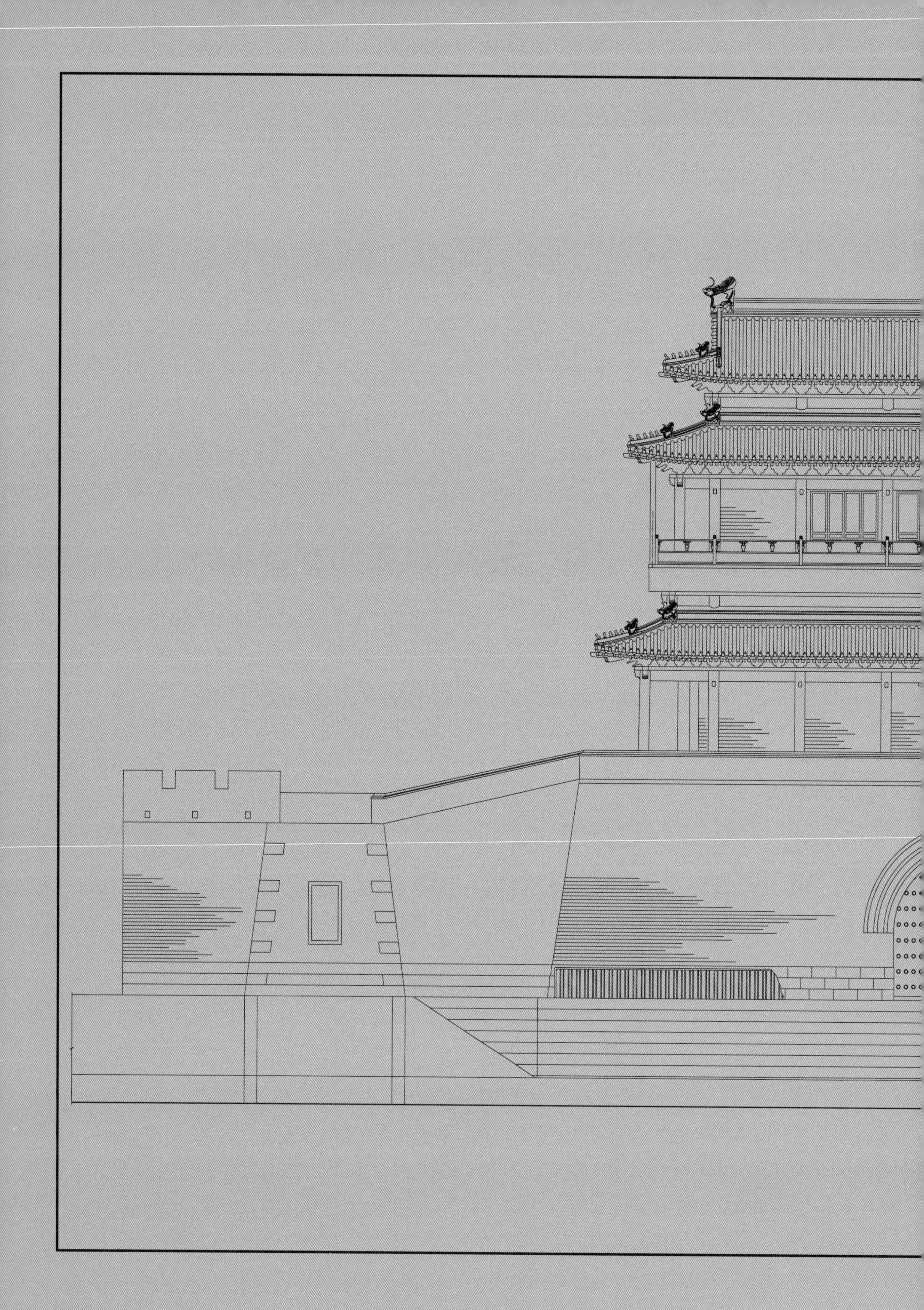

建11 南立面图

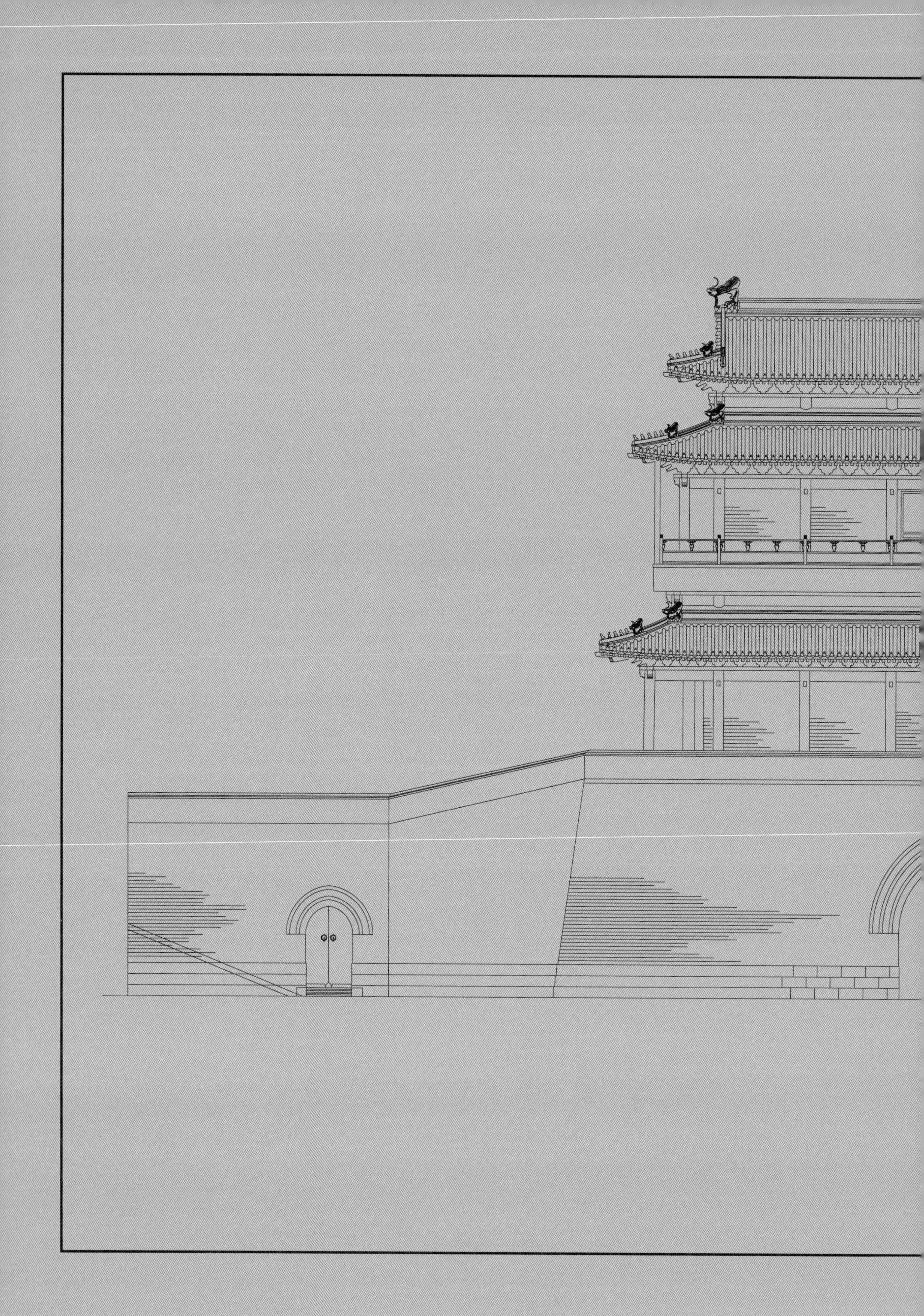

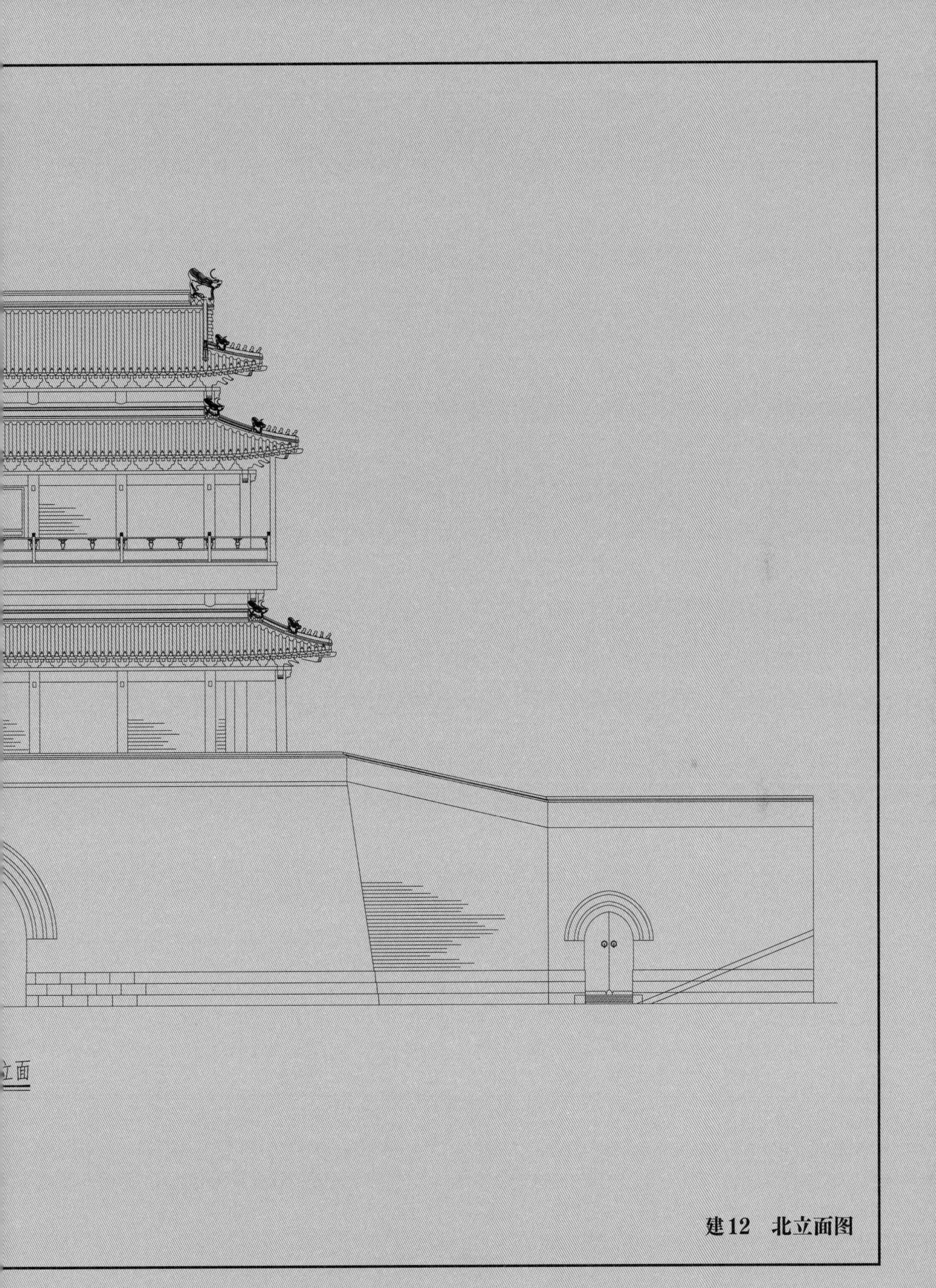

建12　北立面图

建13　西立面图
西立面

建14　东立面图

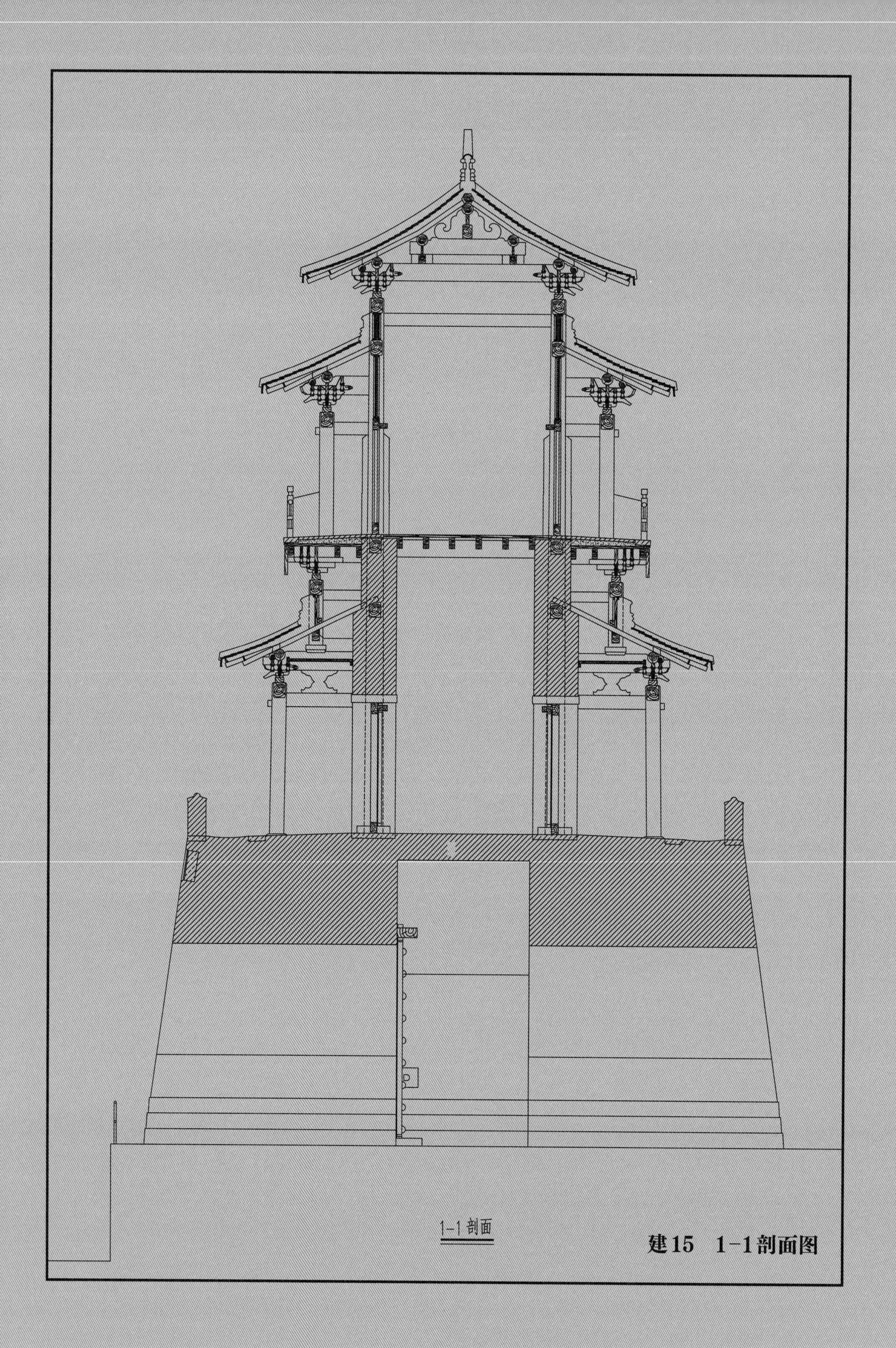

建15　1-1剖面图

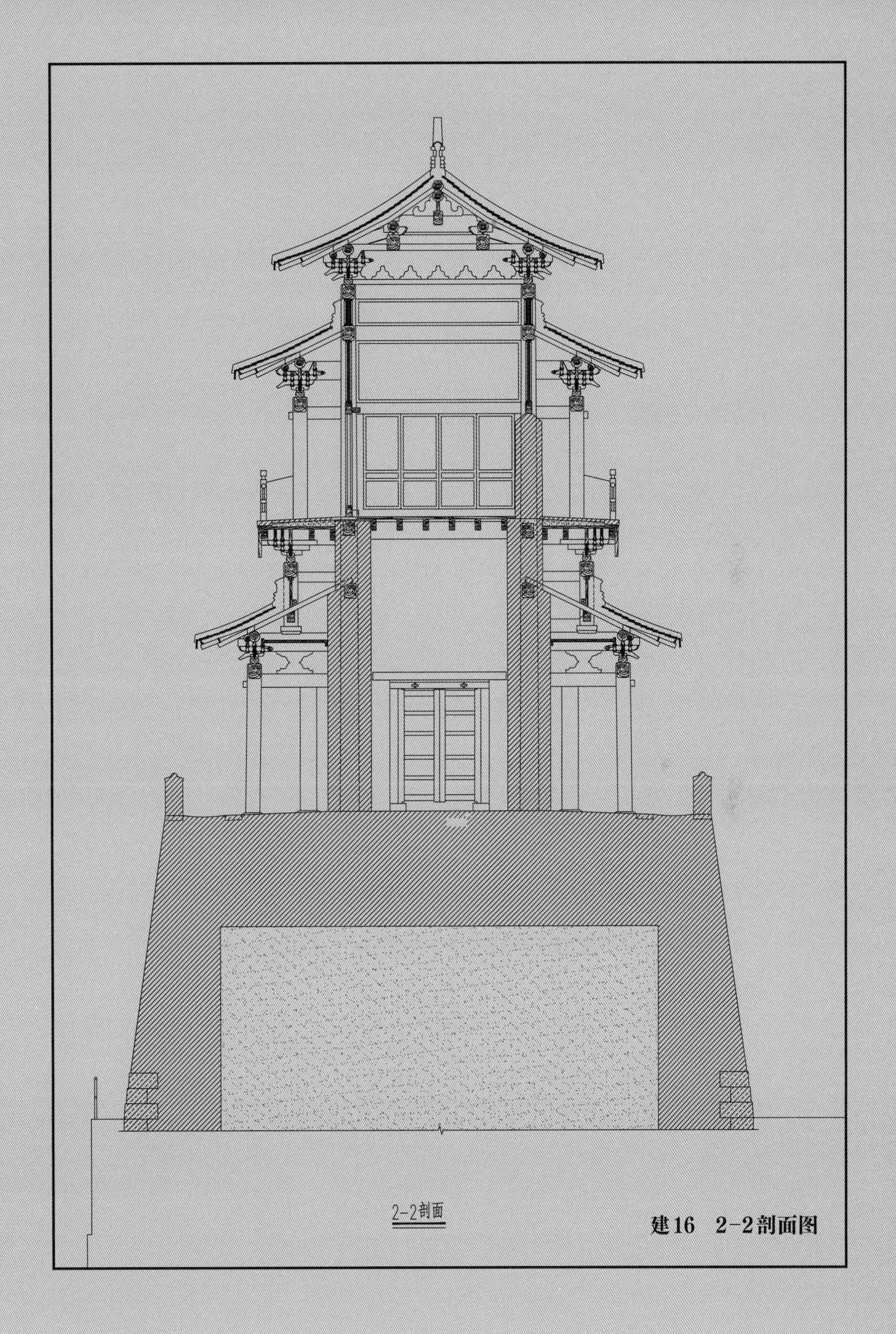

建16 2-2剖面图

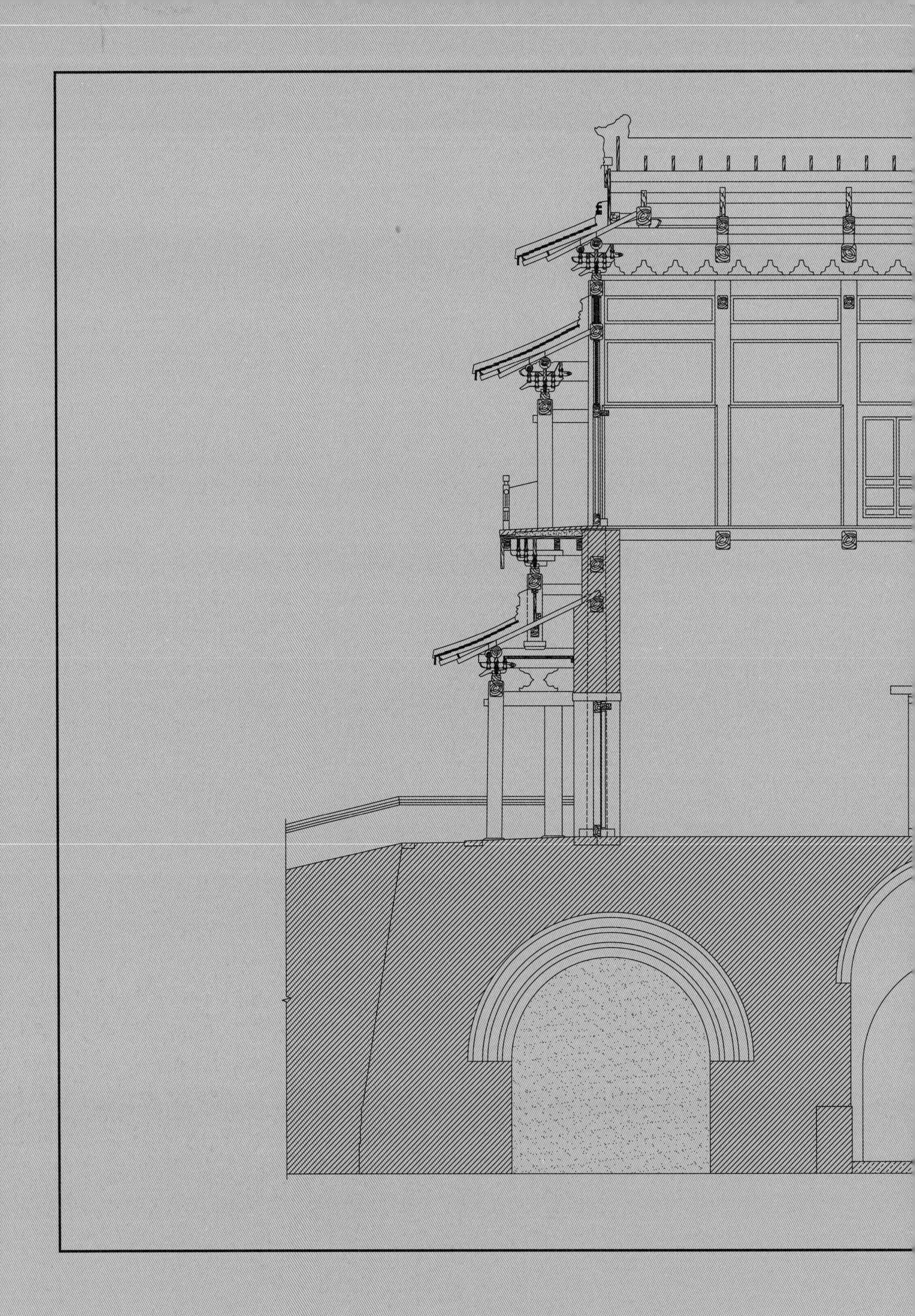

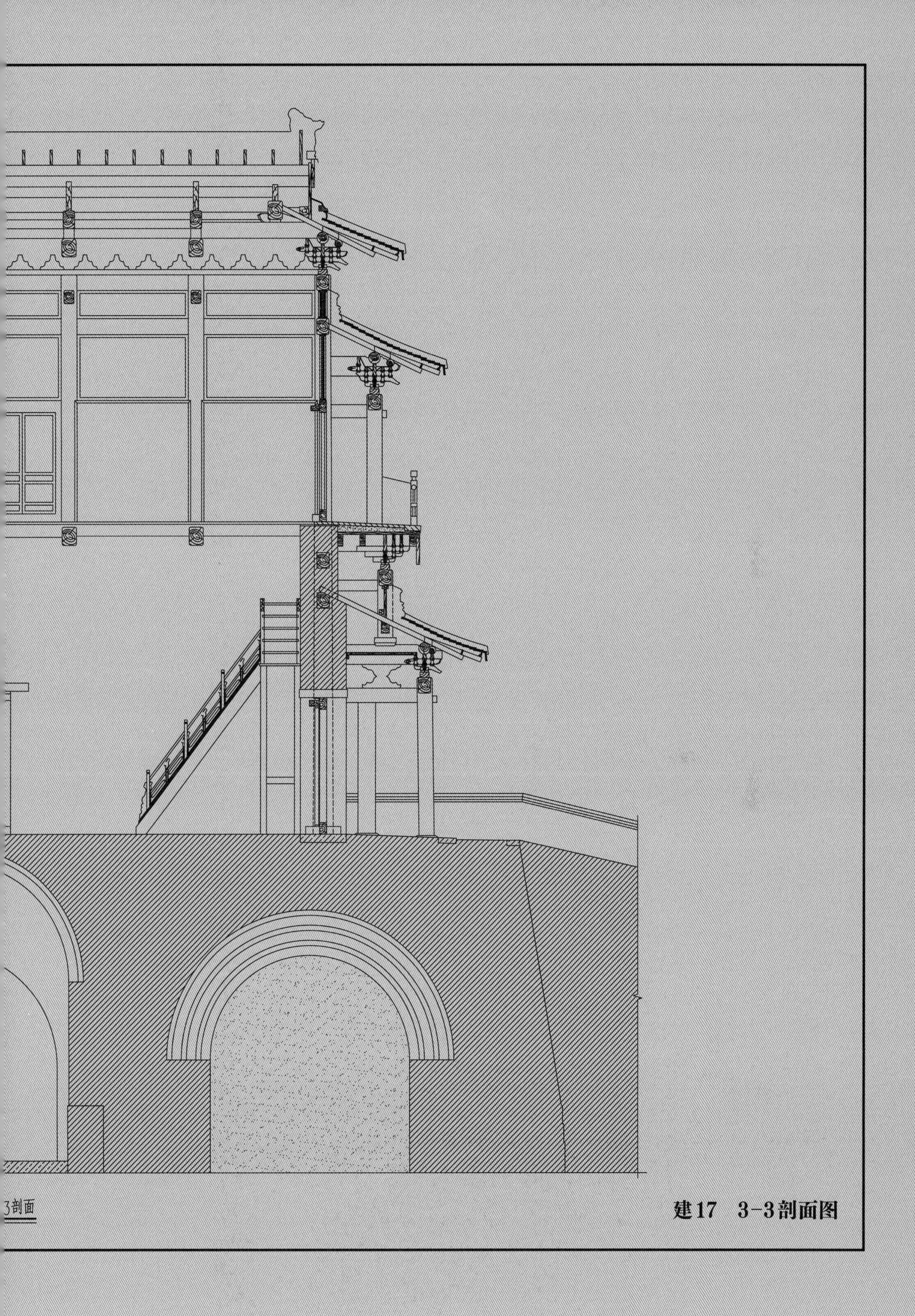

建17　3-3剖面图

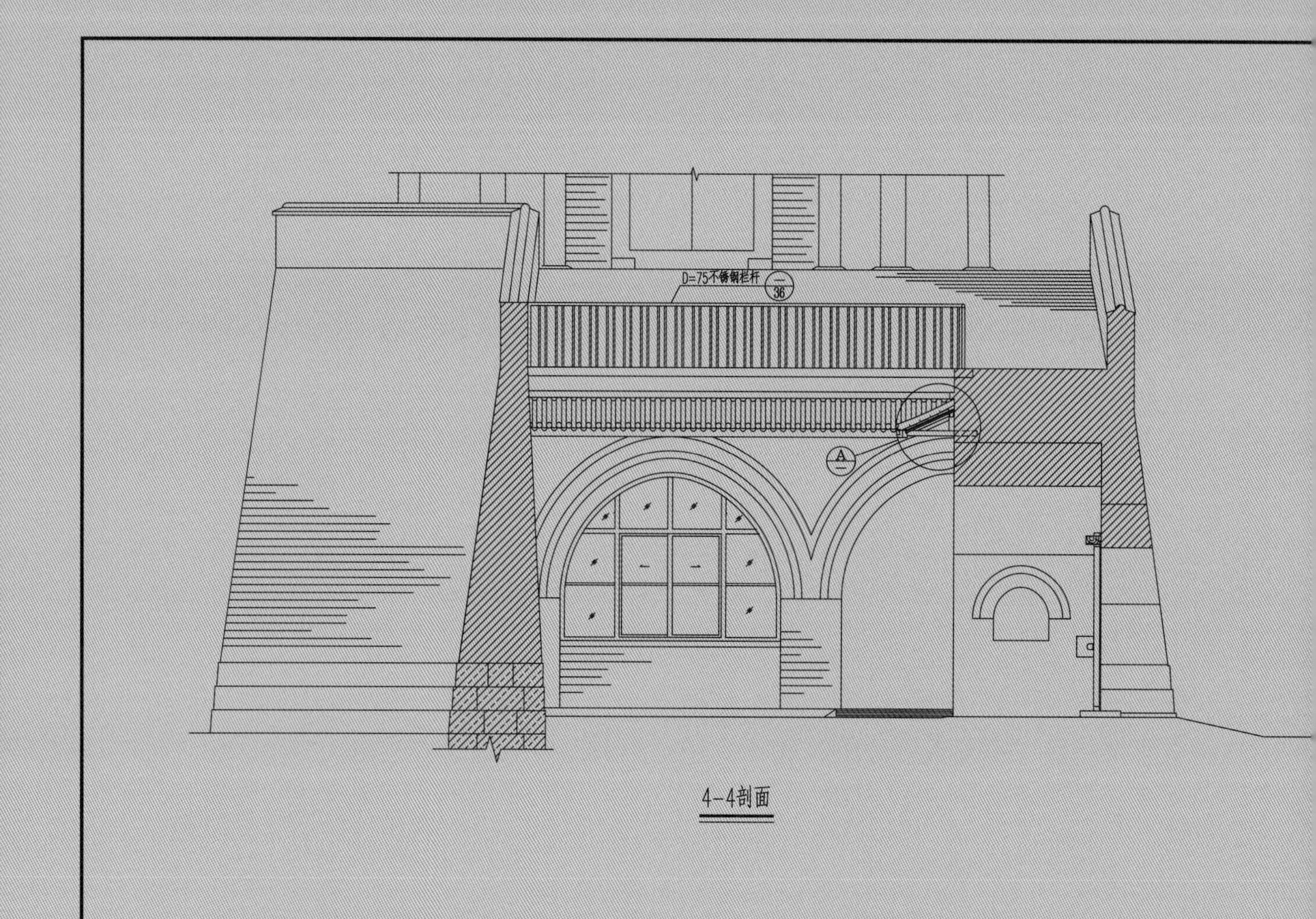

4-4剖面

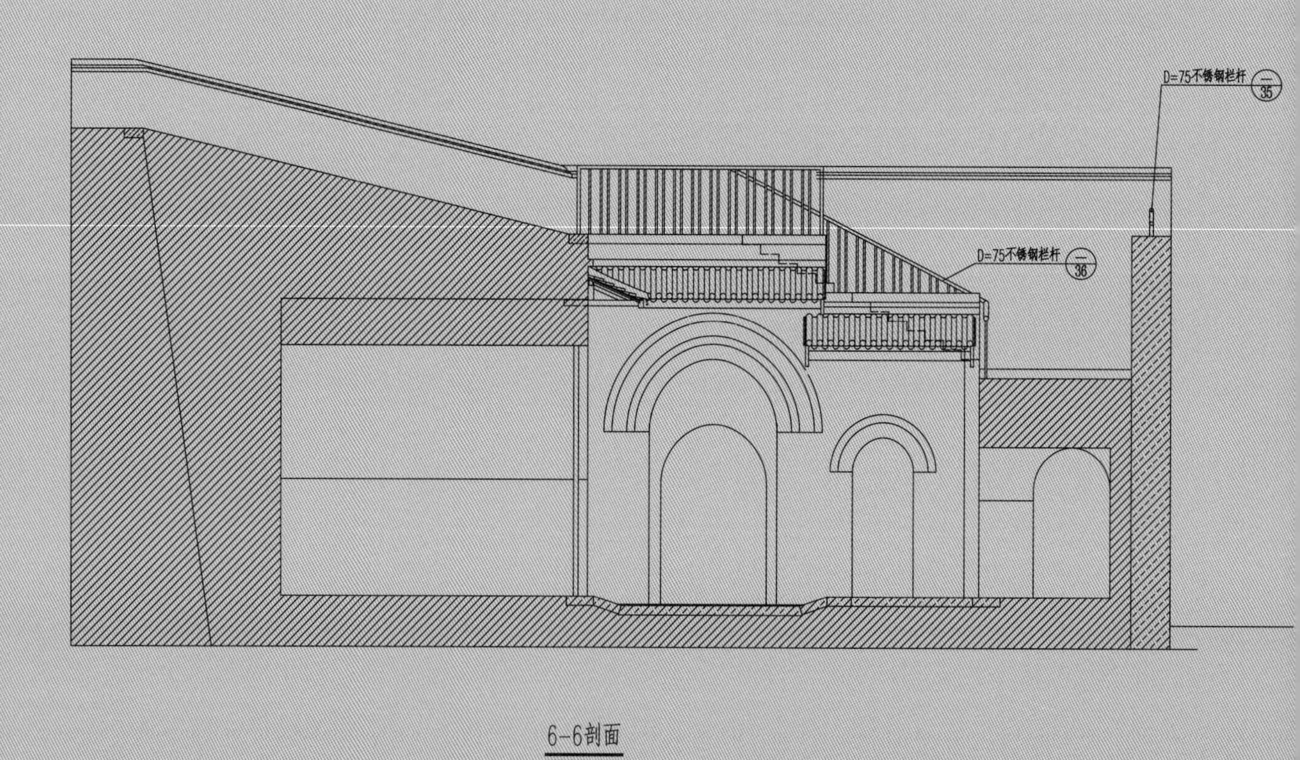

6-6剖面

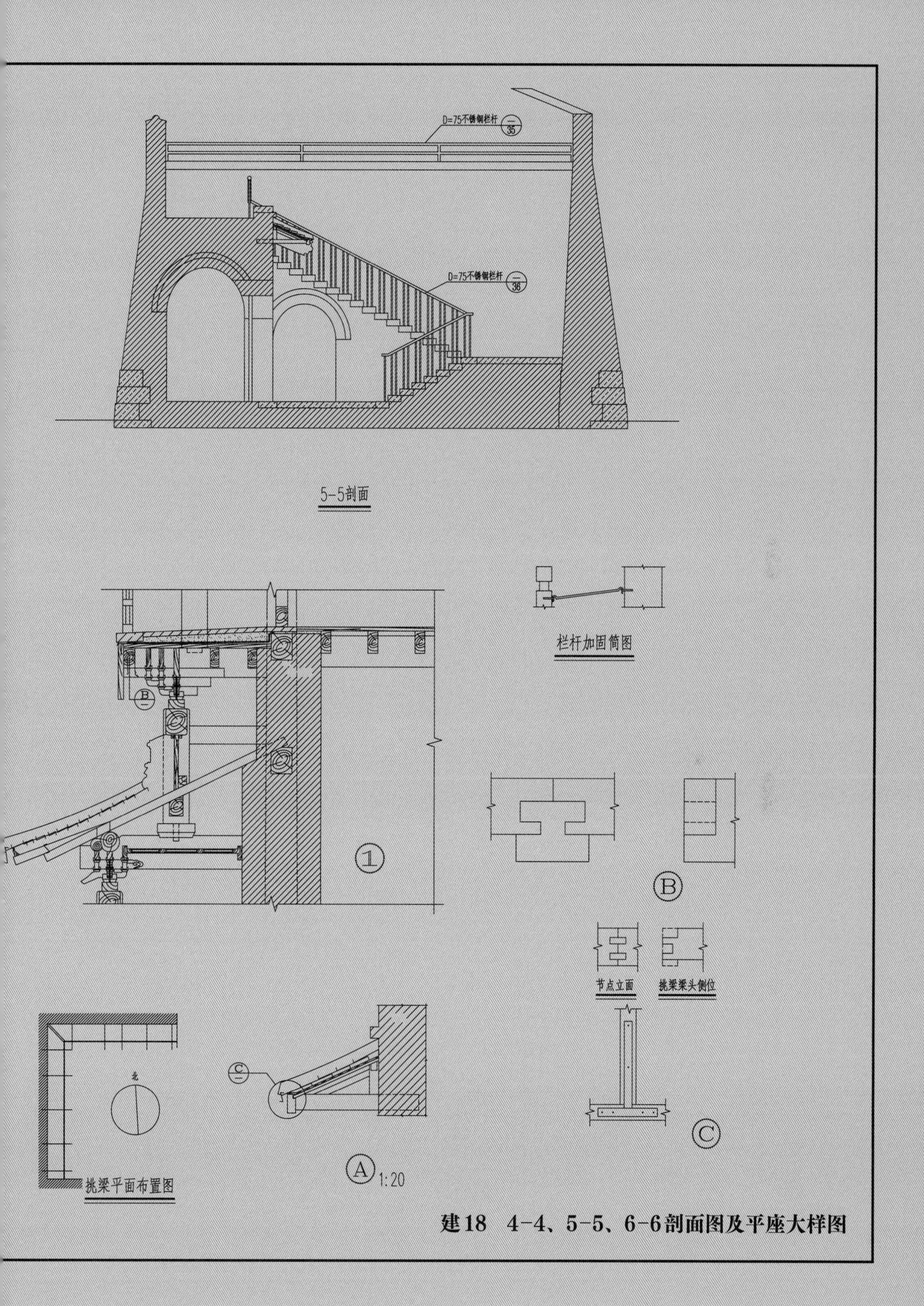

建18 4-4、5-5、6-6剖面图及平座大样图

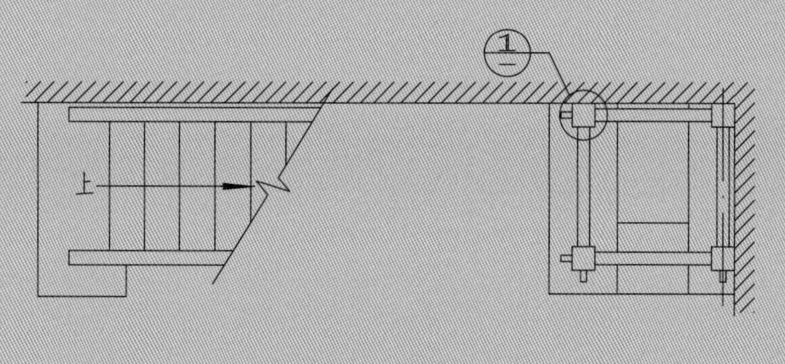

楼梯一层平面

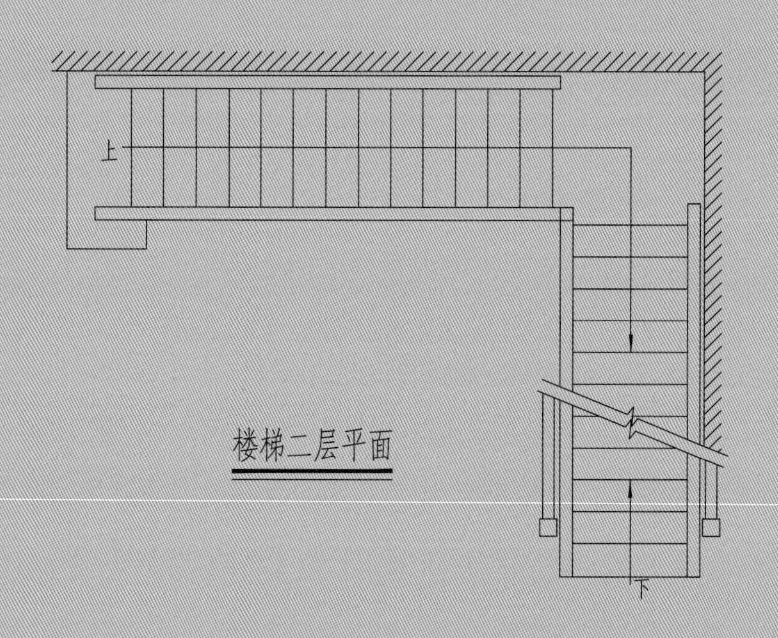

楼梯二层平面

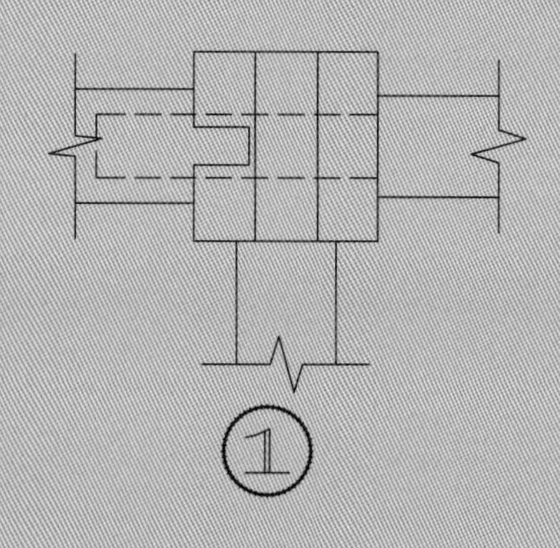

1

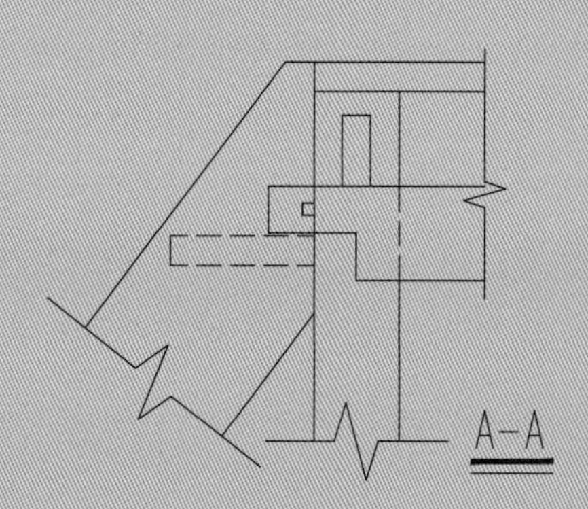

A-A

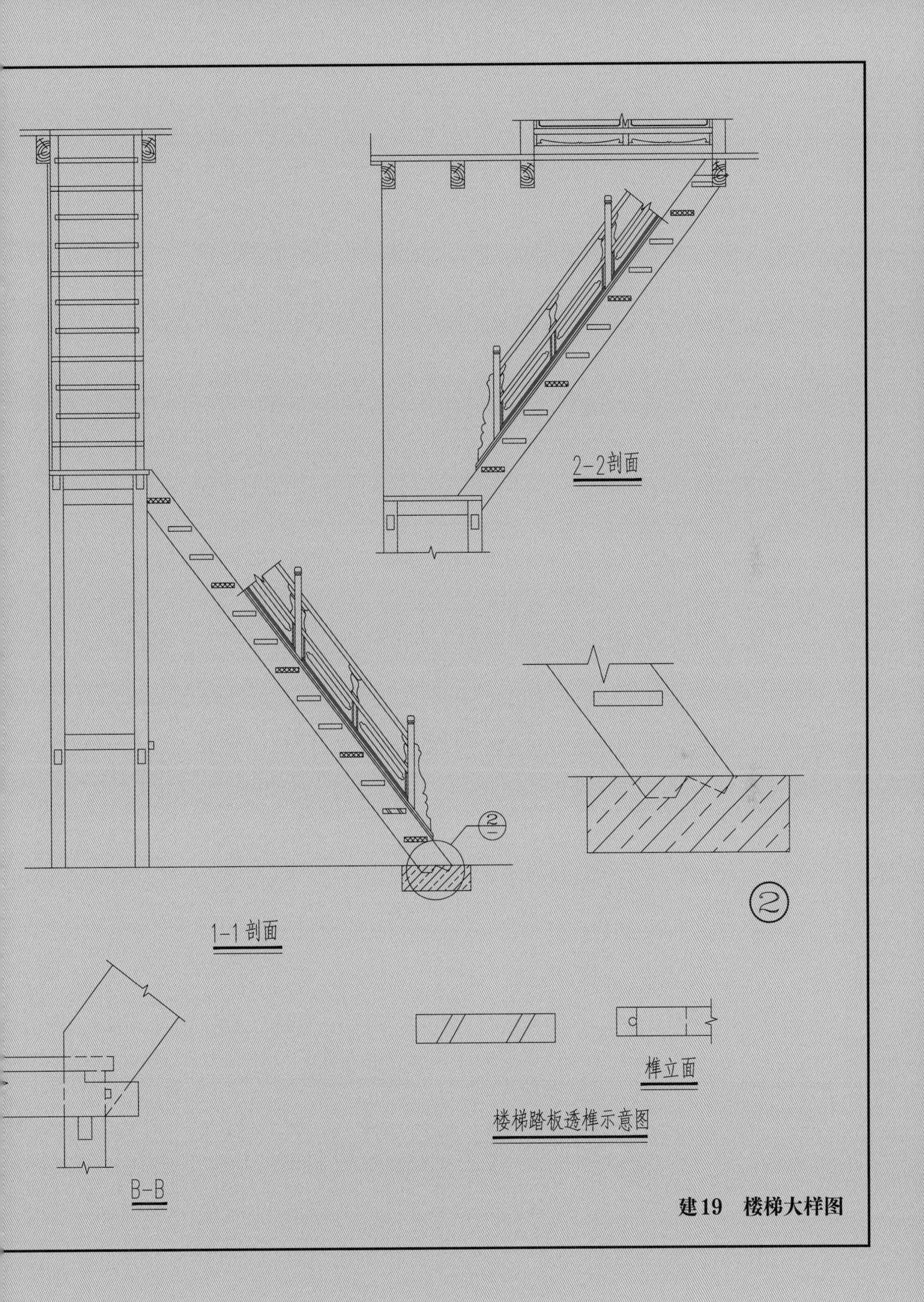

2-2剖面
②
1-1 剖面
②
榫立面
楼梯踏板透榫示意图
B-B
建19 楼梯大样图

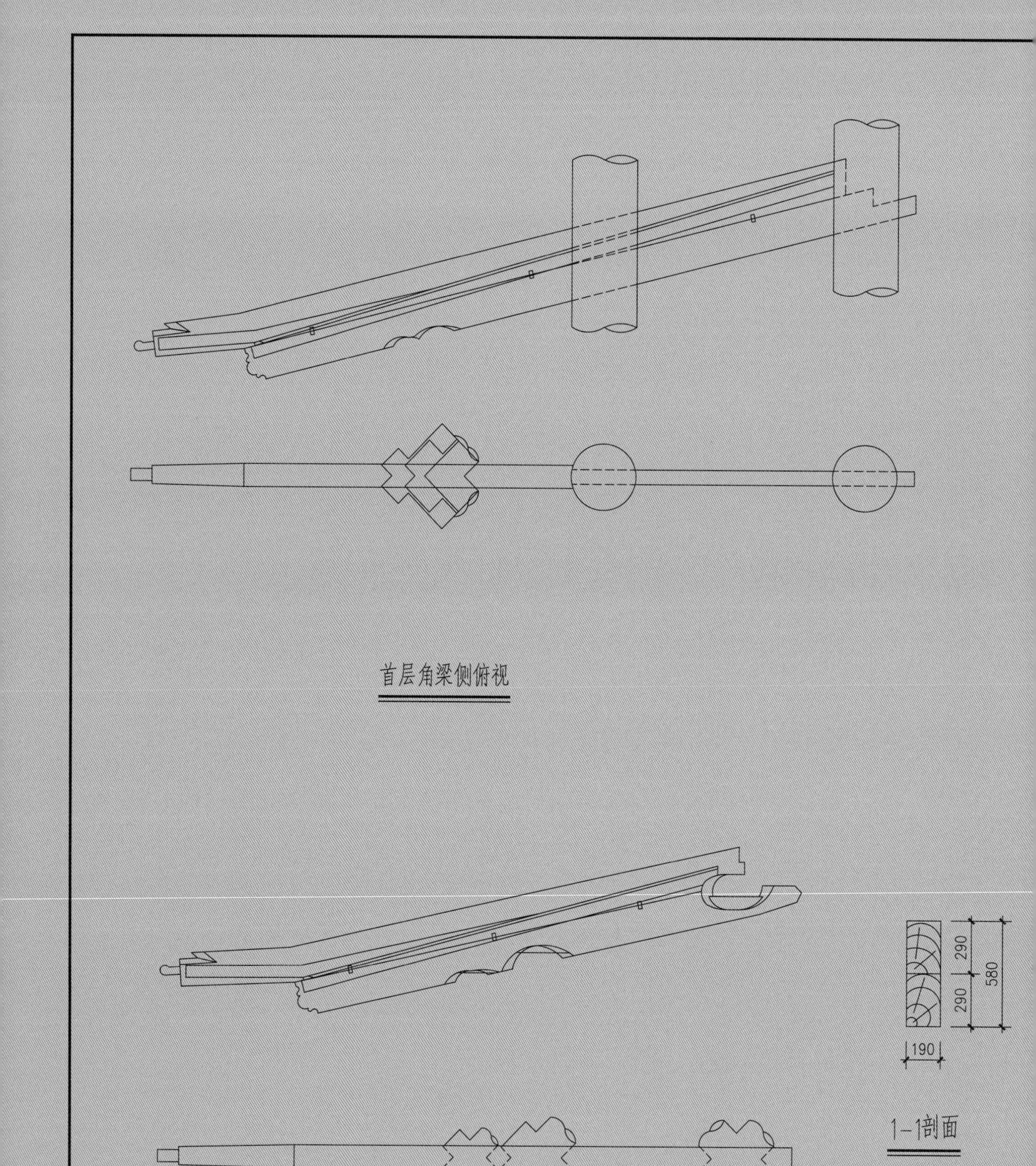

顶层角梁侧俯视

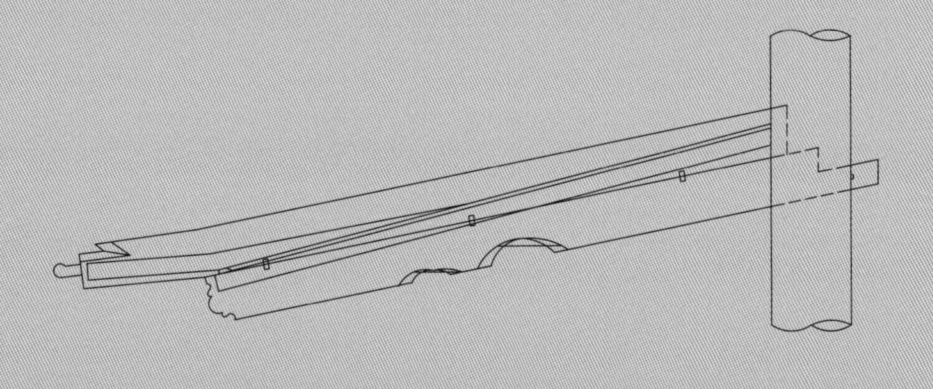

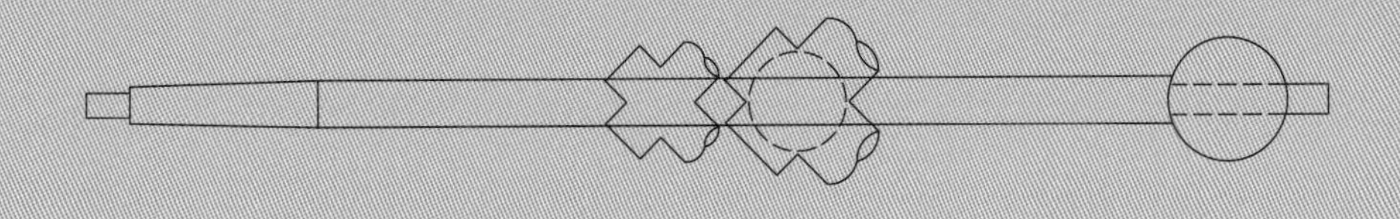

二层角梁侧俯视

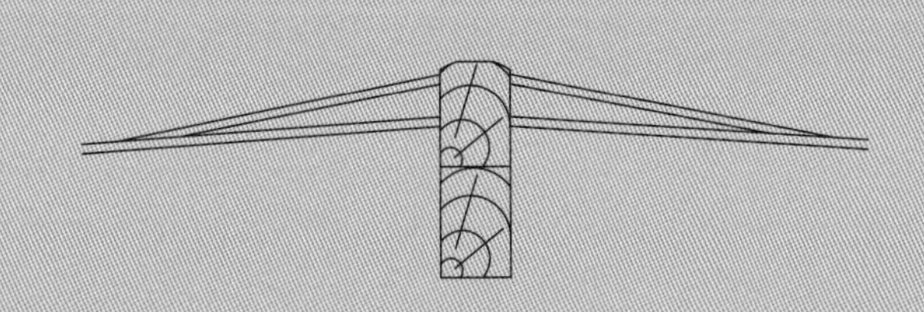

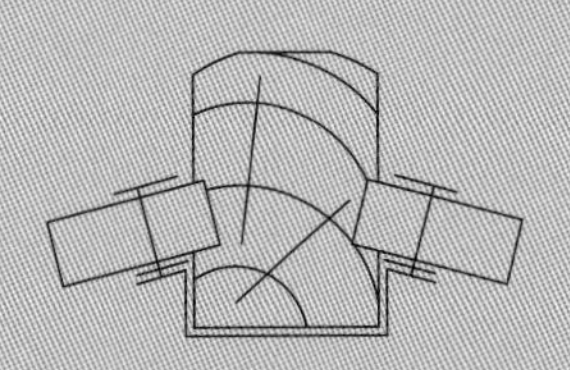

翼角椽尾固定筒图

建20 角梁大样图

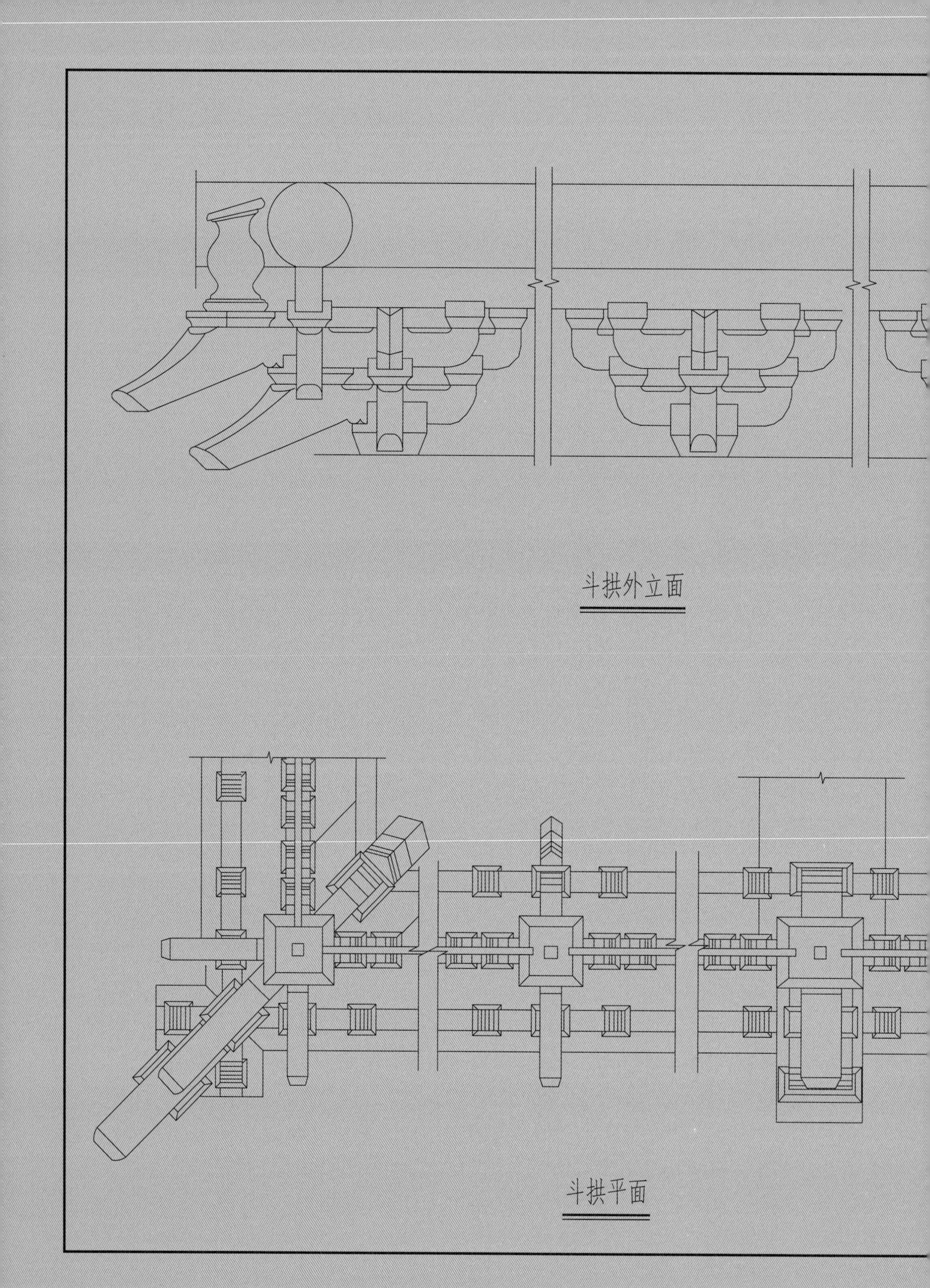
斗拱外立面
斗拱平面

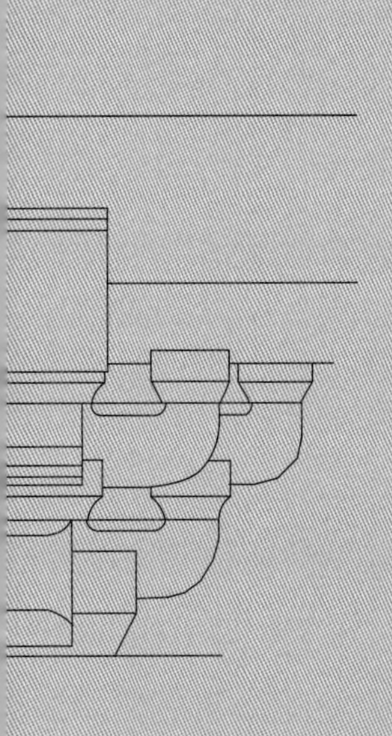

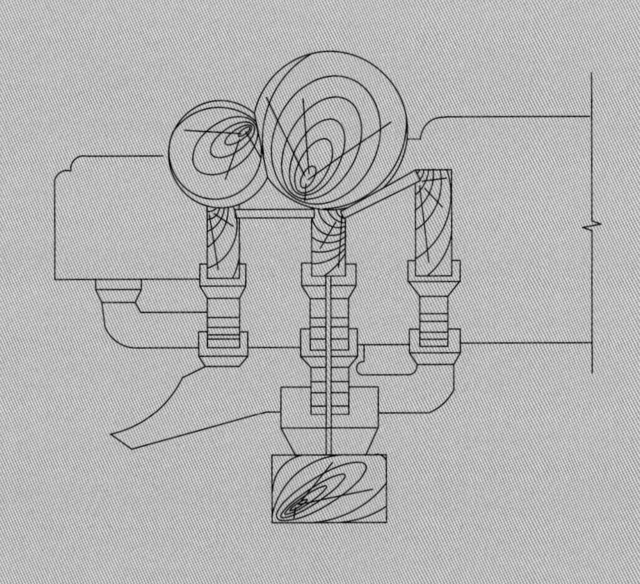

柱头科剖面

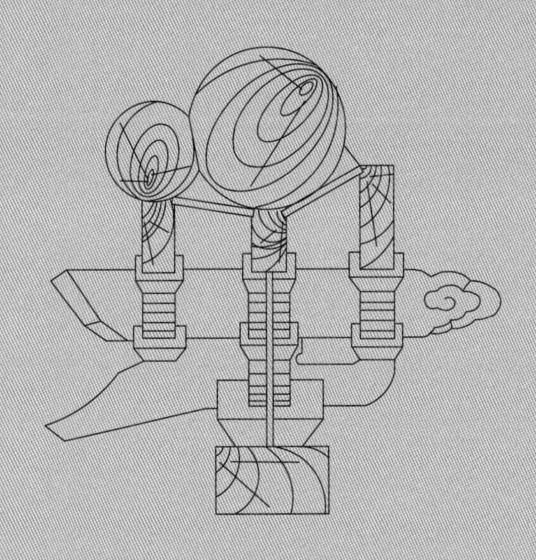

平身科剖面

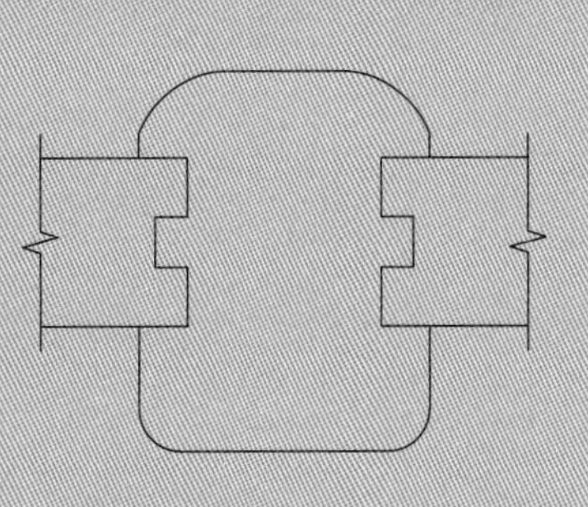

1-1(里拽枋联接筒图)

建21　首层檐斗拱大样图

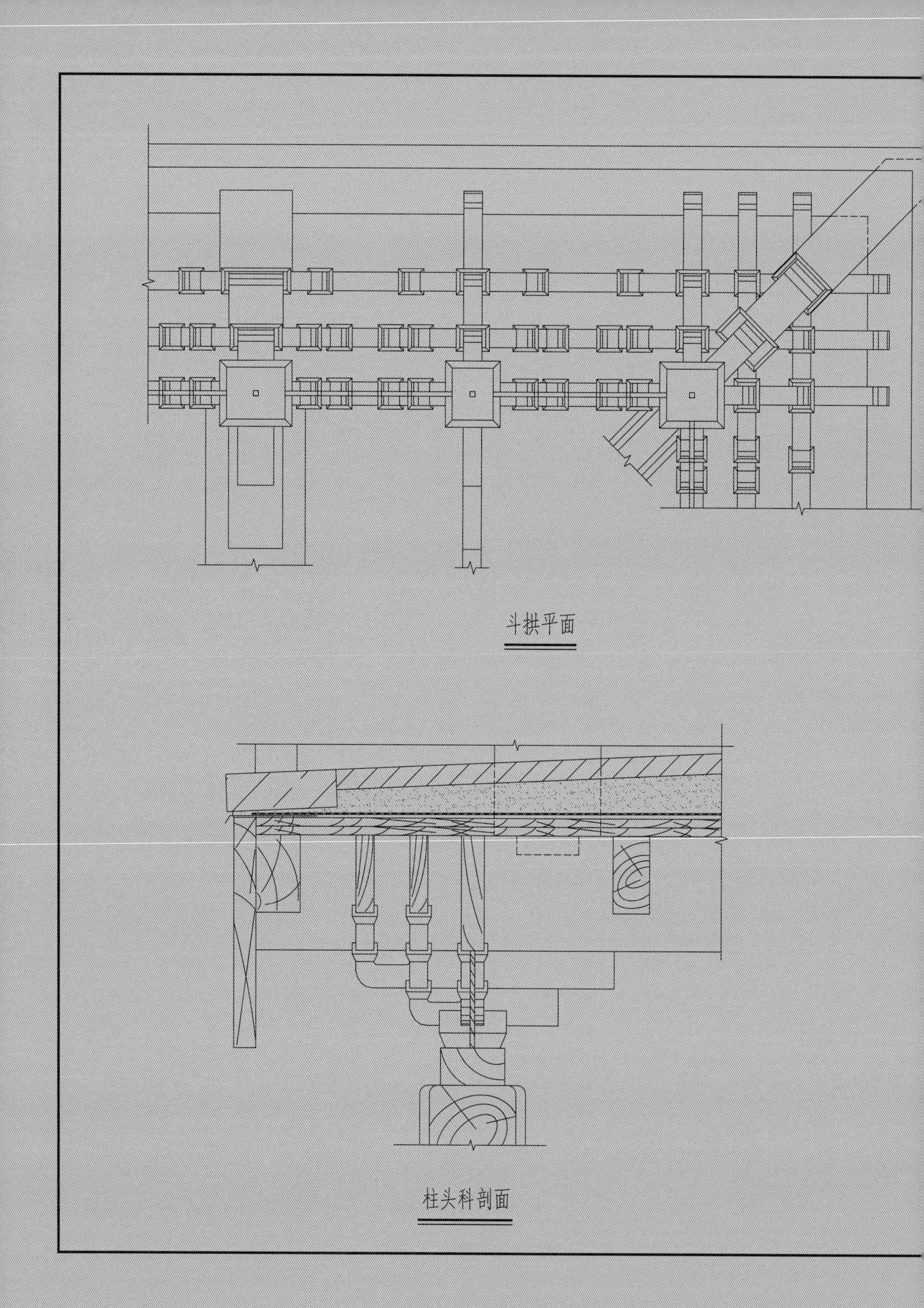
斗拱平面
柱头科剖面

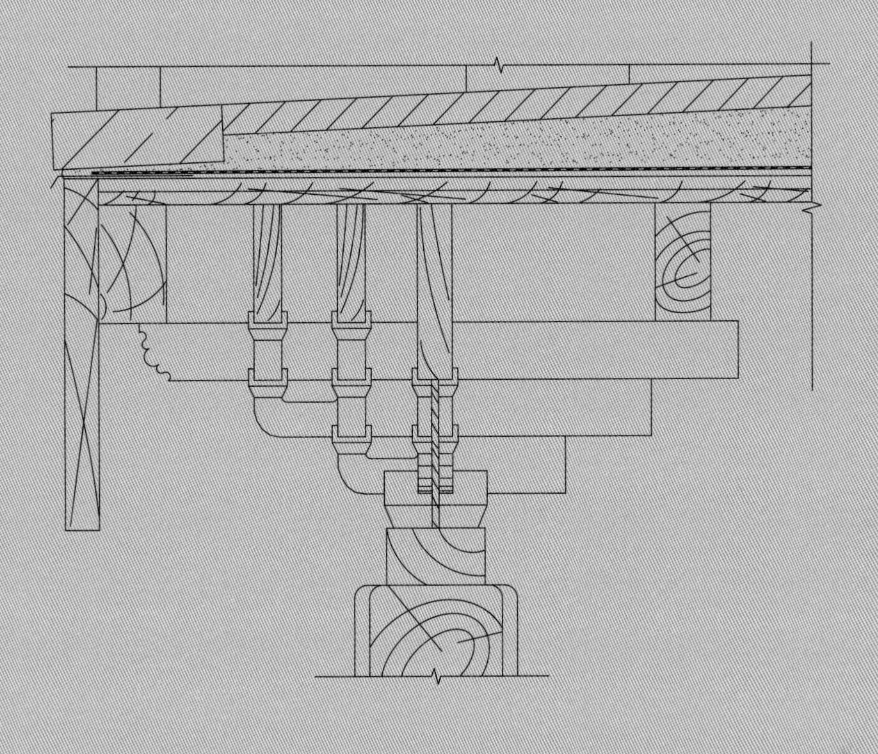

平身科剖面

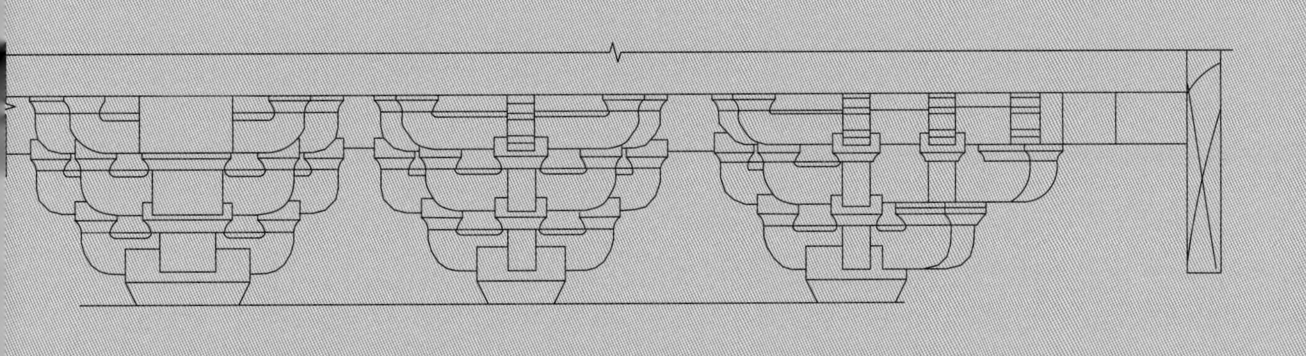

斗拱外立面

建22　平座斗拱大样图

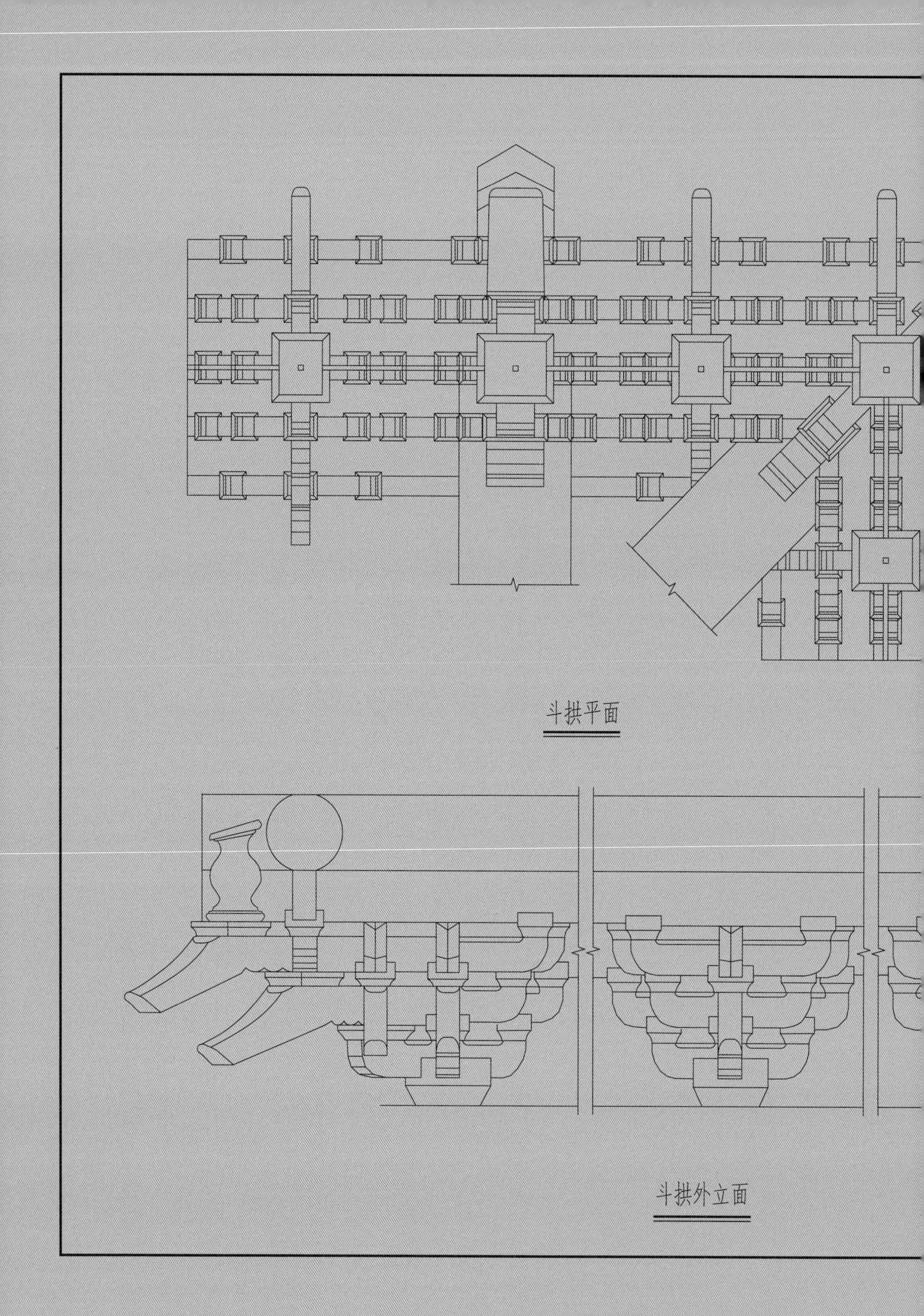
斗拱平面
斗拱外立面

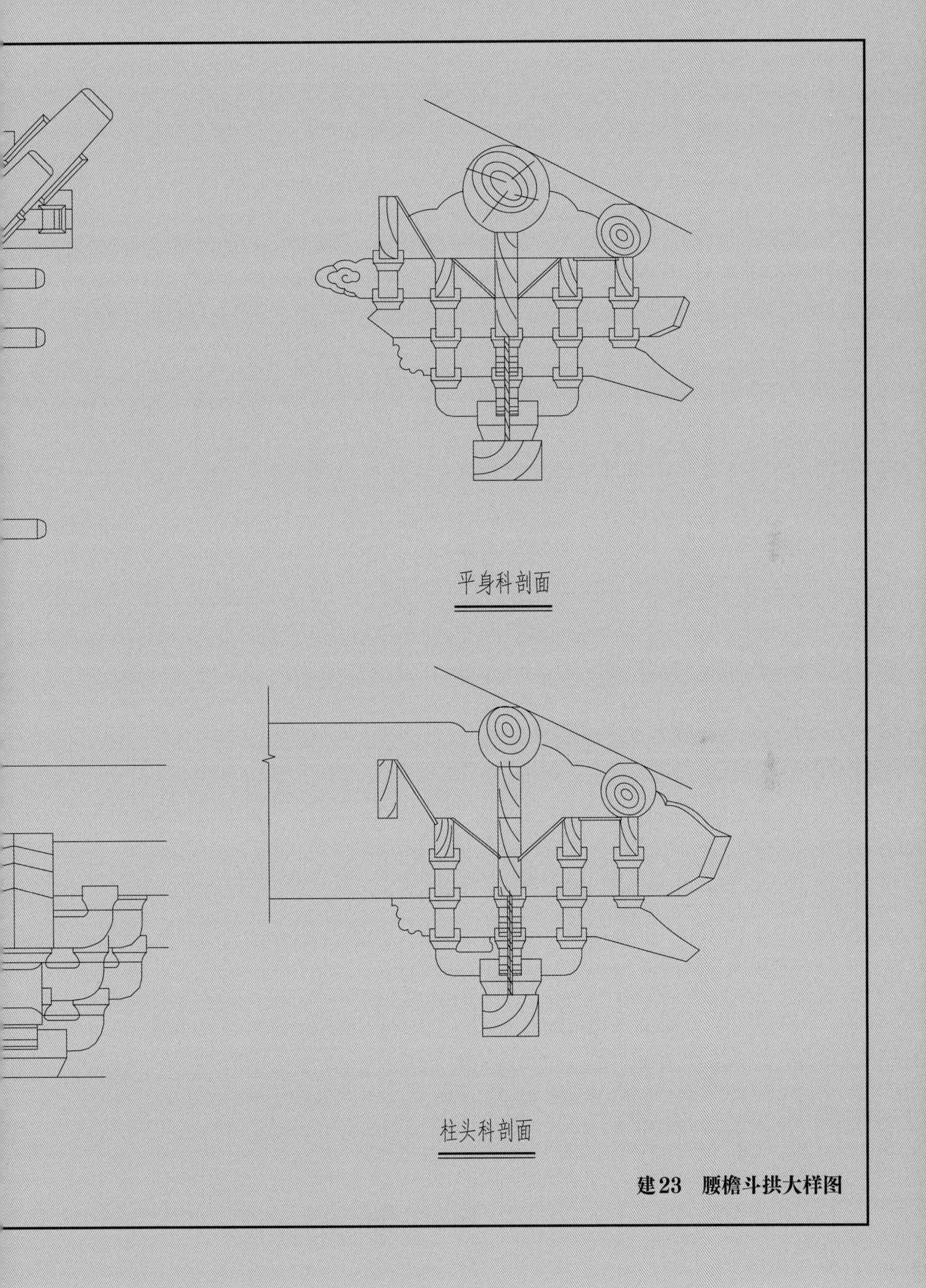

建23　腰檐斗拱大样图

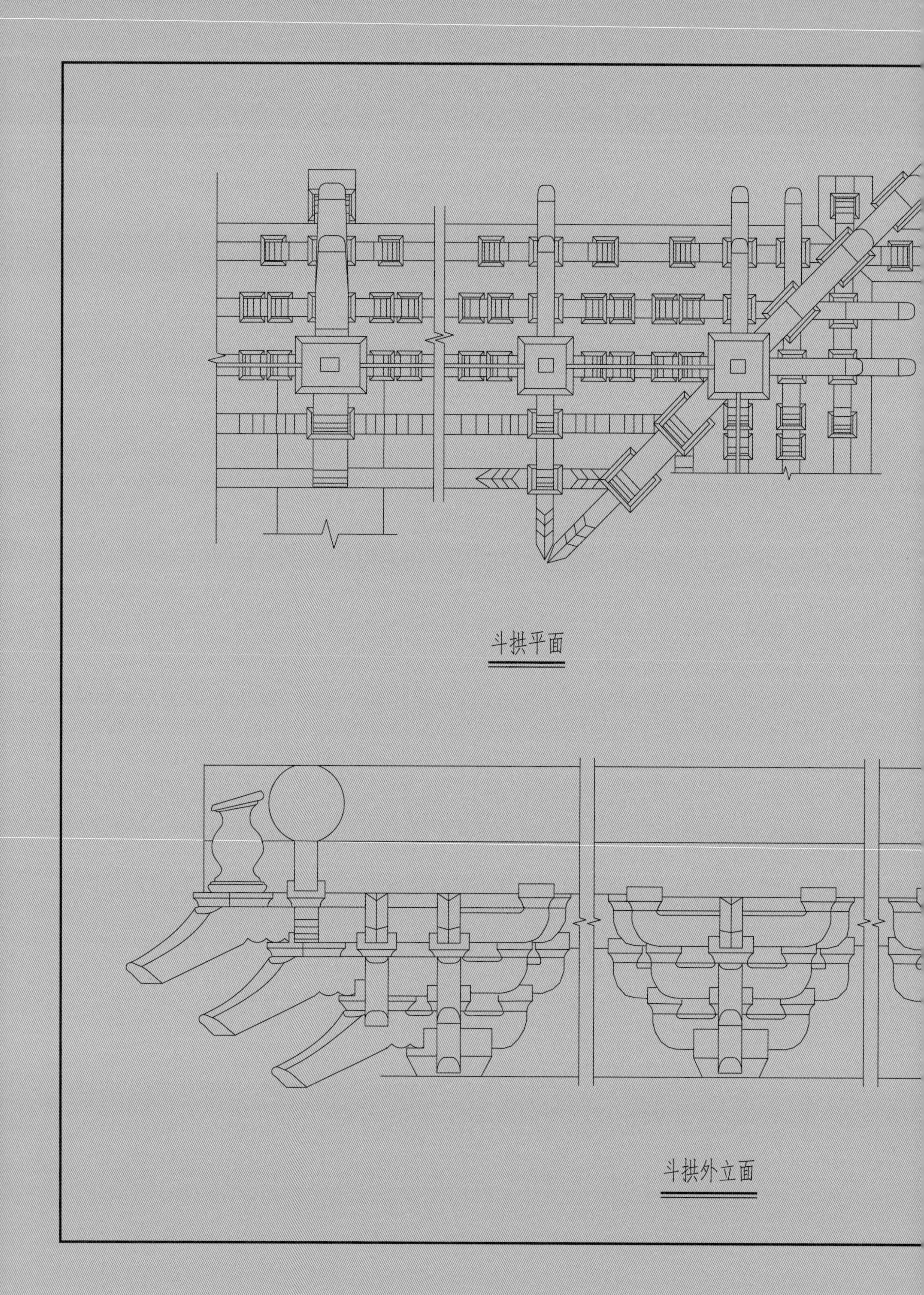
斗拱平面
斗拱外立面

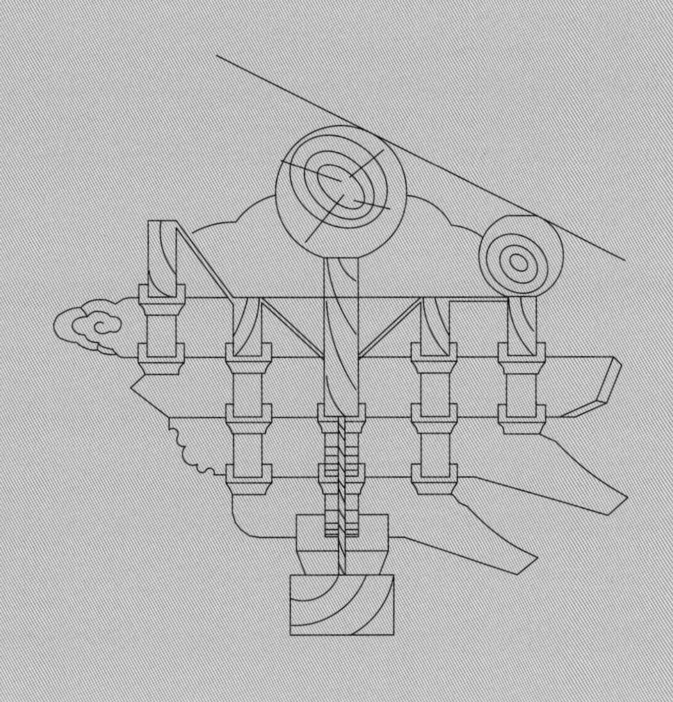

平身科剖面

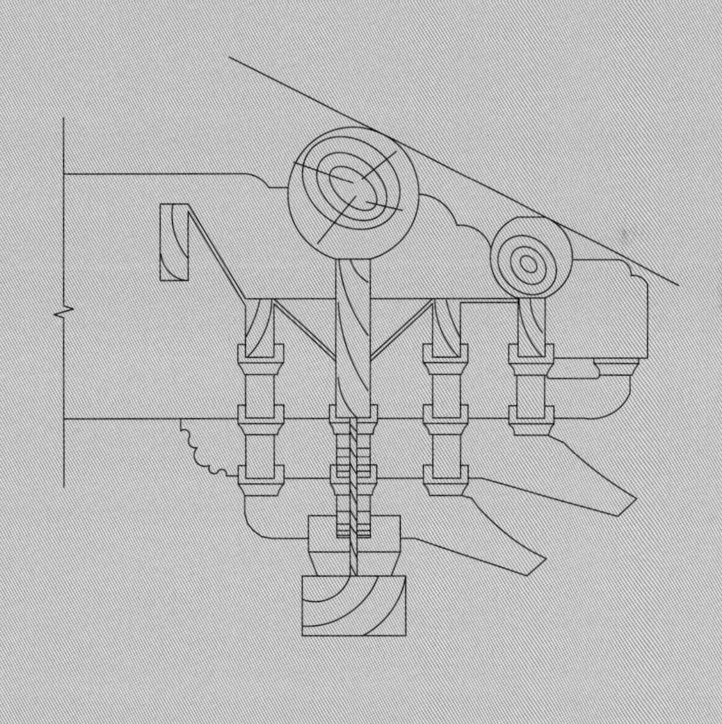

柱头科剖面

建24　屋顶斗拱大样图

首层檐明间斗拱构件尺寸表

斗口：65 mm

1	大　斗	平 身 科	200	230	140	170	52	26	52	130
2		柱 头 科	260	230	200	170	52	26	52	130
3	十　八　斗		117	91	91	65	26	13	26	65
4	三　才　升		91	91	65	65	26	13	26	65
5	槽　升　子		91	107	65	81	26	13	26	65
6	头翘筒子十八斗		208	91	182	65	26	13	26	65
7	二翘筒子十八斗		273	91	247	65	26	13	26	65
			长 X 宽 X 高							
8	正　心　瓜　拱		465 X 81 X 130							
9	正　心　万　拱		690 X 81 X 91							
10	厢　拱		540 X 65 X 91							

首层檐尽间斗拱构件尺寸表

斗口：65 mm

1	大　斗	平 身 科	200	230	140	170	52	26	52	130
2		角　科	230	230	170	170	52	26	52	130
3	十　八　斗		117	91	91	65	26	13	26	65
4	三　才　升		91	91	65	65	26	13	26	65
5	槽　升　子		91	107	65	81	26	13	26	65
6	头翘筒子十八斗		208	91	182	65	26	13	26	65
7	二翘筒子十八斗		273	91	247	65	26	13	26	65
			长 X 宽 X 高							
8	正　心　瓜　拱		360 X 81 X 130							
9	正　心　万　拱		535 X 81 X 91							
10	厢　拱		415 X 65 X 91							

首层檐次间斗拱构件尺寸表

斗口：65 mm

1	大　斗	平 身 科	200	230	140	170	52	26	52	130
2		柱 头 科	260	230	200	170	52	26	52	130
3	十　八　斗		117	91	91	65	26	13	26	65
4	三　才　升		91	91	65	65	26	13	26	65
5	槽　升　子		91	107	65	81	26	13	26	65
6	头翘筒子十八斗		208	91	182	65	26	13	26	65
7	二翘筒子十八斗		273	91	247	65	26	13	26	65
			长 X 宽 X 高							
8	正　心　瓜　拱		450 X 81 X 130							
9	正　心　万　拱		670 X 81 X 91							
10	厢　拱		530 X 65 X 91							

首层檐山面明间斗拱构件尺寸表

斗口：65 mm

1	大　斗	平 身 科	200	230	140	170	52	26	52	130
2		柱 头 科	260	230	200	170	52	26	52	130
3	十　八　斗		117	91	91	65	26	13	26	65
4	三　才　升		91	91	65	65	26	13	26	65
5	槽　升　子		91	107	65	81	26	13	26	65
6	头翘筒子十八斗		208	91	182	65	26	13	26	65
7	二翘筒子十八斗		273	91	247	65	26	13	26	65
			长 X 宽 X 高							
8	正　心　瓜　拱		385 X 81 X 130							
9	正　心　万　拱		575 X 81 X 91							
10	厢　拱		450 X 65 X 91							

首层檐稍间斗拱构件尺寸表

斗口：65 mm

1	大　斗	平 身 科	200	230	140	170	52	26	52	130
2		柱 头 科	260	230	200	170	52	26	52	130
3	十　八　斗		117	91	91	65	26	13	26	65
4	三　才　升		91	91	65	65	26	13	26	65
5	槽　升　子		91	107	65	81	26	13	26	65
6	头翘筒子十八斗		208	91	182	65	26	13	26	65
7	二翘筒子十八斗		273	91	247	65	26	13	26	65
			长 X 宽 X 高							
8	正　心　瓜　拱		450 X 81 X 130							
9	正　心　万　拱		670 X 81 X 91							
10	厢　拱		530 X 65 X 91							

平座明间斗拱构件尺寸表

斗口：65 mm

1	大　斗	平 身 科	200	230	140	170	52	26	52	130
2		柱 头 科	260	230	200	170	52	26	52	130
3	十　八　斗		117	91	91	65	26	13	26	65
4	三　才　升		91	91	65	65	26	13	26	65
5	槽　升　子		91	107	65	81	26	13	26	65
6	头翘筒子十八斗		208	91	182	65	26	13	26	65
7	二翘筒子十八斗		273	91	247	65	26	13	26	65
			长 X 宽 X 高							
8	正　心　瓜　拱		465 X 81 X 130							
9	正　心　万　拱		690 X 81 X 91							
10	厢　拱		540 X 65 X 91							

平座次间、稍间斗拱构件尺寸表 斗口：65 mm

1	大斗	平身科	200	230	140	170	52	26	52	130
2		柱头科	260	230	200	170	52	26	52	130
3	十八斗		117	91	91	65	26	13	26	65
4	三才升		91	91	65	65	26	13	26	65
5	槽升子		91	107	65	81	26	13	26	65
6	头翘筒子十八斗		208	91	182	65	26	13	26	65
7	二翘筒子十八斗		273	91	247	65	26	13	26	65
			长X宽X高							
8	正心瓜拱		450 X 81 X 130							
9	正心万拱		670 X 81 X 91							
10	厢拱		530 X 65 X 91							

平座尽间斗拱构件尺寸表 斗口：65 mm

1	大斗	平身科	200	230	140	170	52	26	52	130
2		角科	230	230	170	170	52	26	52	130
3	十八斗		117	91	91	65	26	13	26	65
4	三才升		91	91	65	65	26	13	26	65
5	槽升子		91	107	65	81	26	13	26	65
6	头翘筒子十八斗		208	91	182	65	26	13	26	65
7	二翘筒子十八斗		273	91	247	65	26	13	26	65
			长X宽X高							
8	正心瓜拱		440 X 81 X 130							
9	正心万拱		655 X 81 X 91							
10	厢拱		510 X 65 X 91							

平座山面明间斗拱构件尺寸表 斗口：65 mm

1	大斗	平身科	200	230	140	170	52	26	52	130
2		柱头科	260	230	200	170	52	26	52	130
3	十八斗		117	91	91	65	26	13	26	65
4	三才升		91	91	65	65	26	13	26	65
5	槽升子		91	107	65	81	26	13	26	65
6	头翘筒子十八斗		208	91	182	65	26	13	26	65
7	二翘筒子十八斗		273	91	247	65	26	13	26	65
			长X宽X高							
8	正心瓜拱		385 X 81 X 130							
9	正心万拱		575 X 81 X 91							
10	厢拱		450 X 65 X 91							

建25 首层檐、平座斗拱构件尺寸表

腰檐明间斗拱构件尺寸表

斗口：65 mm

1	大　斗	平身科	200	230	140	170	52	26	52	130
2		柱头科	260	230	200	170	52	26	52	130
3	十　八　斗		117	91	91	65	26	13	26	65
4	三　才　升		91	91	65	65	26	13	26	65
5	槽　升　子		91	107	65	81	26	13	26	65
6	头翘筒子十八斗		208	91	182	65	26	13	26	65
7	二翘筒子十八斗		273	91	247	65	26	13	26	65
			长 X 宽 X 高							
8	正　心　瓜　拱		465 X 81 X 130							
9	正　心　万　拱		690 X 81 X 91							
10	厢　　　拱		540 X 65 X 91							

腰檐次间斗拱构件尺寸表

斗口：65 mm

1	大　斗	平身科	200	230	140	170	52	26	52	130
2		柱头科	260	230	200	170	52	26	52	130
3	十　八　斗		117	91	91	65	26	13	26	65
4	三　才　升		91	91	65	65	26	13	26	65
5	槽　升　子		91	107	65	81	26	13	26	65
6	头翘筒子十八斗		208	91	182	65	26	13	26	65
7	二翘筒子十八斗		273	91	247	65	26	13	26	65
			长 X 宽 X 高							
8	正　心　瓜　拱		450 X 81 X 130							
9	正　心　万　拱		670 X 81 X 91							
10	厢　　　拱		530 X 65 X 91							

腰檐稍间斗拱构件尺寸表

斗口：65 mm

1	大　斗	平身科	200	230	140	170	52	26	52	130
2		柱头科	260	230	200	170	52	26	52	130
3	十　八　斗		117	91	91	65	26	13	26	65
4	三　才　升		91	91	65	65	26	13	26	65
5	槽　升　子		91	107	65	81	26	13	26	65
6	头翘筒子十八斗		208	91	182	65	26	13	26	65
7	二翘筒子十八斗		273	91	247	65	26	13	26	65
			长 X 宽 X 高							
8	正　心　瓜　拱		450 X 81 X 130							
9	正　心　万　拱		670 X 81 X 91							
10	厢　　　拱		530 X 65 X 91							

腰檐尽间斗拱构件尺寸表　　斗口：65 mm

1	大　斗	平身科	200	230	140	170	52	26	52	130
2		角　科	230	230	170	170	52	26	52	130
3	十　八　斗		117	91	91	65	26	13	26	65
4	三　才　升		91	91	65	65	26	13	26	65
5	槽　升　子		91	107	65	81	26	13	26	65
6	头翘筒子十八斗		208	91	182	65	26	13	26	65
7	二翘筒子十八斗		273	91	247	65	26	13	26	65
			长X宽X高							
8	正心瓜拱		360 X 81 X 130							
9	正心万拱		535 X 81 X 91							
10	厢　拱		415 X 65 X 91							

屋顶次间、稍间斗拱构件尺寸表　　斗口：65 mm

1	大　斗	平身科	200	230	140	170	52	26	52	130
2		柱头科	260	230	200	170	52	26	52	130
3	十　八　斗		117	91	91	65	26	13	26	65
4	三　才　升		91	91	65	65	26	13	26	65
5	槽　升　子		91	107	65	81	26	13	26	65
6	头翘筒子十八斗		208	91	182	65	26	13	26	65
7	二翘筒子十八斗		273	91	247	65	26	13	26	65
			长X宽X高							
8	正心瓜拱		450 X 81 X 130							
9	正心万拱		670 X 81 X 91							
10	厢　拱		530 X 65 X 91							

腰檐山面明间斗拱构件尺寸表　　斗口：65 mm

1	大　斗	平身科	200	230	140	170	52	26	52	130
2		柱头科	260	230	200	170	52	26	52	130
3	十　八　斗		117	91	91	65	26	13	26	65
4	三　才　升		91	91	65	65	26	13	26	65
5	槽　升　子		91	107	65	81	26	13	26	65
6	头翘筒子十八斗		208	91	182	65	26	13	26	65
7	二翘筒子十八斗		273	91	247	65	26	13	26	65
			长X宽X高							
8	正心瓜拱		385 X 81 X 130							
9	正心万拱		575 X 81 X 91							
10	厢　拱		450 X 65 X 91							

屋顶山面明间斗拱构件尺寸表　　斗口：65 mm

1	大　斗	平身科	200	230	140	170	52	26	52	130
2		角　科	230	230	170	170	52	26	52	130
3	十　八　斗		117	91	91	65	26	13	26	65
4	三　才　升		91	91	65	65	26	13	26	65
5	槽　升　子		91	107	65	81	26	13	26	65
6	头翘筒子十八斗		208	91	182	65	26	13	26	65
7	二翘筒子十八斗		273	91	247	65	26	13	26	65
			长X宽X高							
8	正心瓜拱		440 X 81 X 130							
9	正心万拱		655 X 81 X 91							
10	厢　拱		510 X 65 X 91							

屋顶明间斗拱构件尺寸表　　斗口：65 mm

1	大　斗	平身科	200	230	140	170	52	26	52	130
2		柱头科	260	230	200	170	52	26	52	130
3	十　八　斗		117	91	91	65	26	13	26	65
4	三　才　升		91	91	65	65	26	13	26	65
5	槽　升　子		91	107	65	81	26	13	26	65
6	头翘筒子十八斗		208	91	182	65	26	13	26	65
7	二翘筒子十八斗		273	91	247	65	26	13	26	65
			长X宽X高							
8	正心瓜拱		465 X 81 X 130							
9	正心万拱		690 X 81 X 91							
10	厢　拱		540 X 65 X 91							

建26　腰檐、屋顶斗拱构件尺寸表

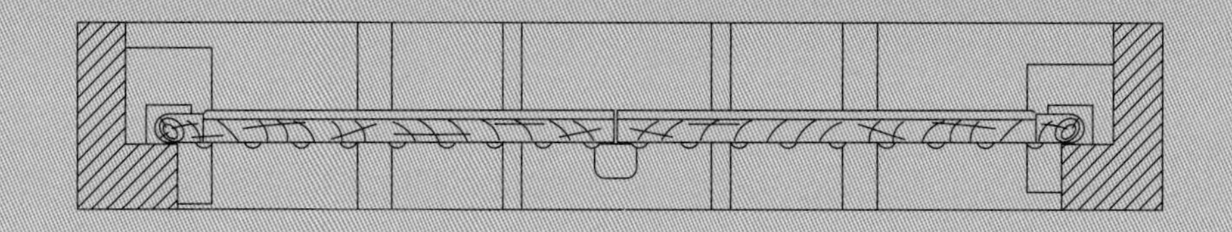

城门平面图

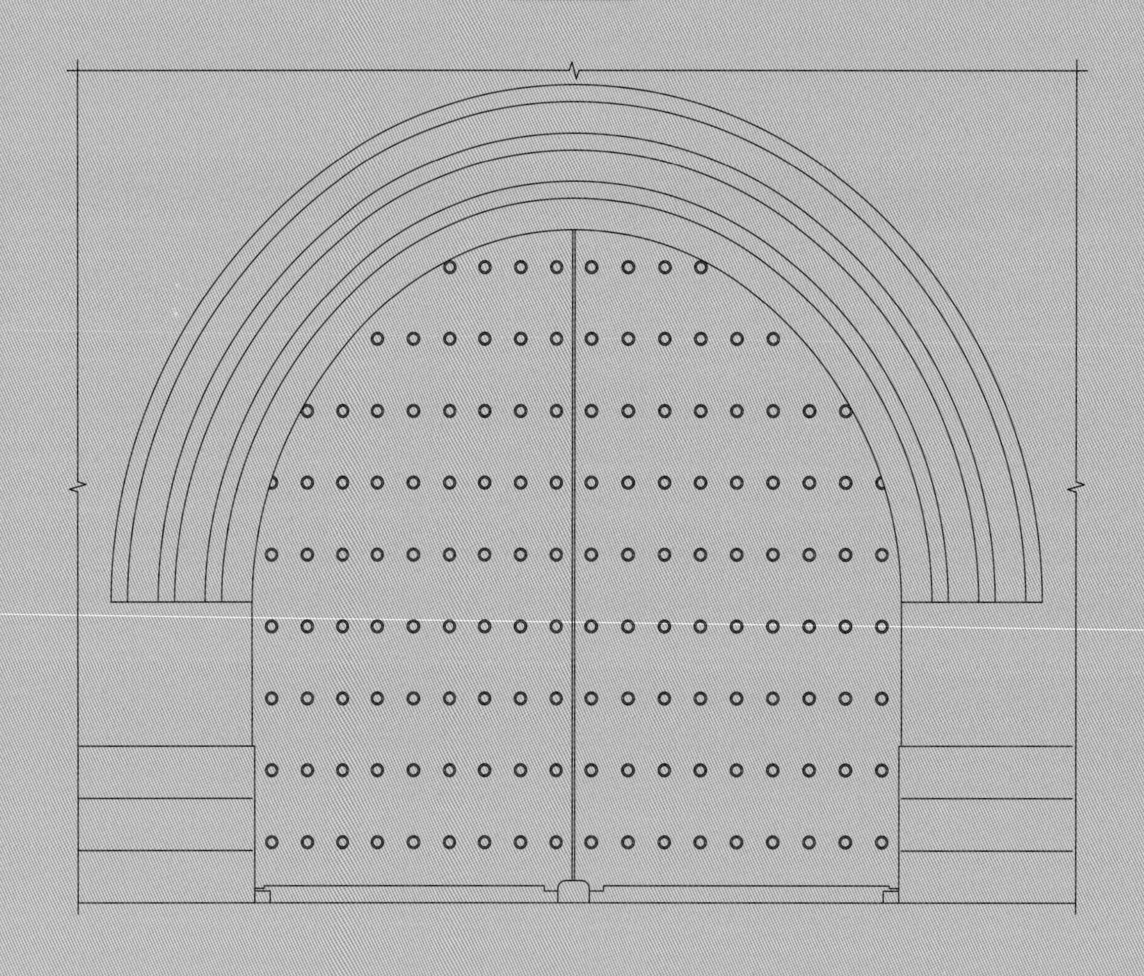

城门正立面图

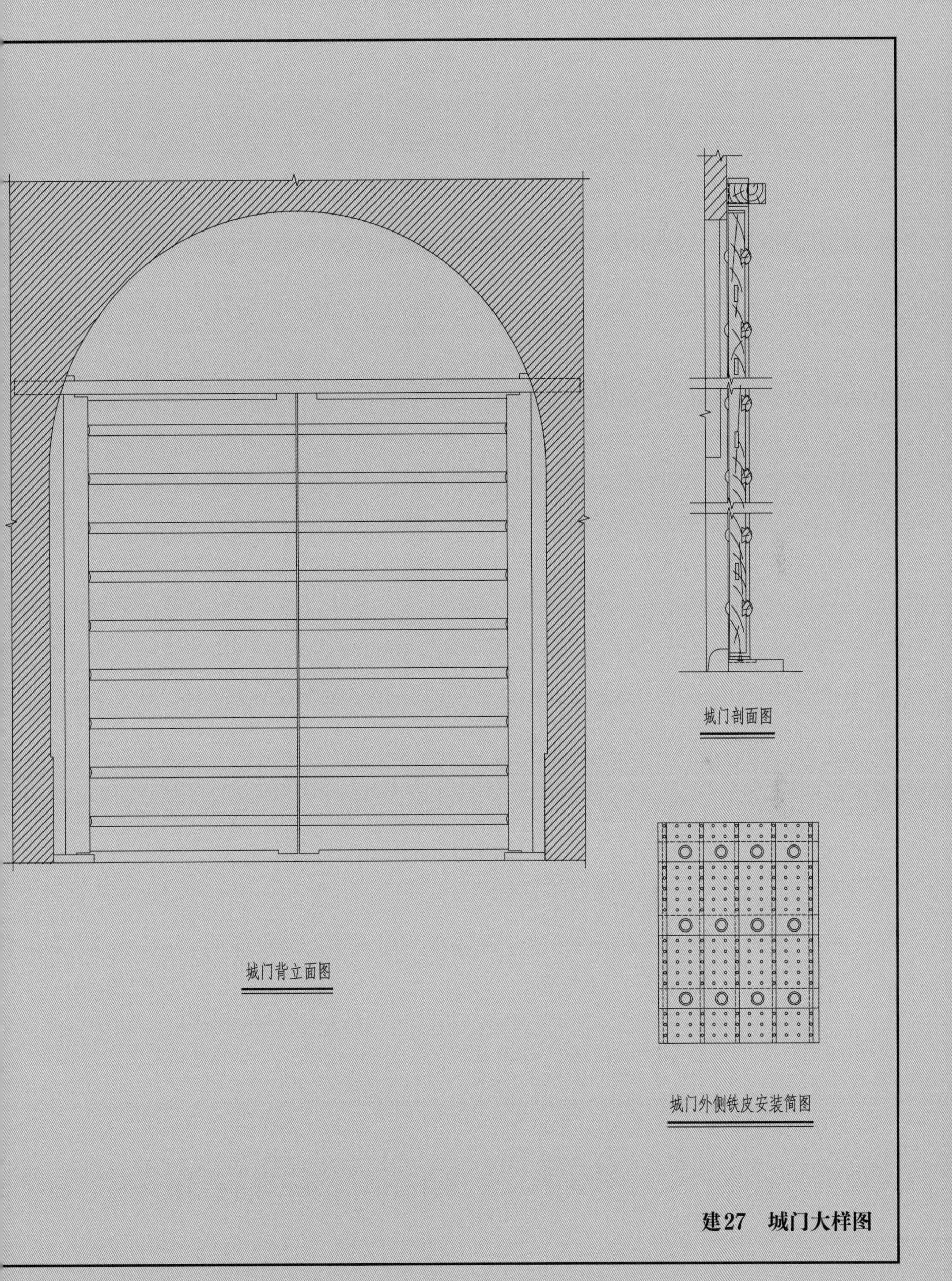

建27　城门大样图

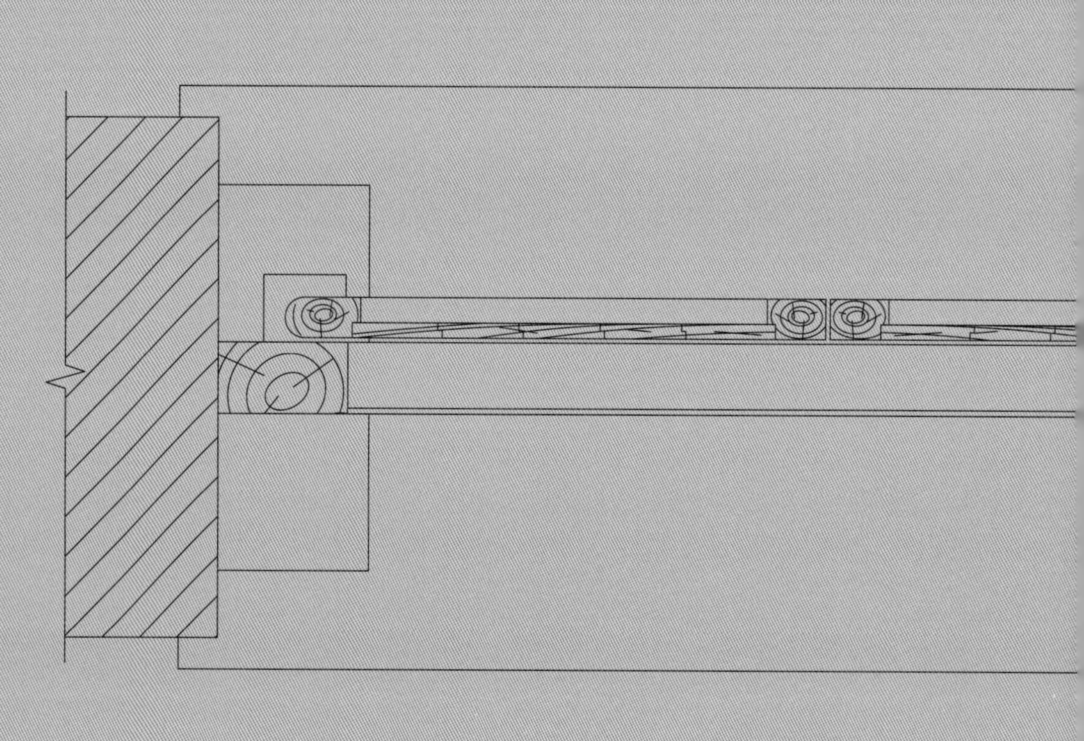

板门平面图

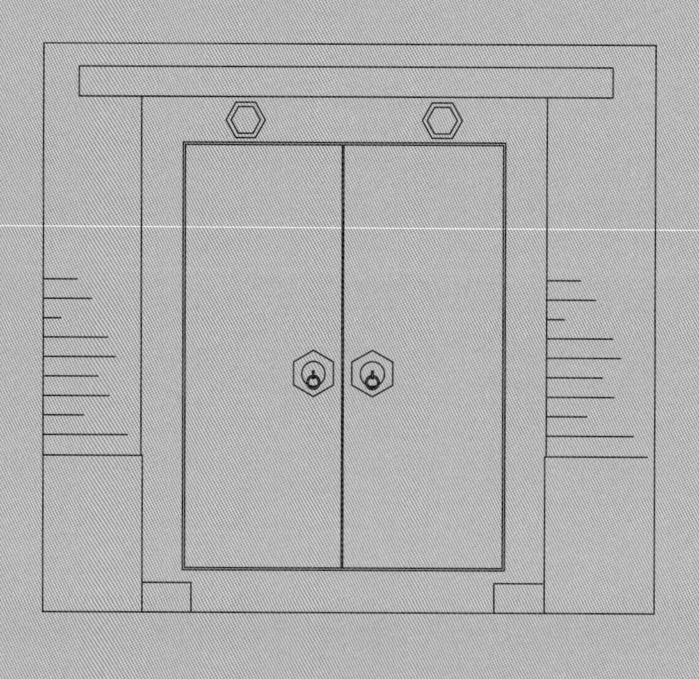

板门正立面图

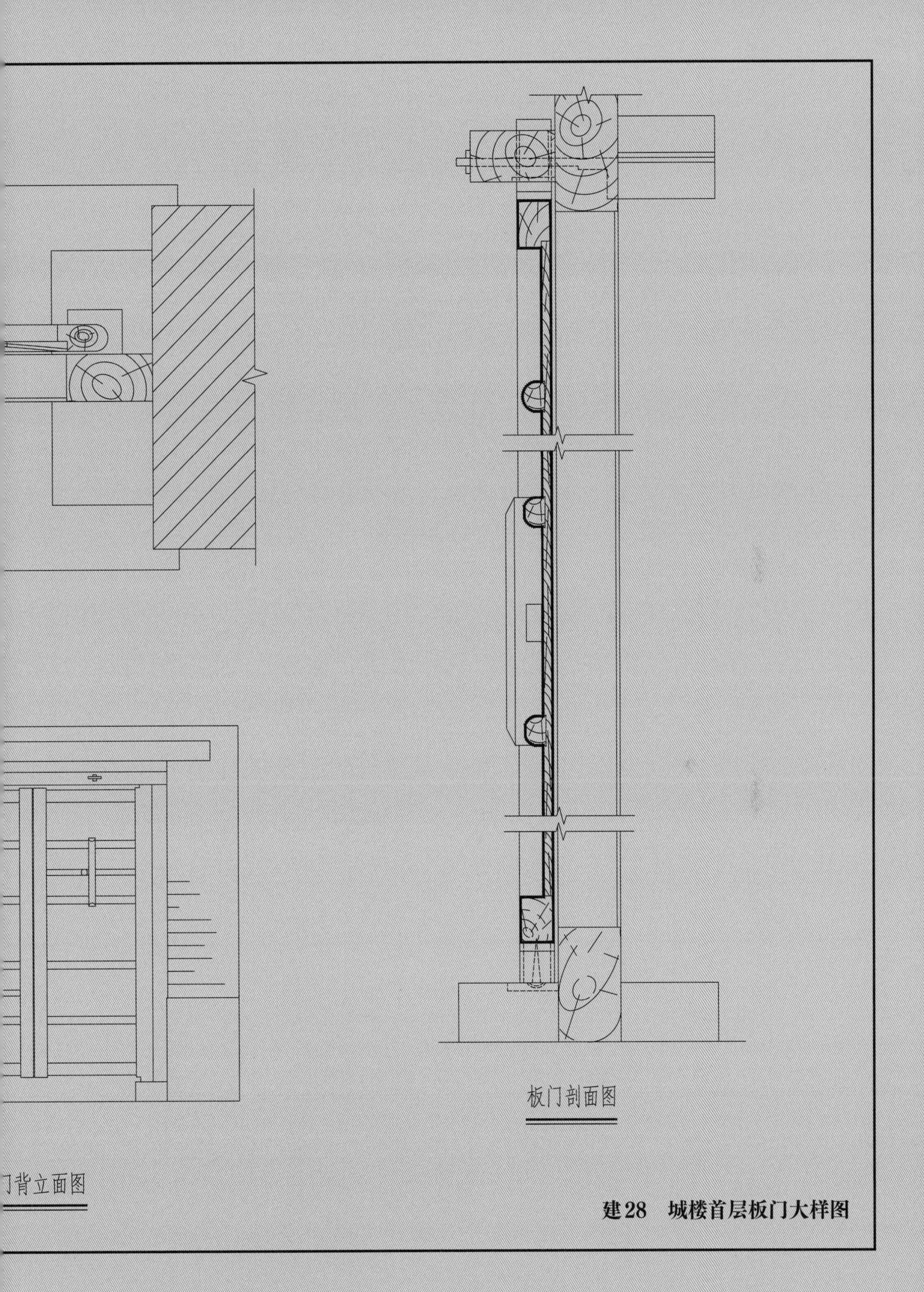

建28　城楼首层板门大样图

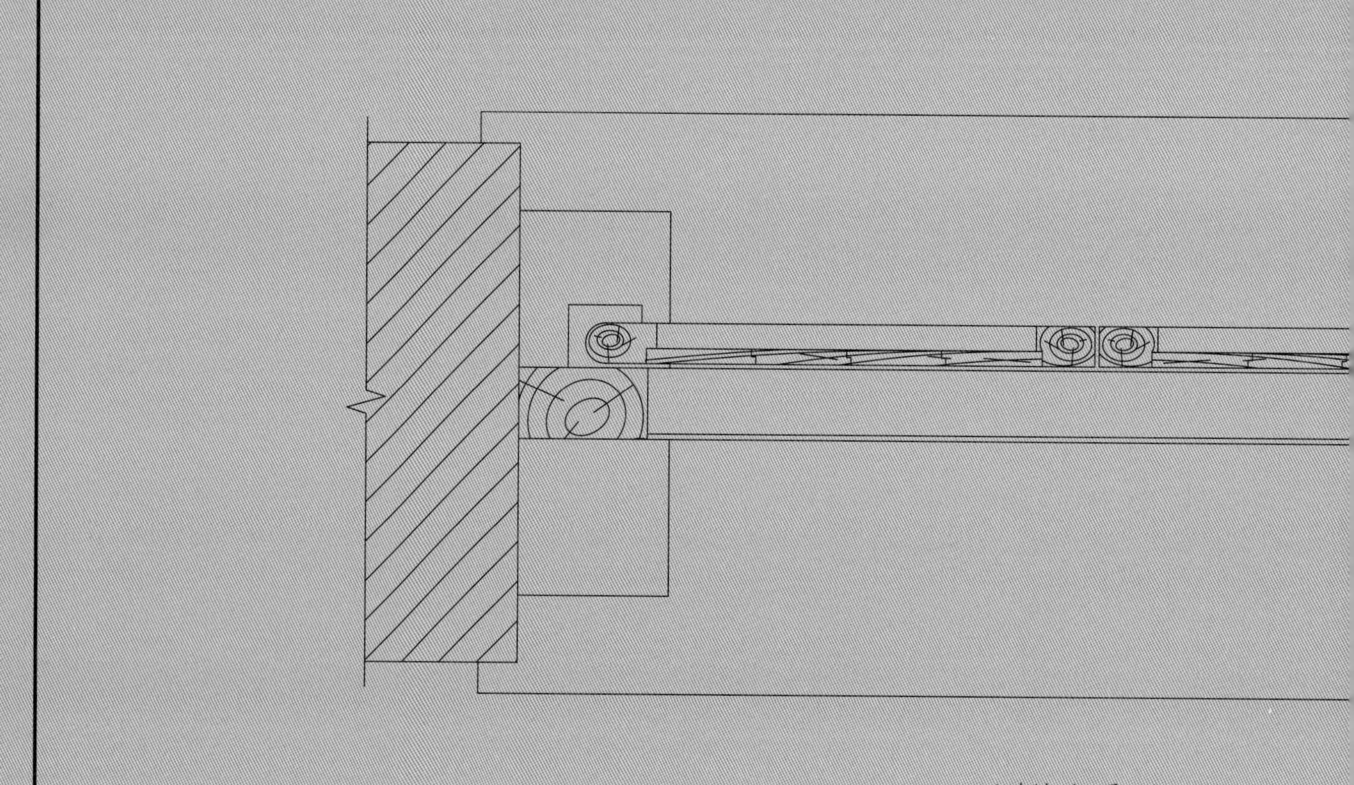

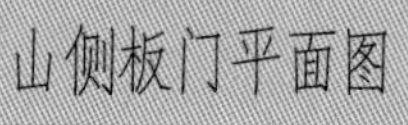

山侧板门平面图

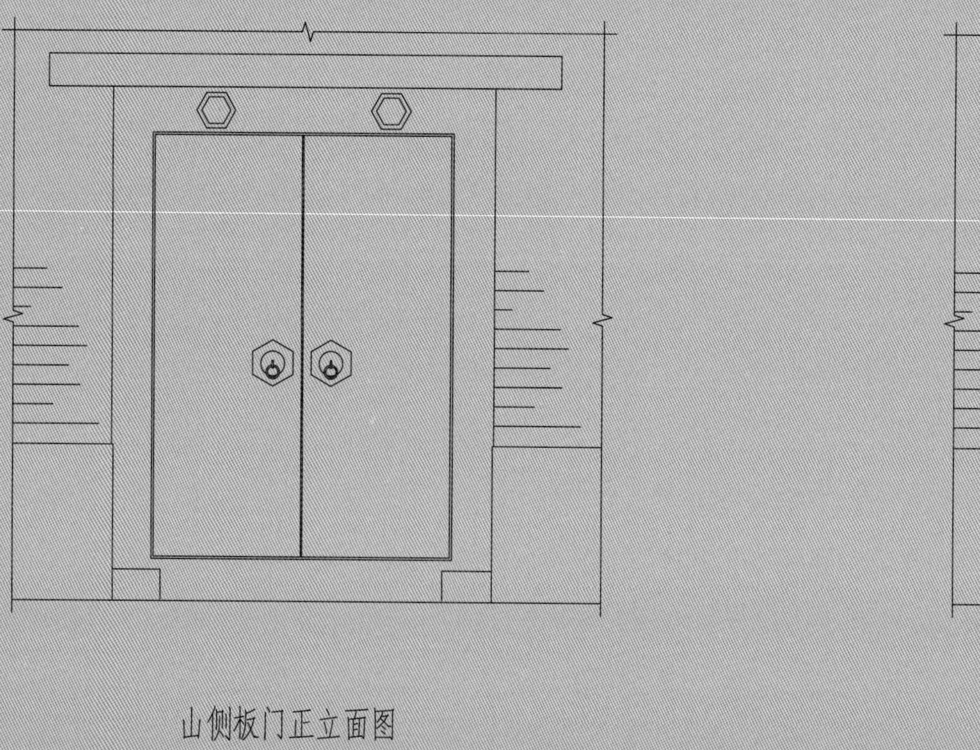

山侧板门正立面图

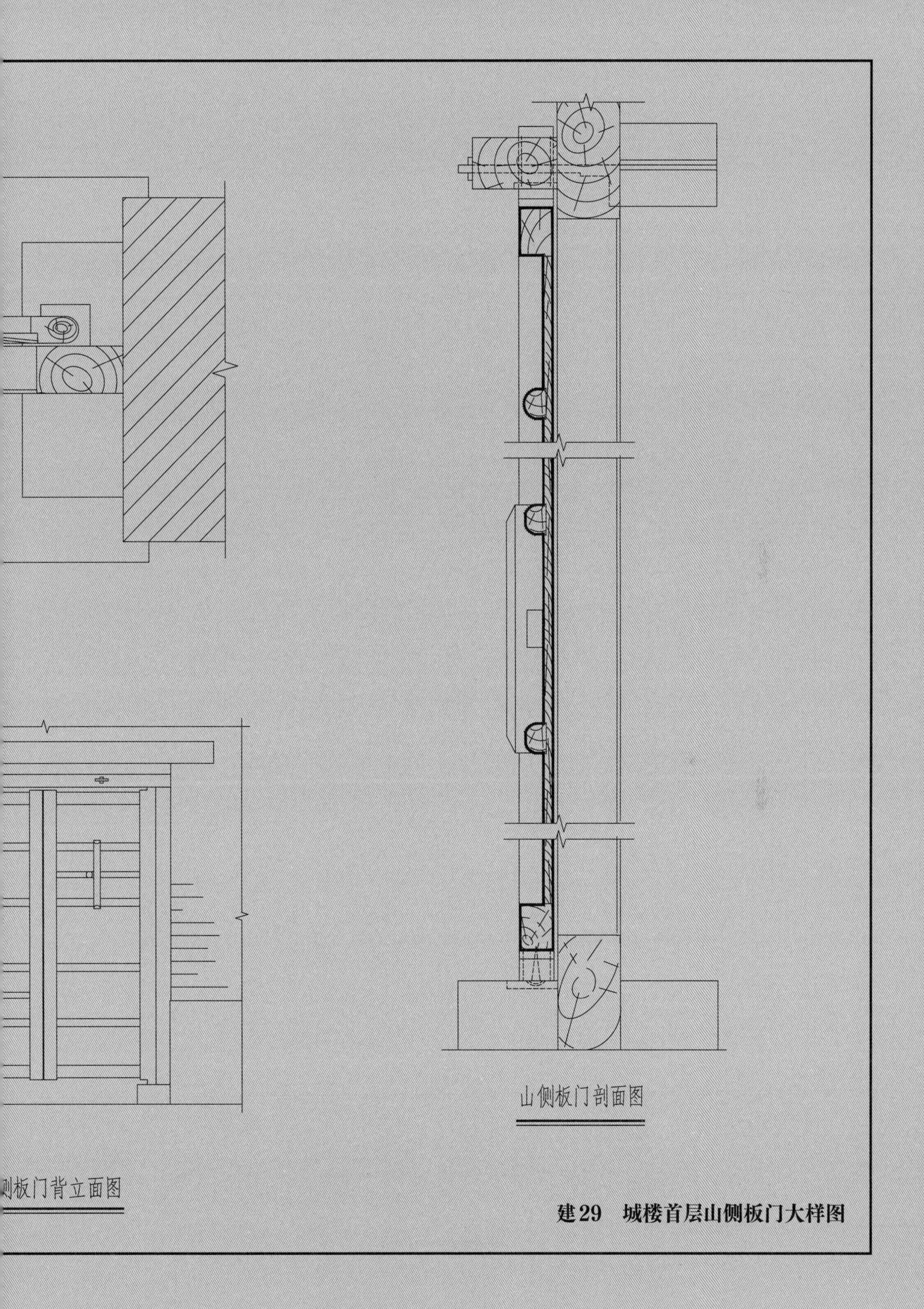

建29　城楼首层山侧板门大样图

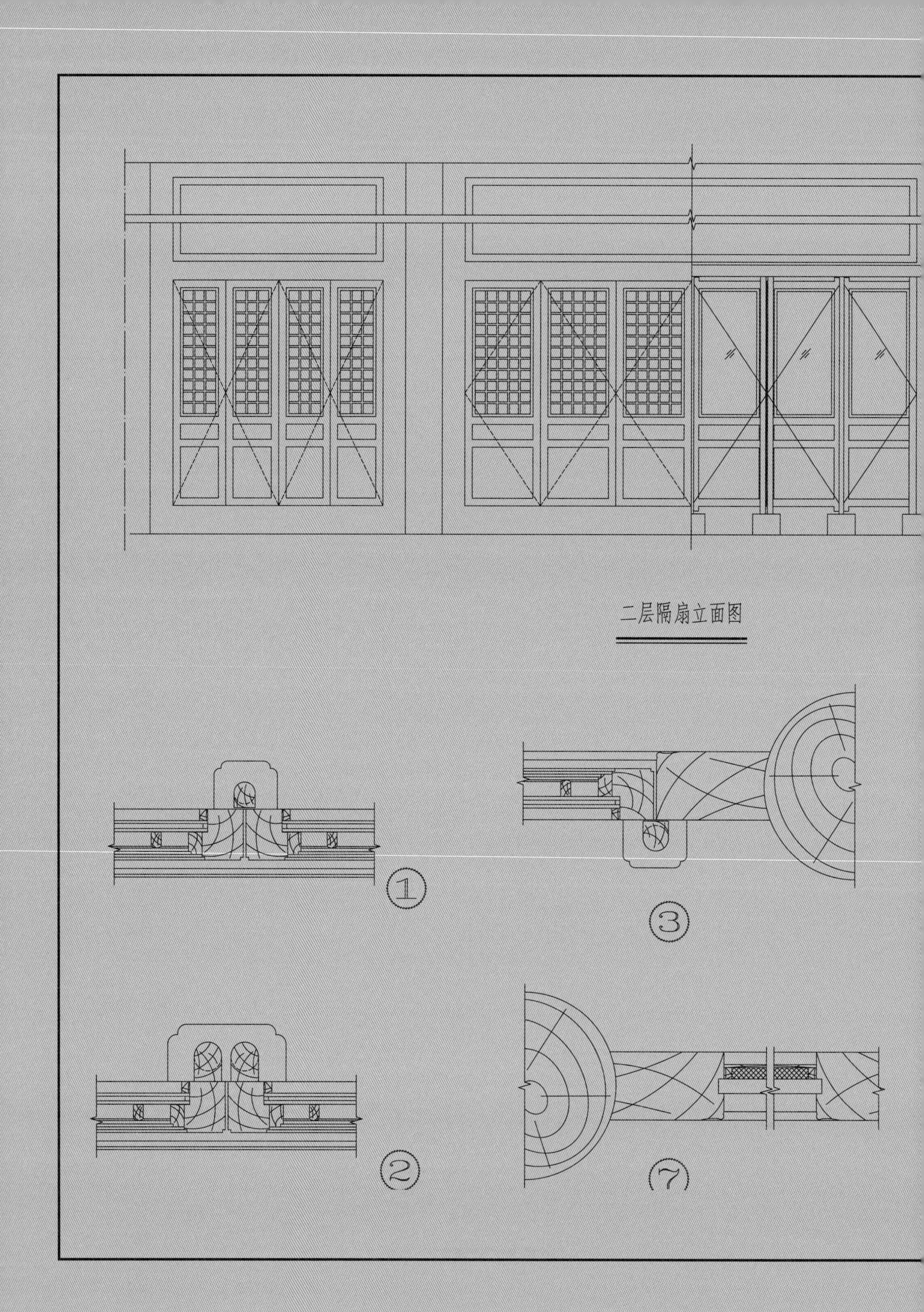
二层隔扇立面图
①
②
③
⑦

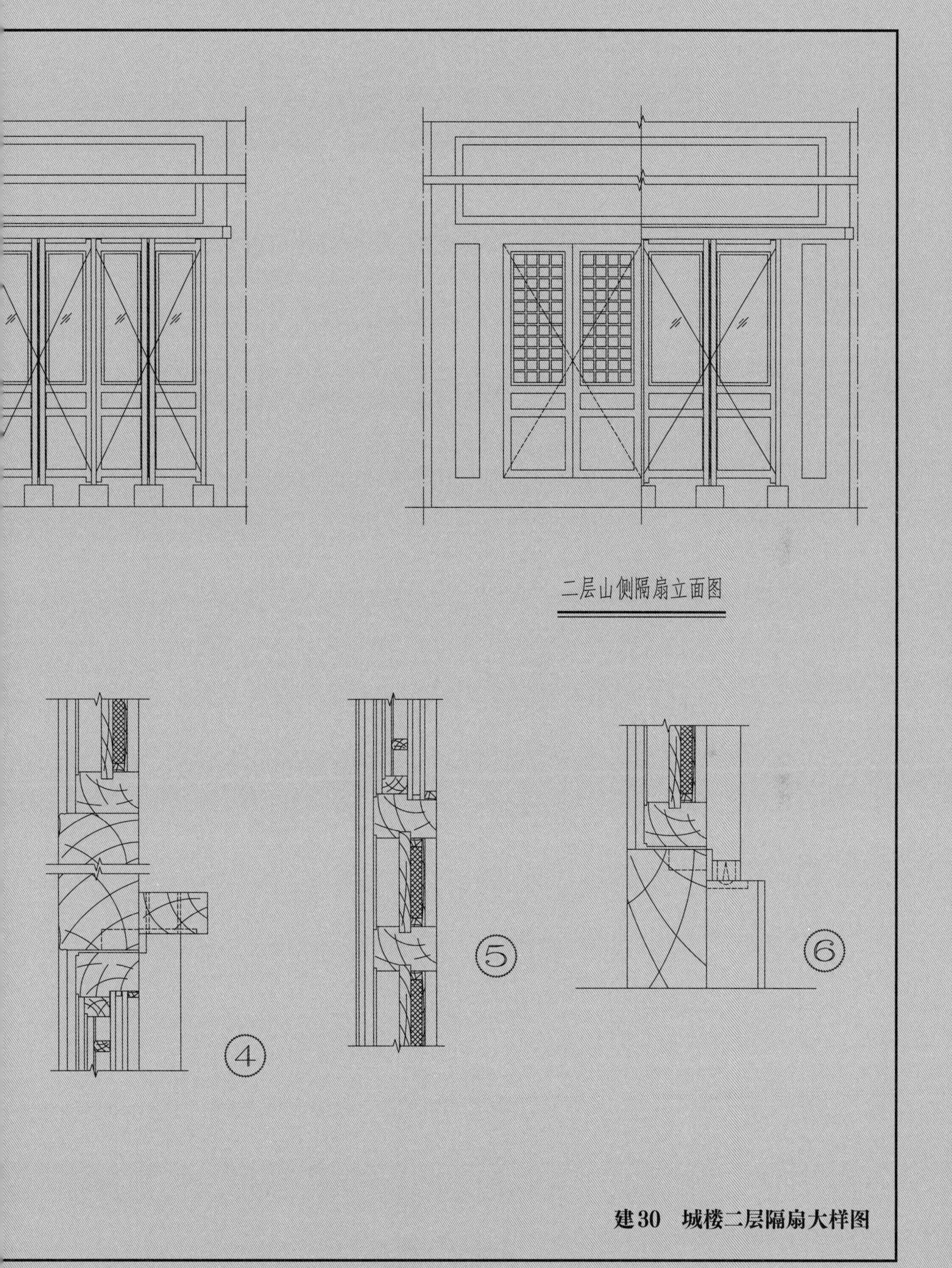

建30　城楼二层隔扇大样图

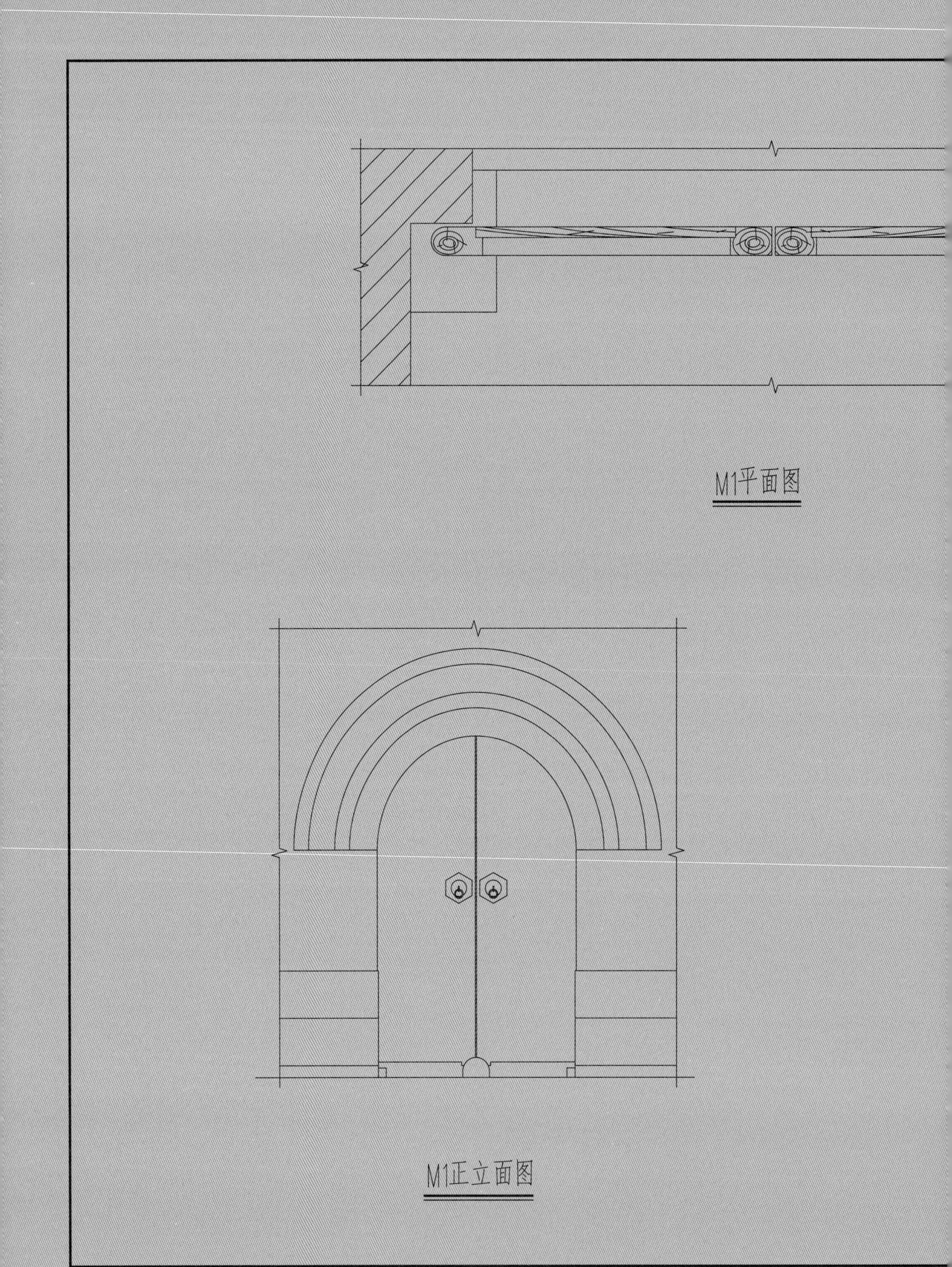
M1平面图
M1正立面图

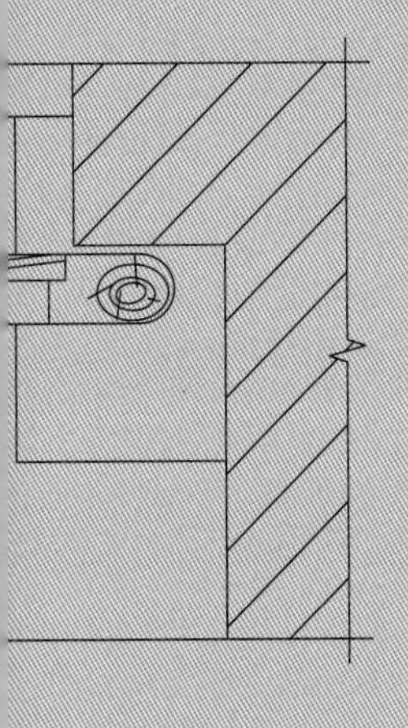

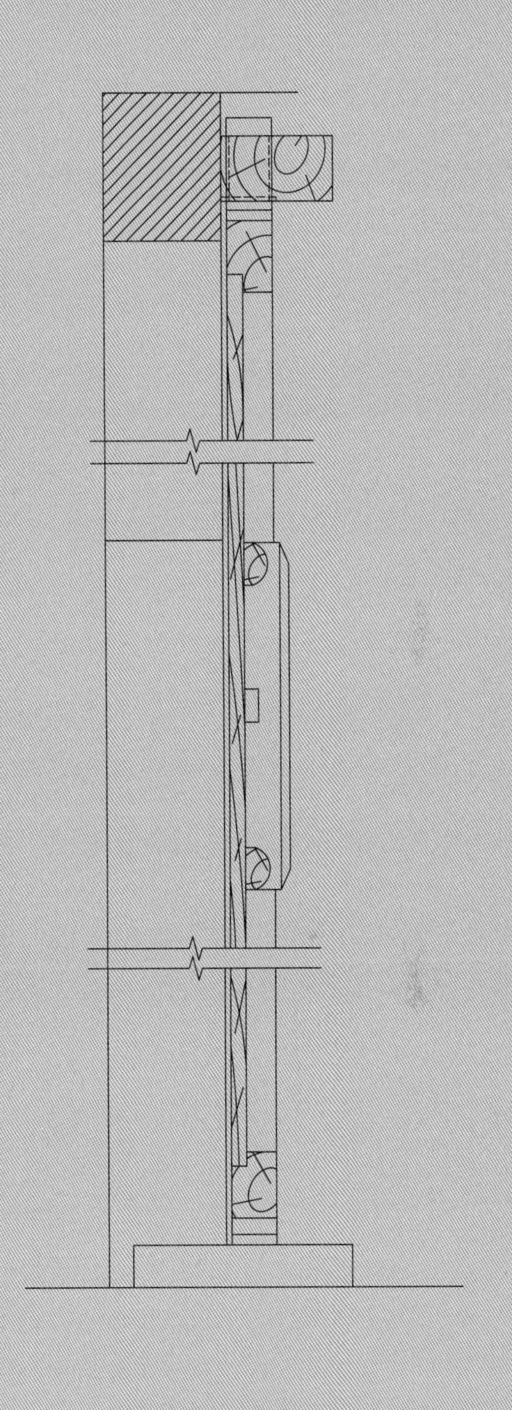

M1剖面图

M1背立面图

建31　办公区门窗大样图(一)

C1
M2
M3
M4

C2

栏杆立面图

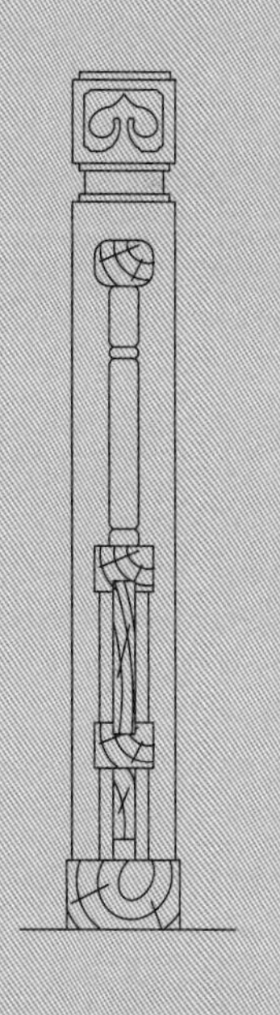

栏杆剖面图

建32　办公区门窗大样图（二）及栏杆详图

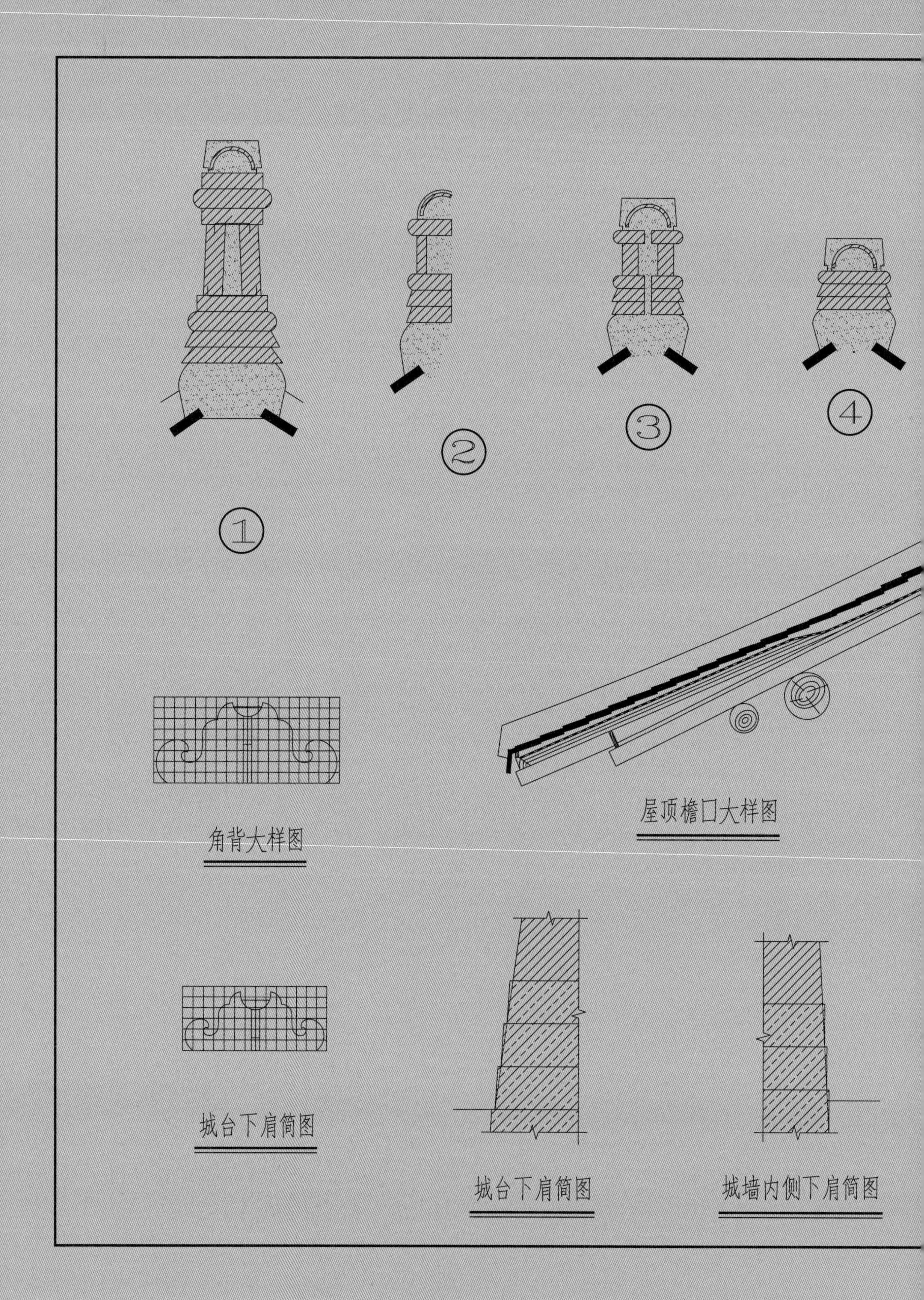
①
②
③
④
角背大样图
屋顶檐口大样图
城台下肩筒图
城台下肩筒图
城墙内侧下肩筒图

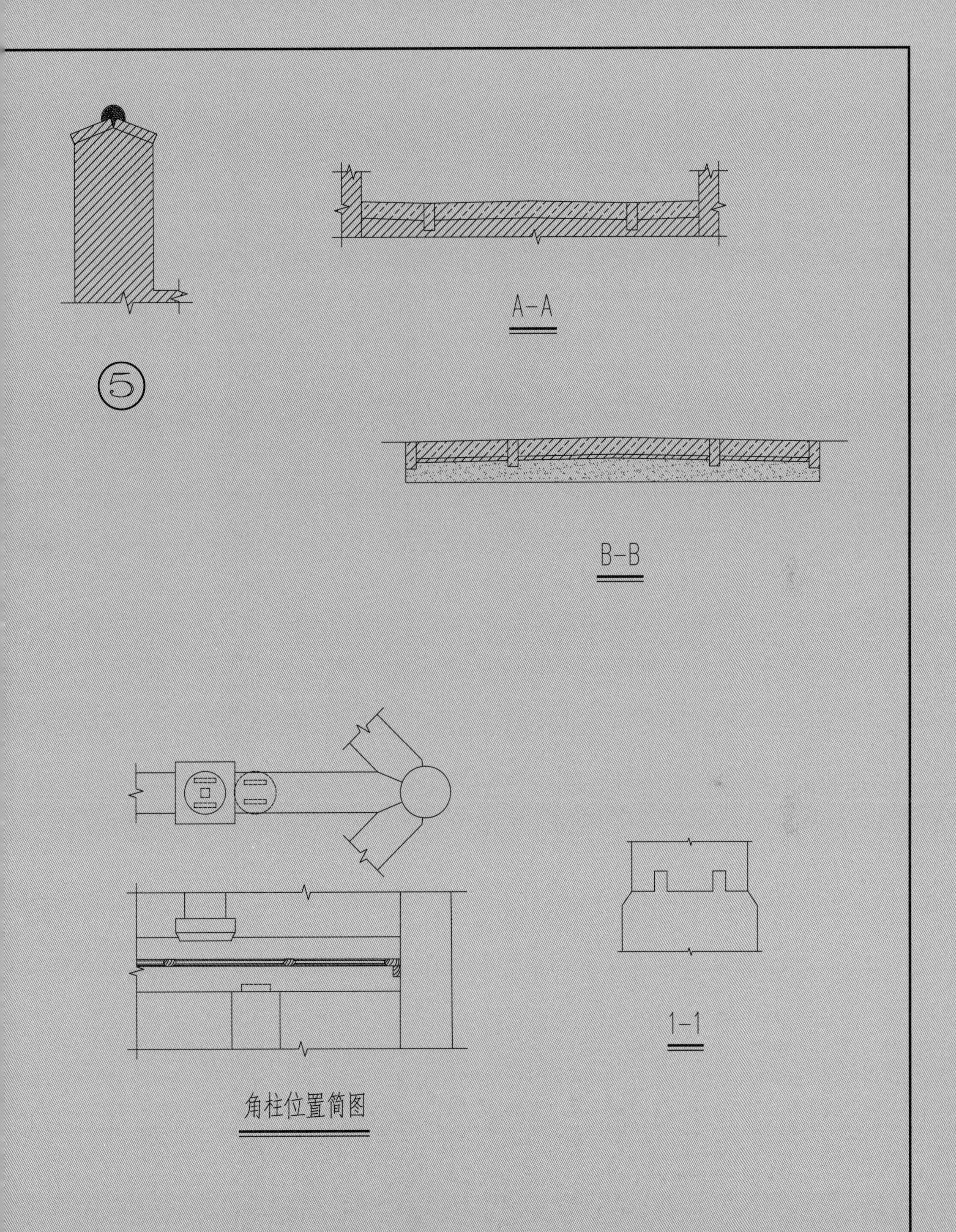

建33　铺装节点、脊、角背、檐口、放脚及角柱位置大样图

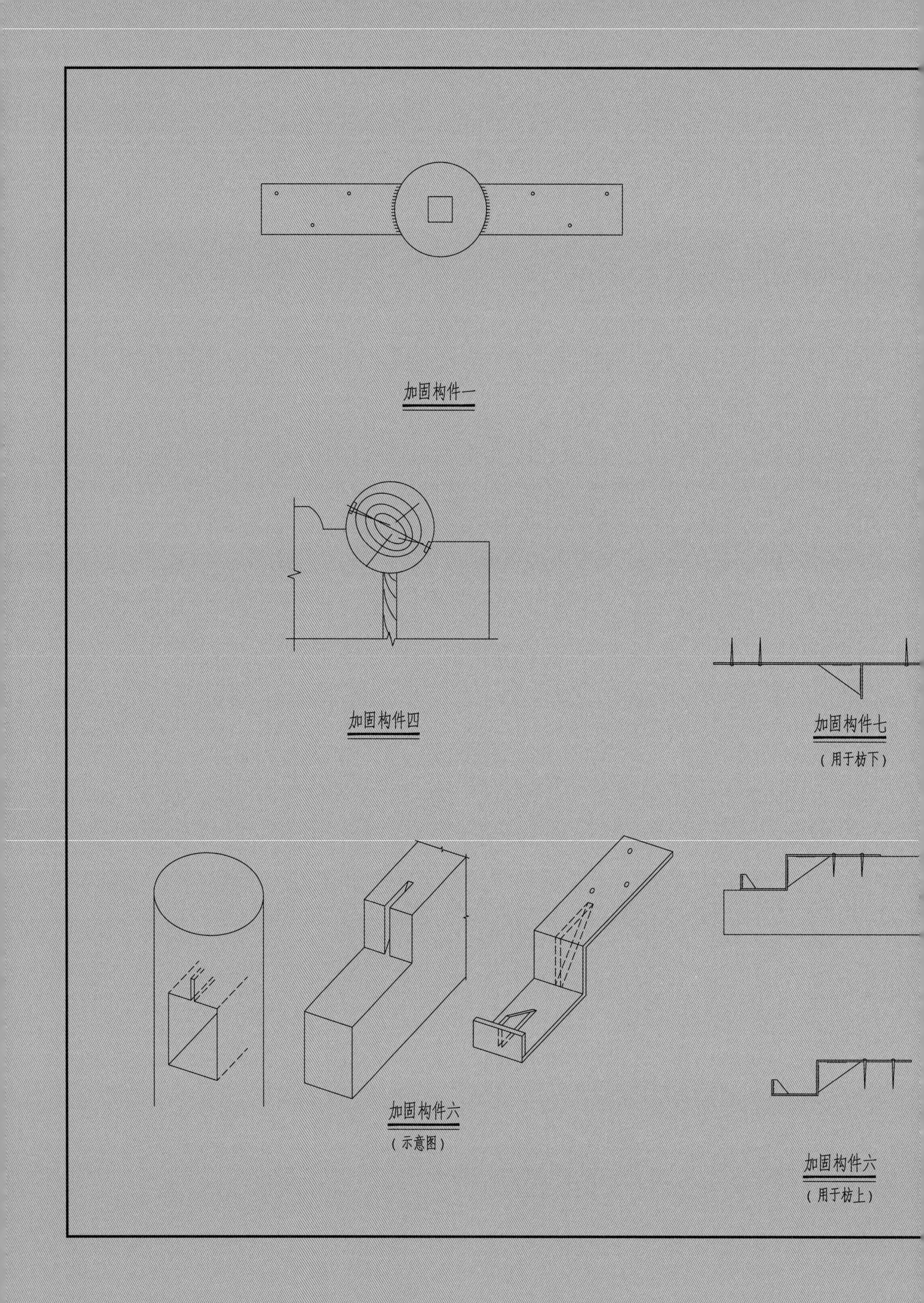
加固构件一
加固构件四
加固构件七
（用于枋下）
加固构件六
（示意图）
加固构件六
（用于枋上）

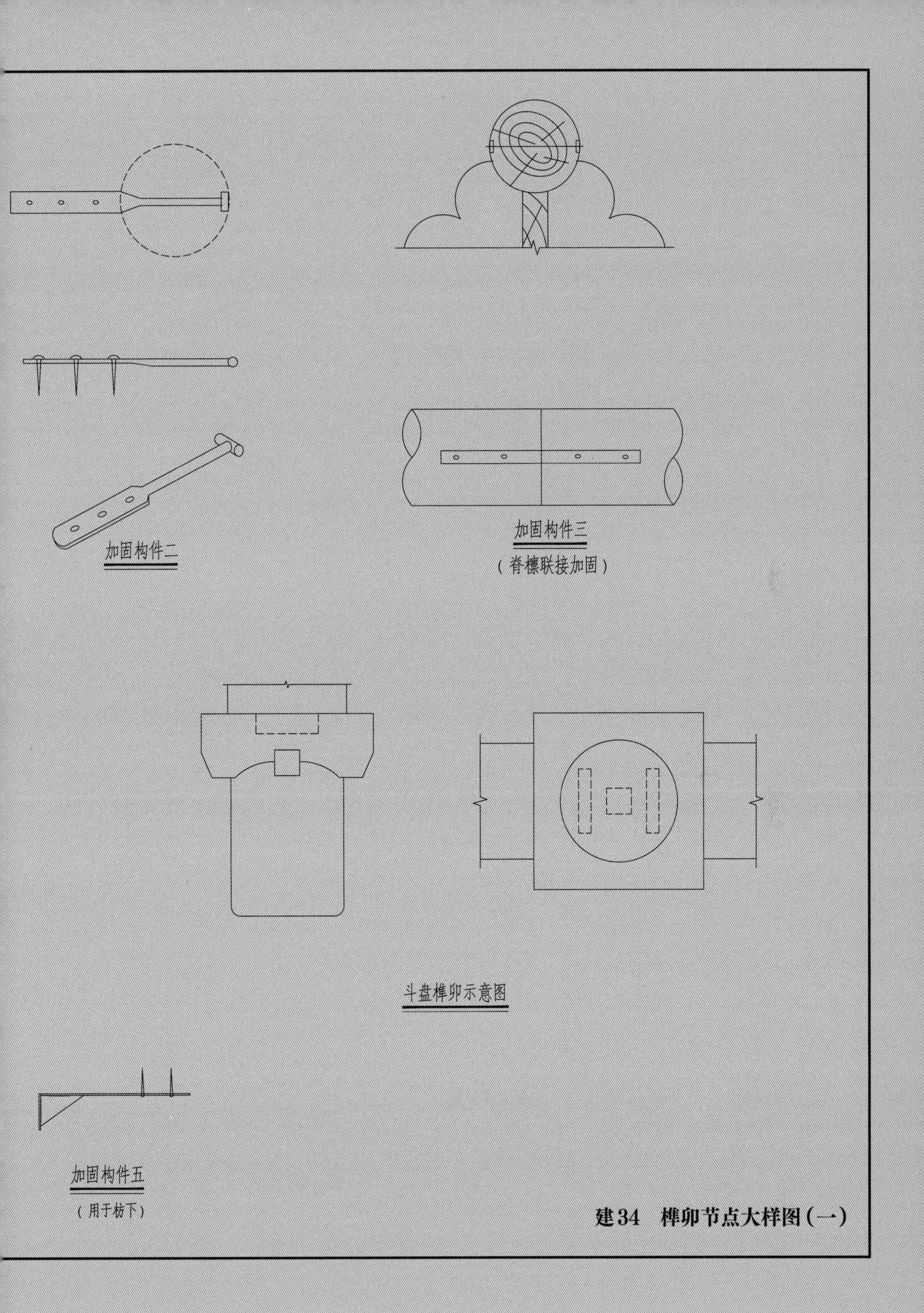

建34　榫卯节点大样图（一）

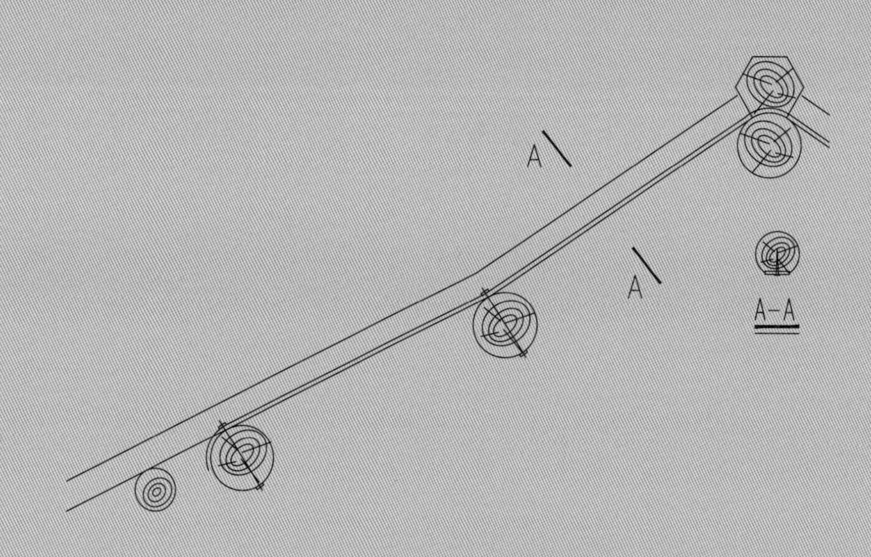

屋顶加固示意图

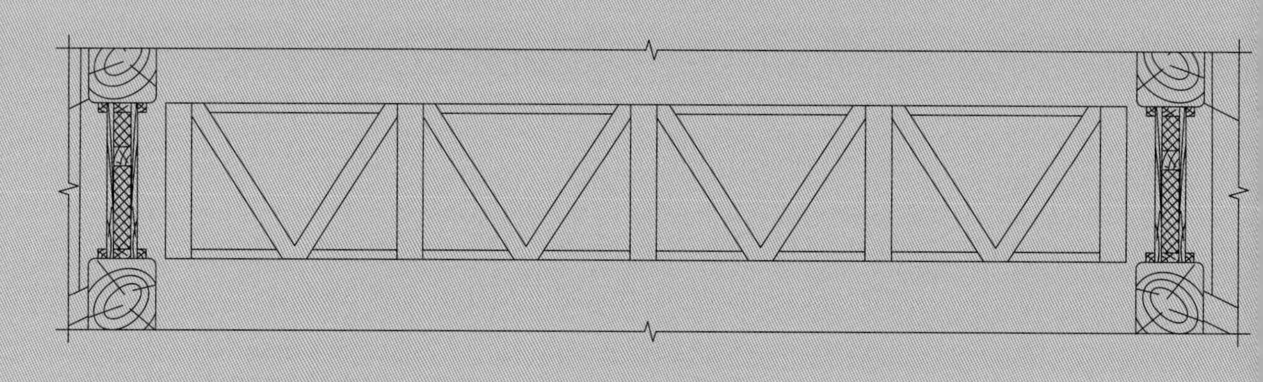

山面走马板加固

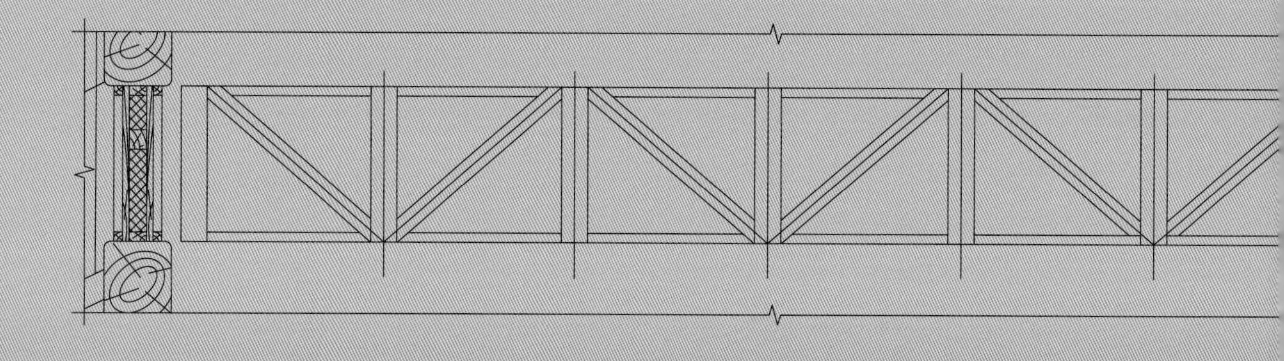

明间走马板加固

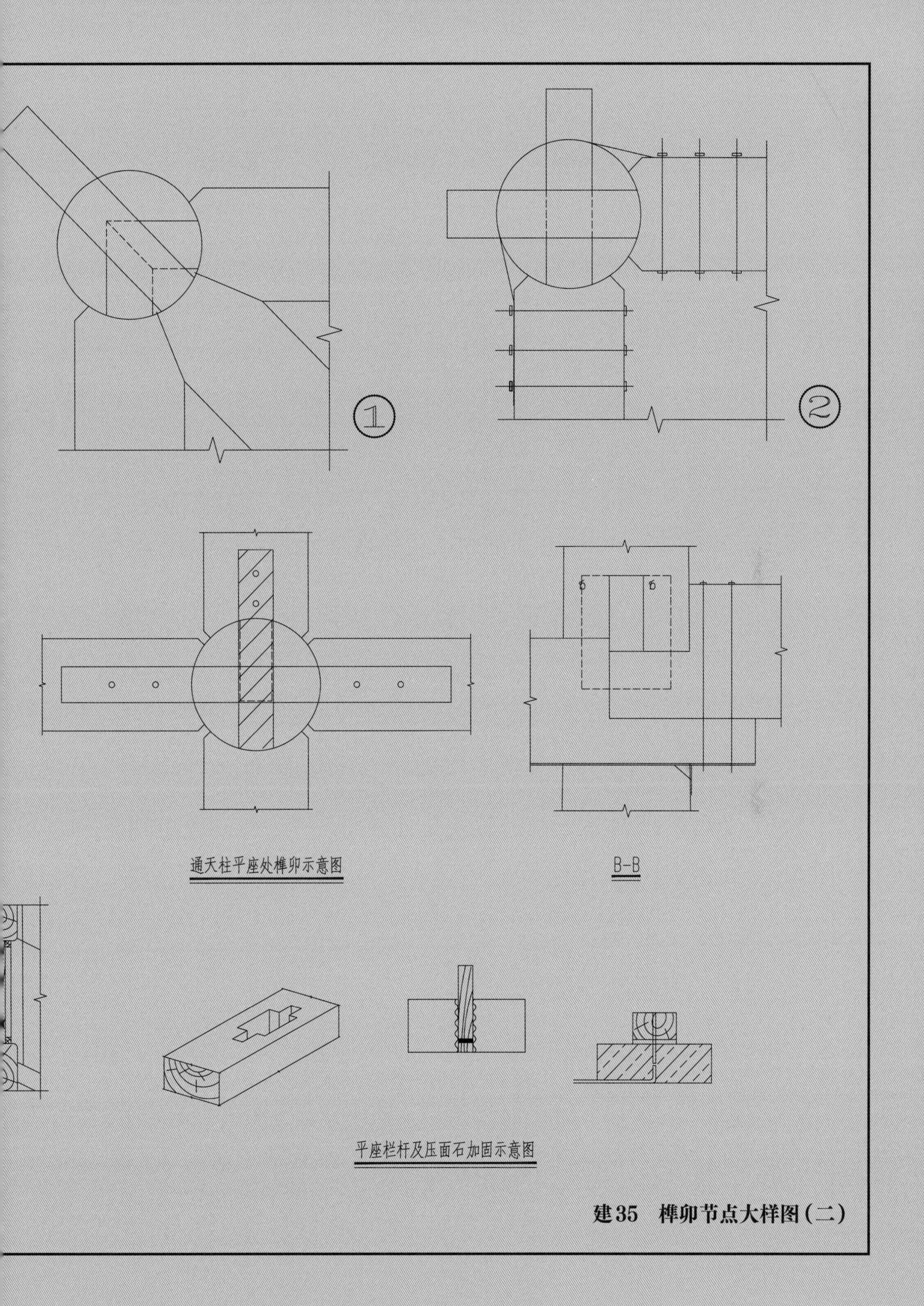

通天柱平座处榫卯示意图

平座栏杆及压面石加固示意图

建35　榫卯节点大样图（二）

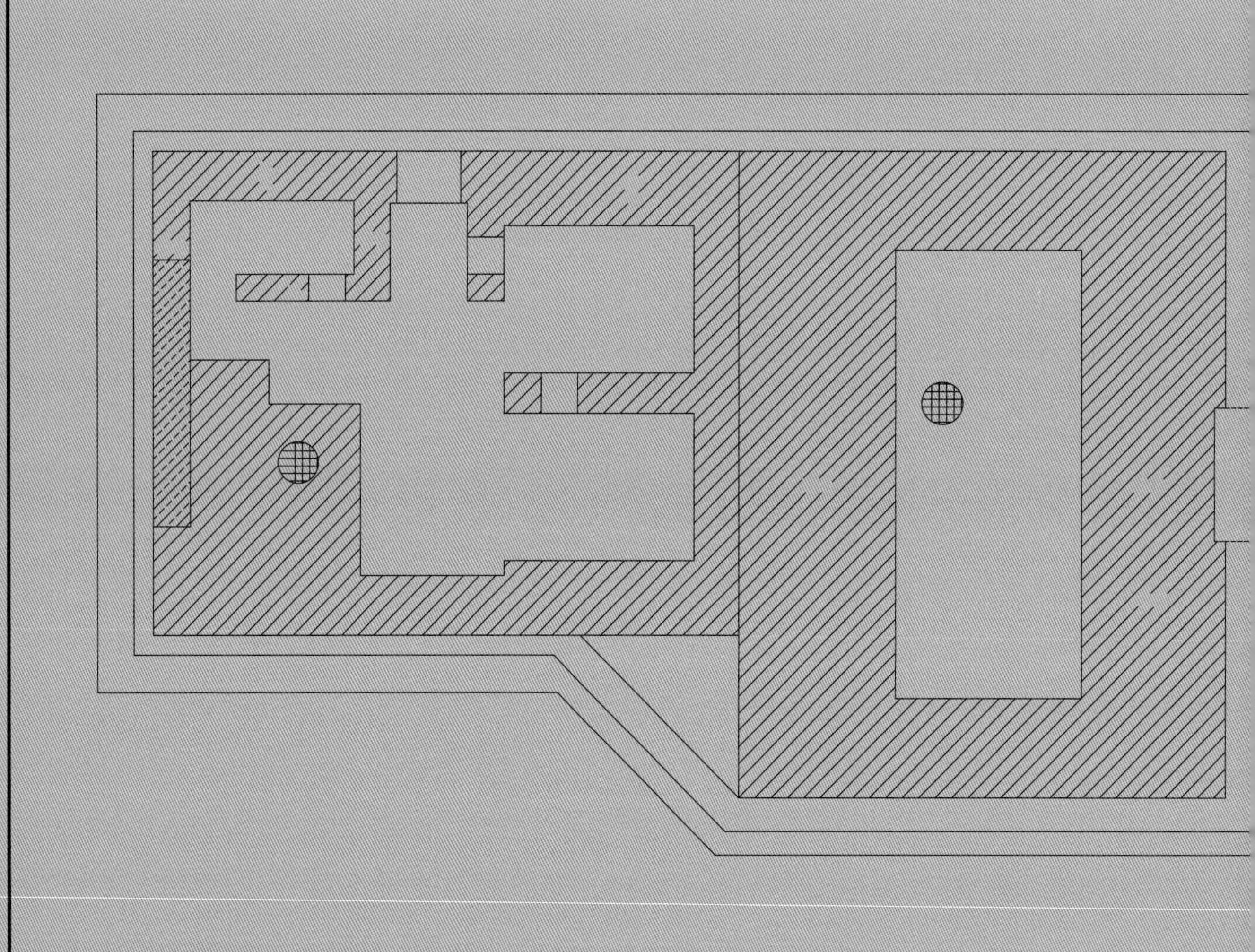

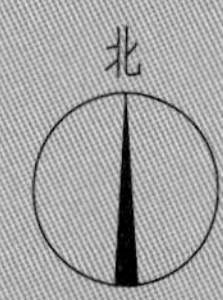
北

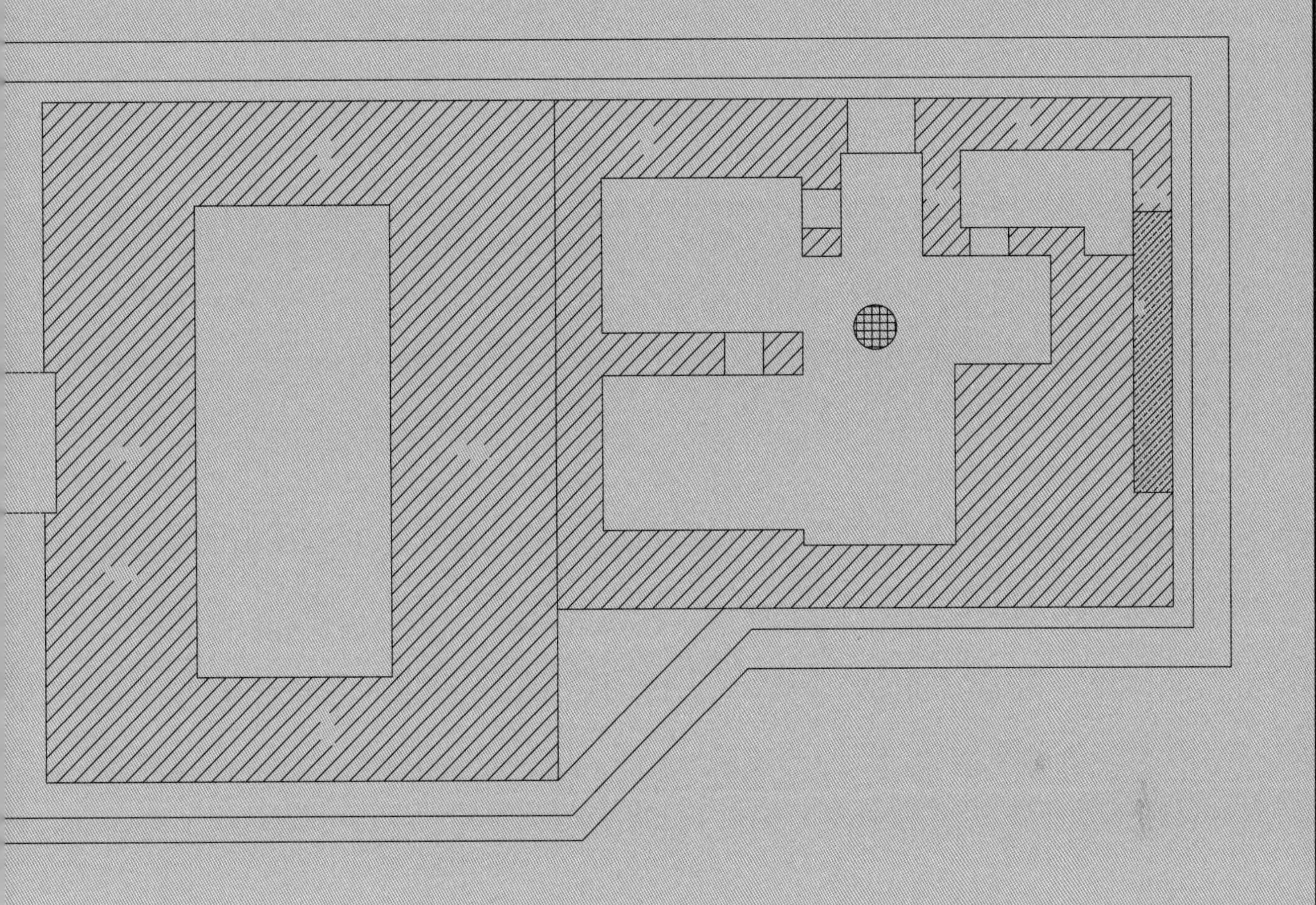

结1　城台基础平面图

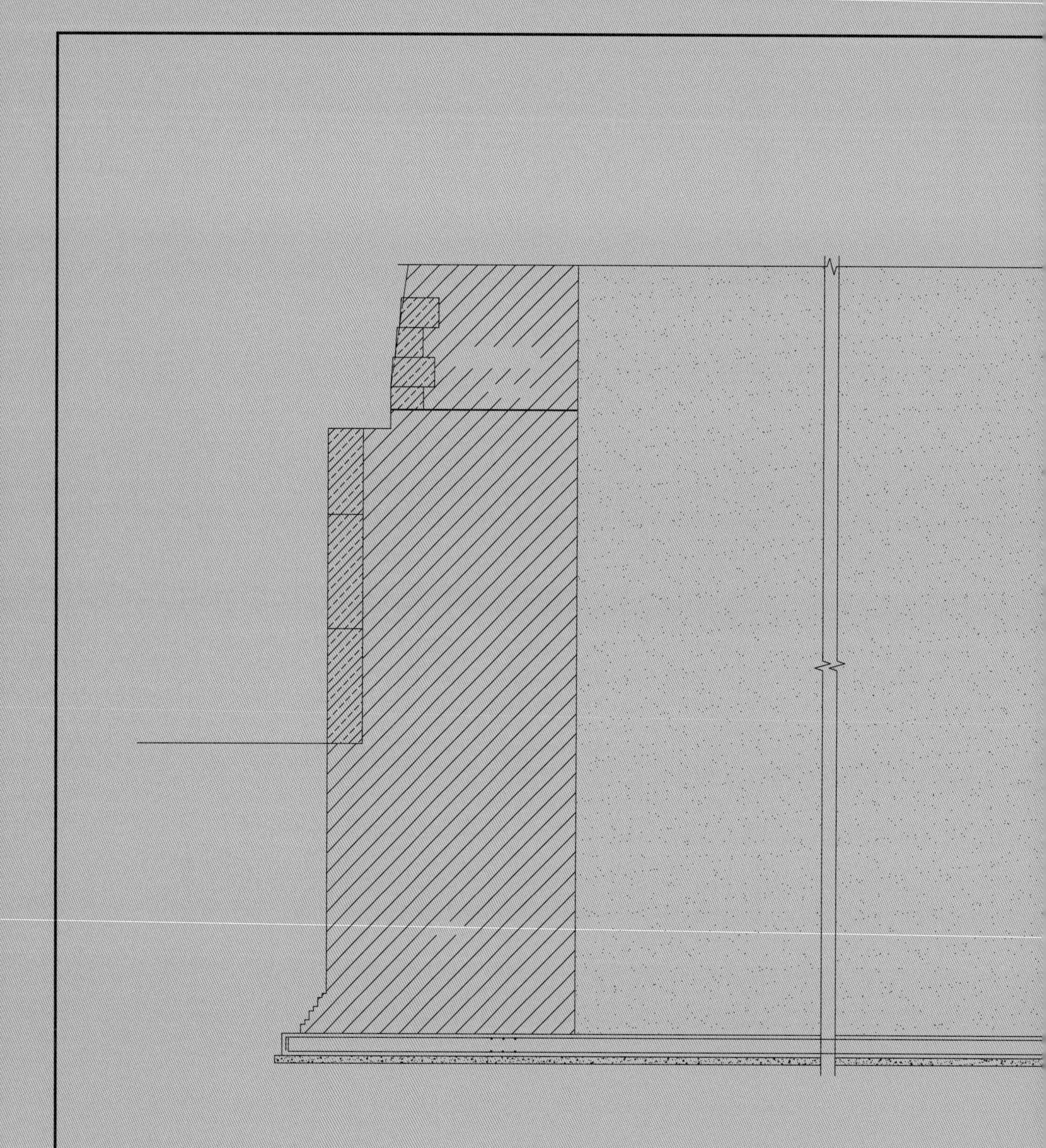

1—1剖面图

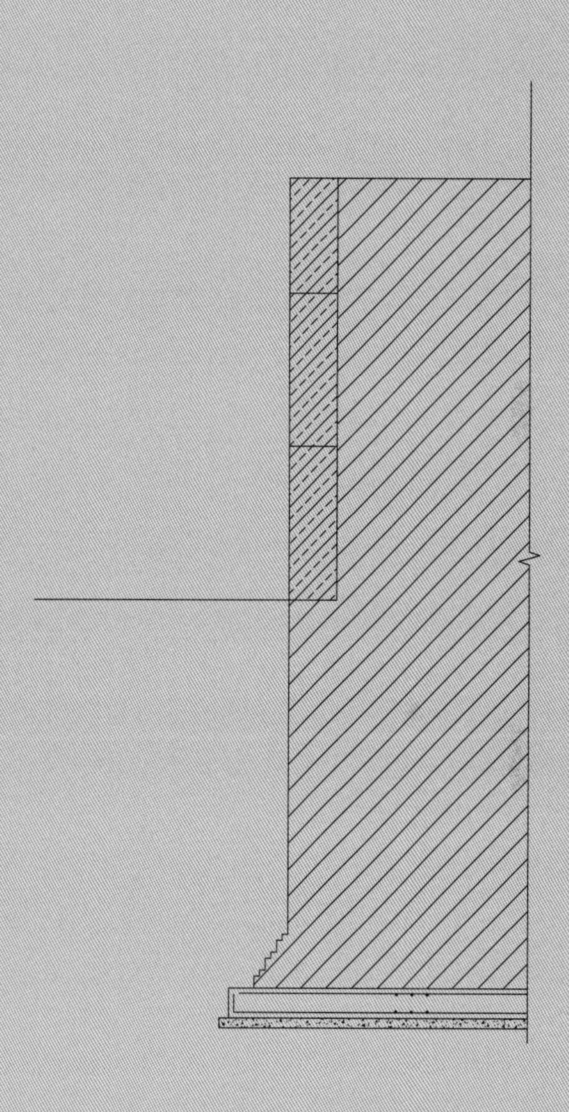

10—10剖面图

结2　基础详图一

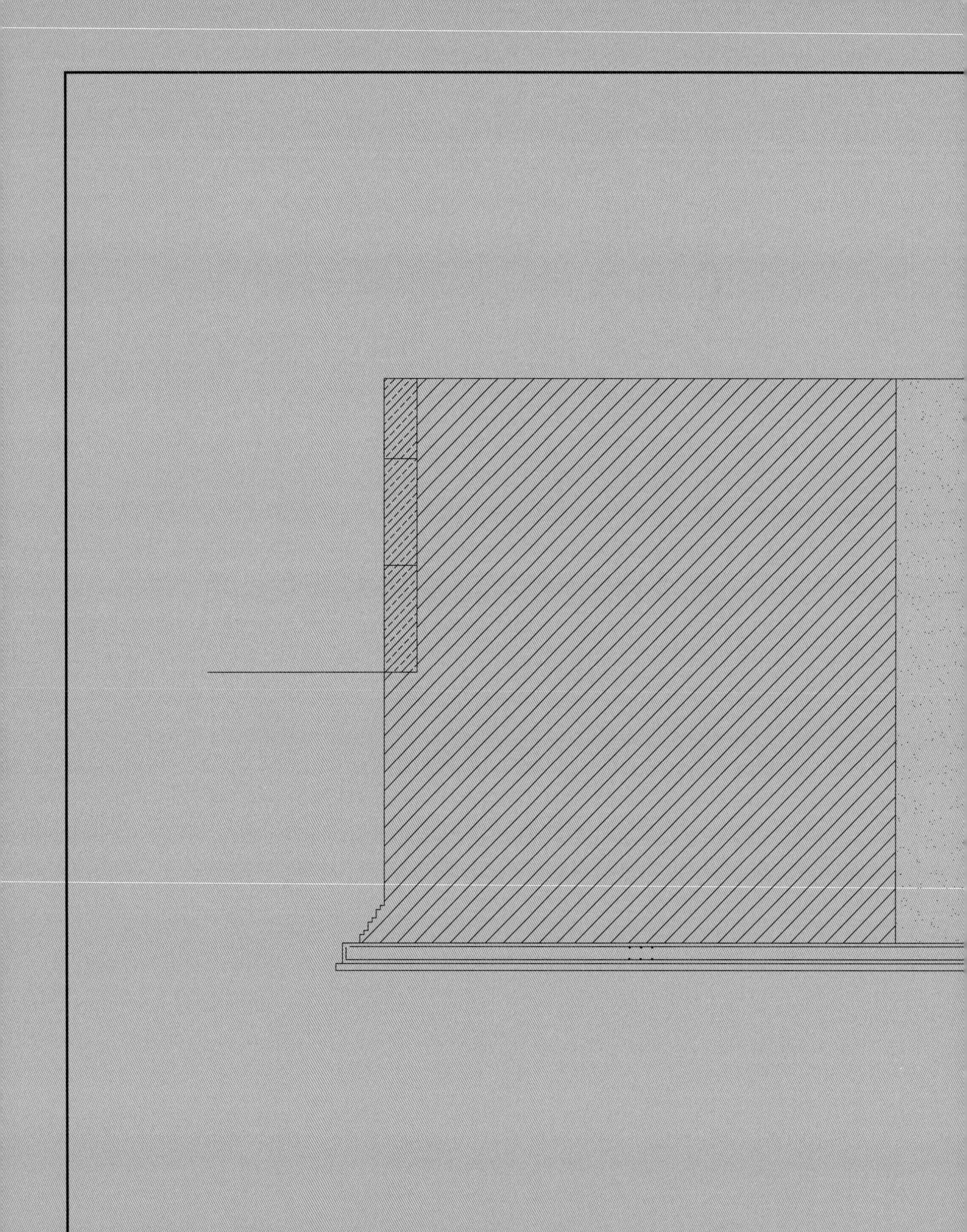

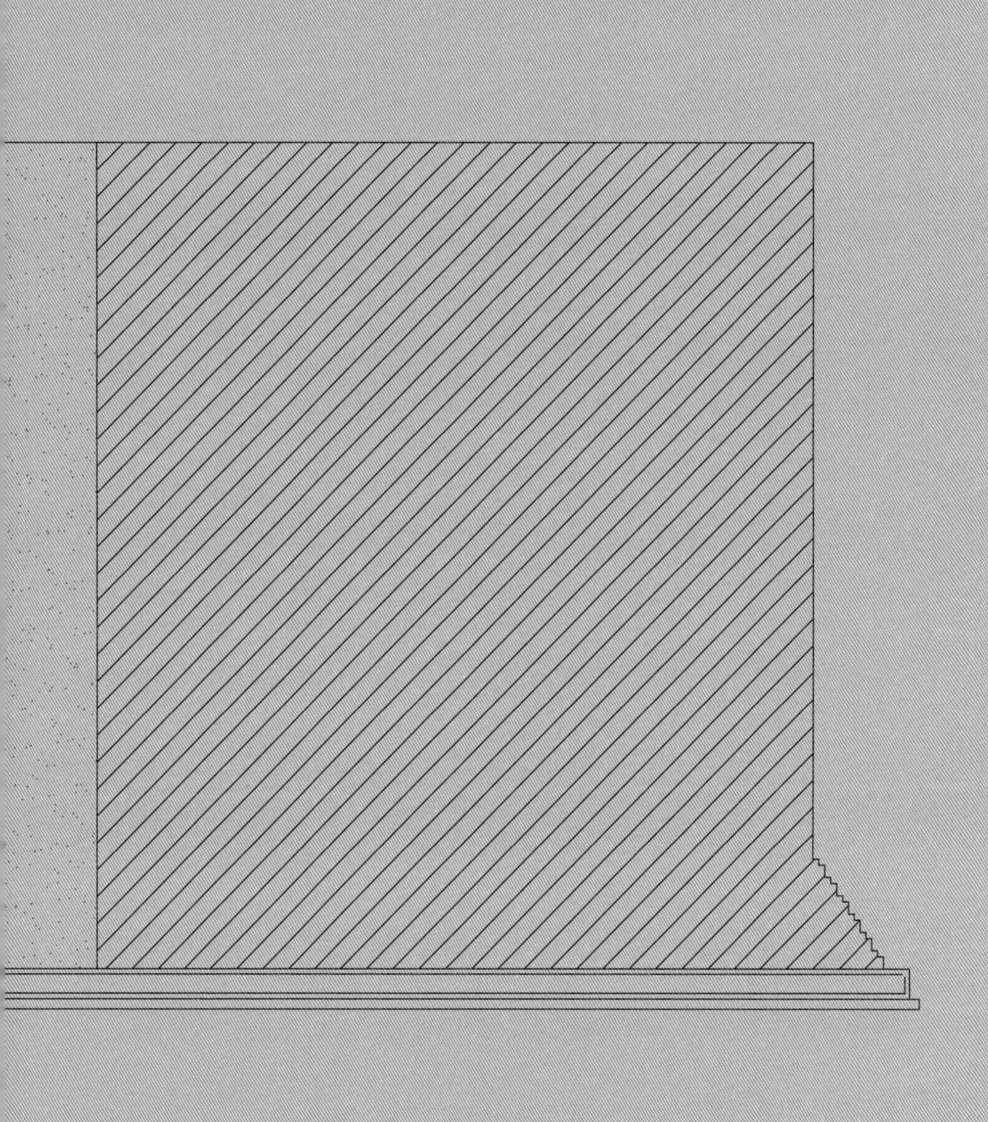

结3　基础详图二

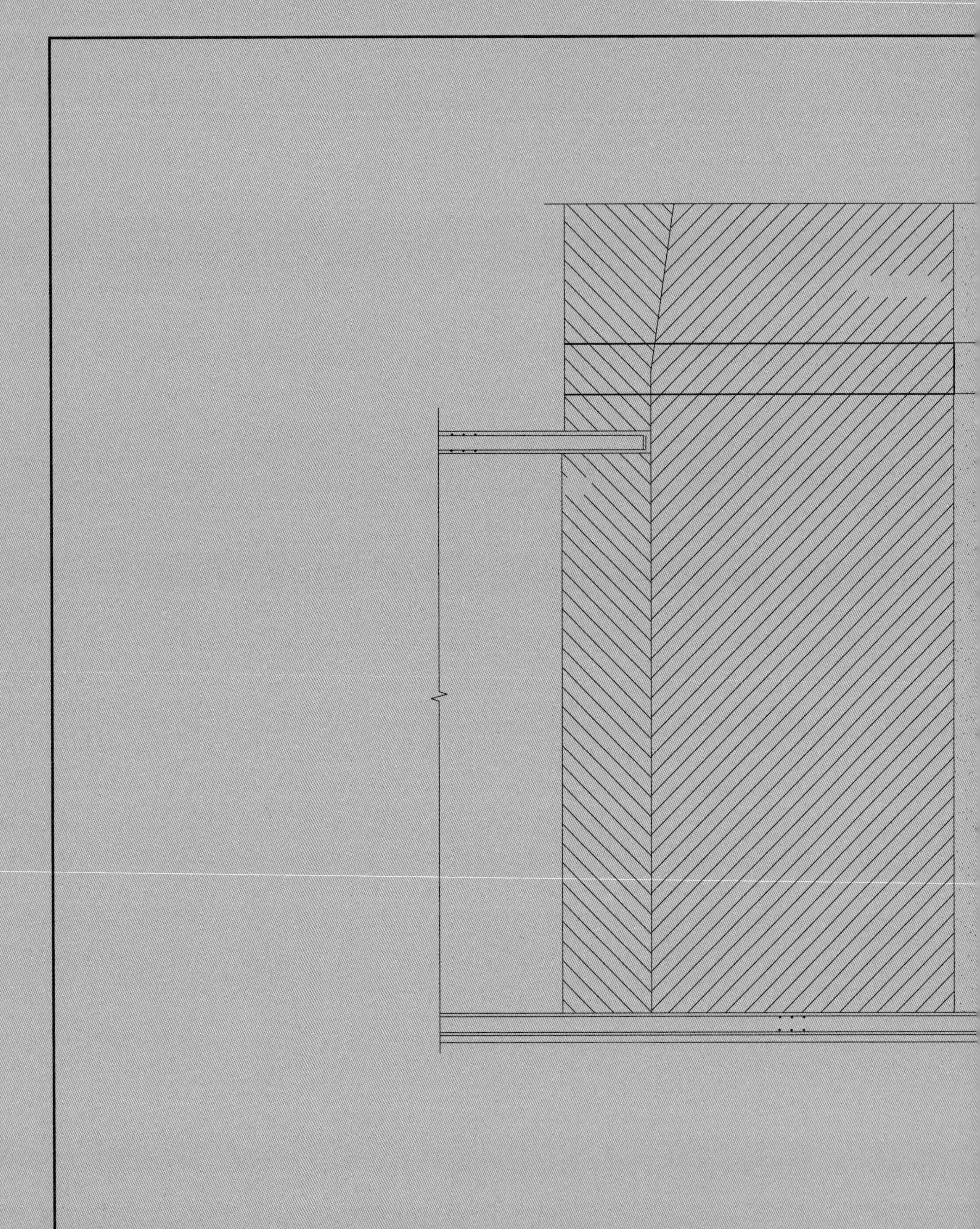

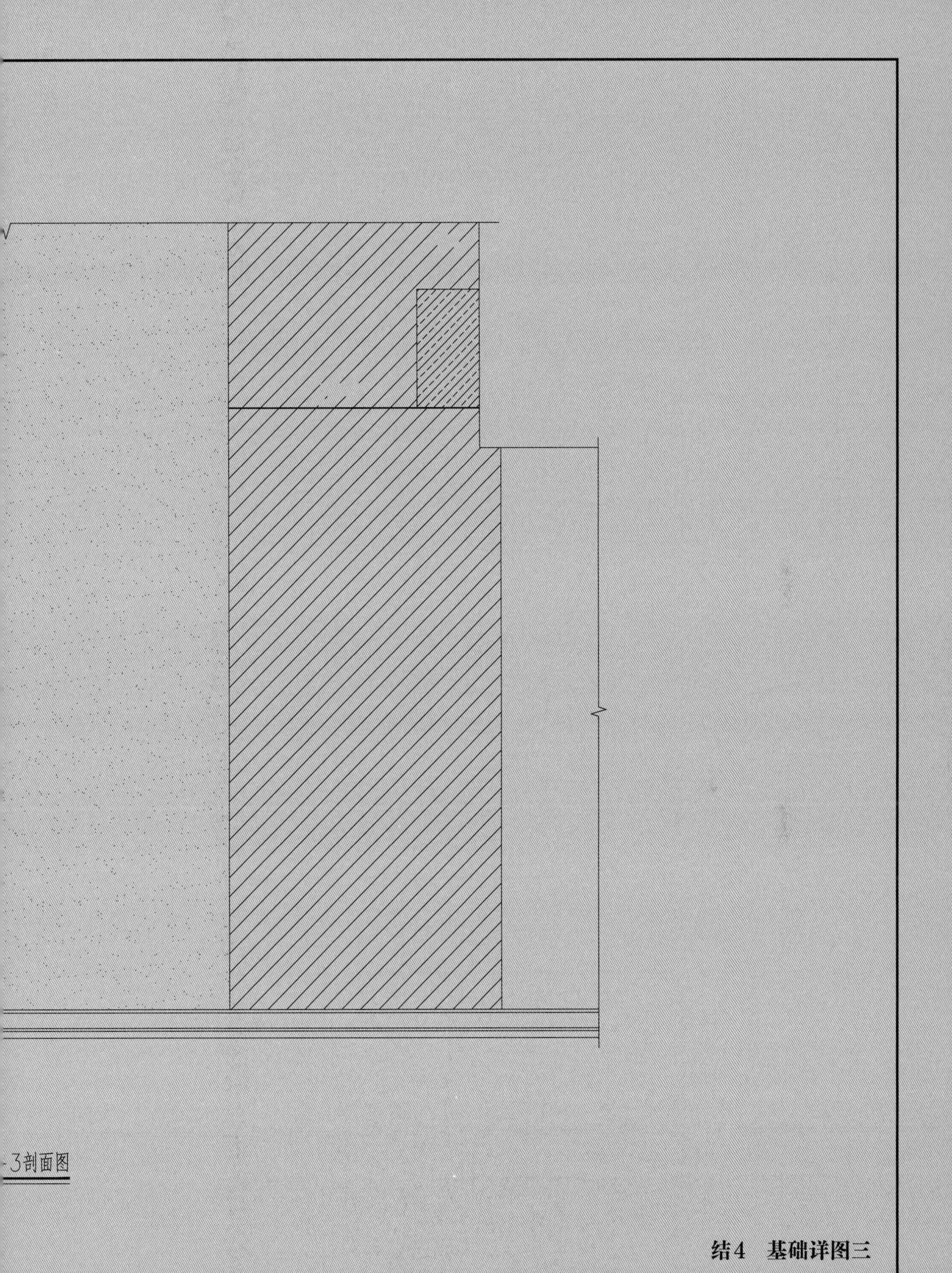

结4　基础详图三

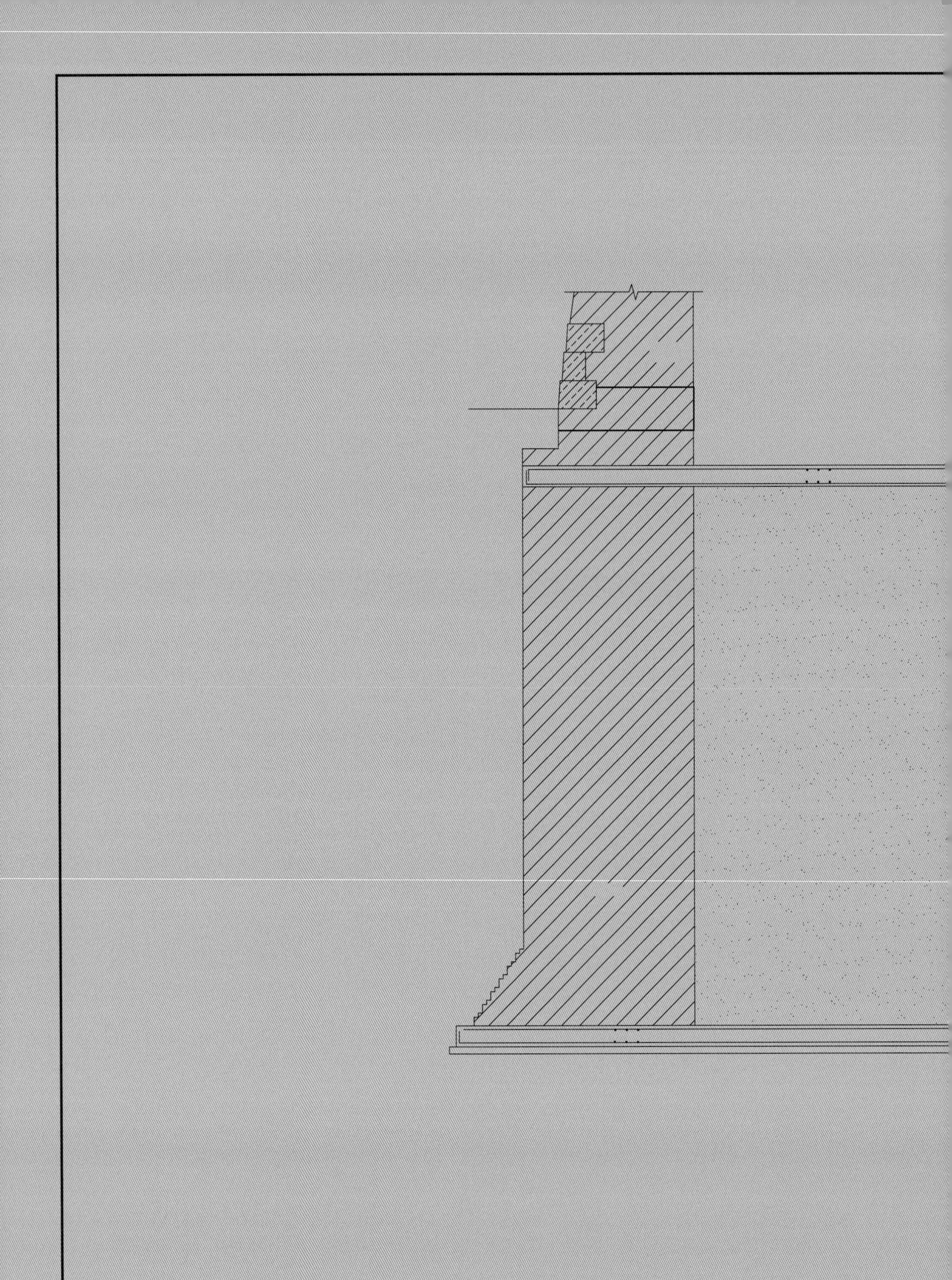

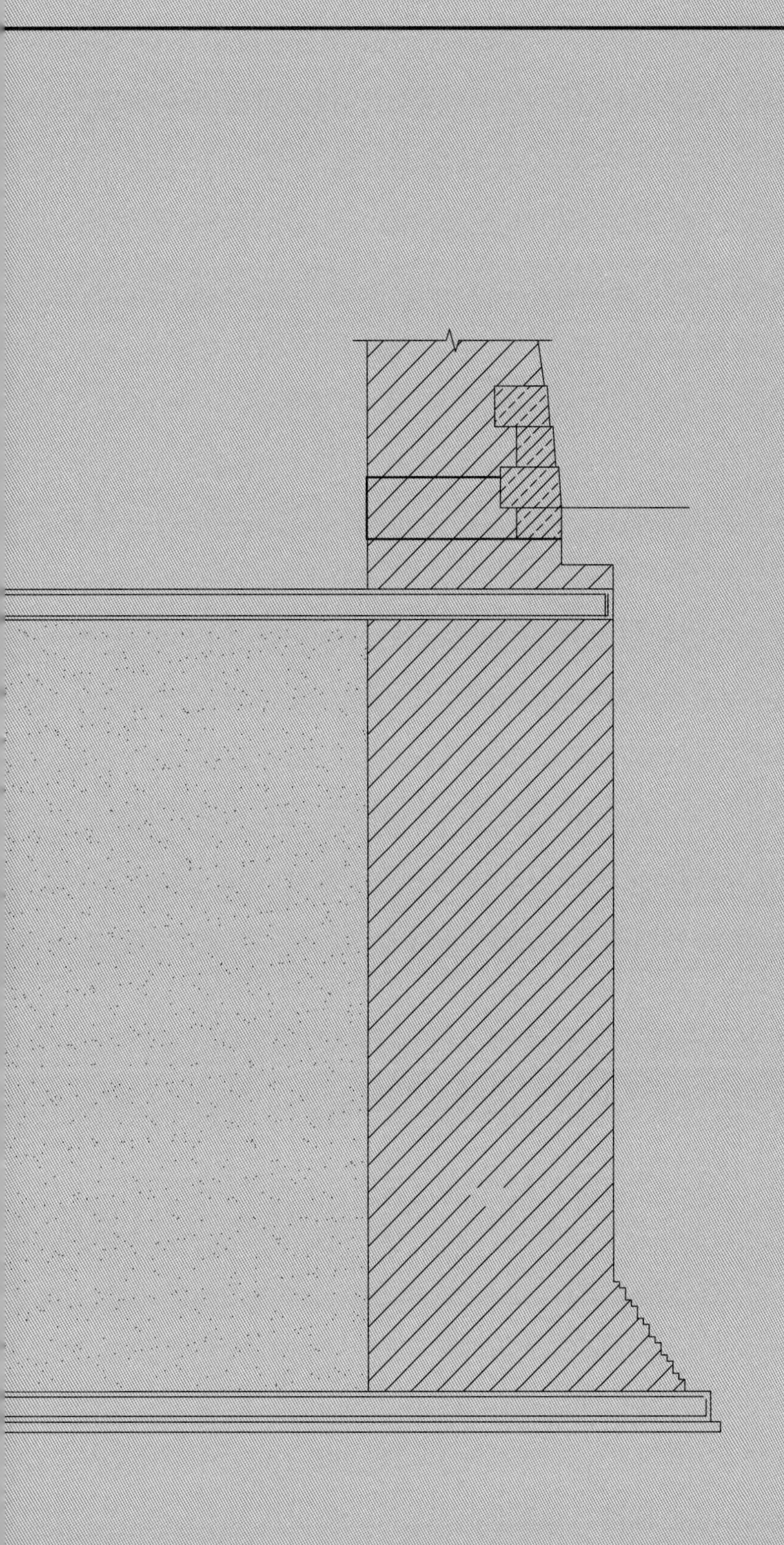

结5　基础详图四

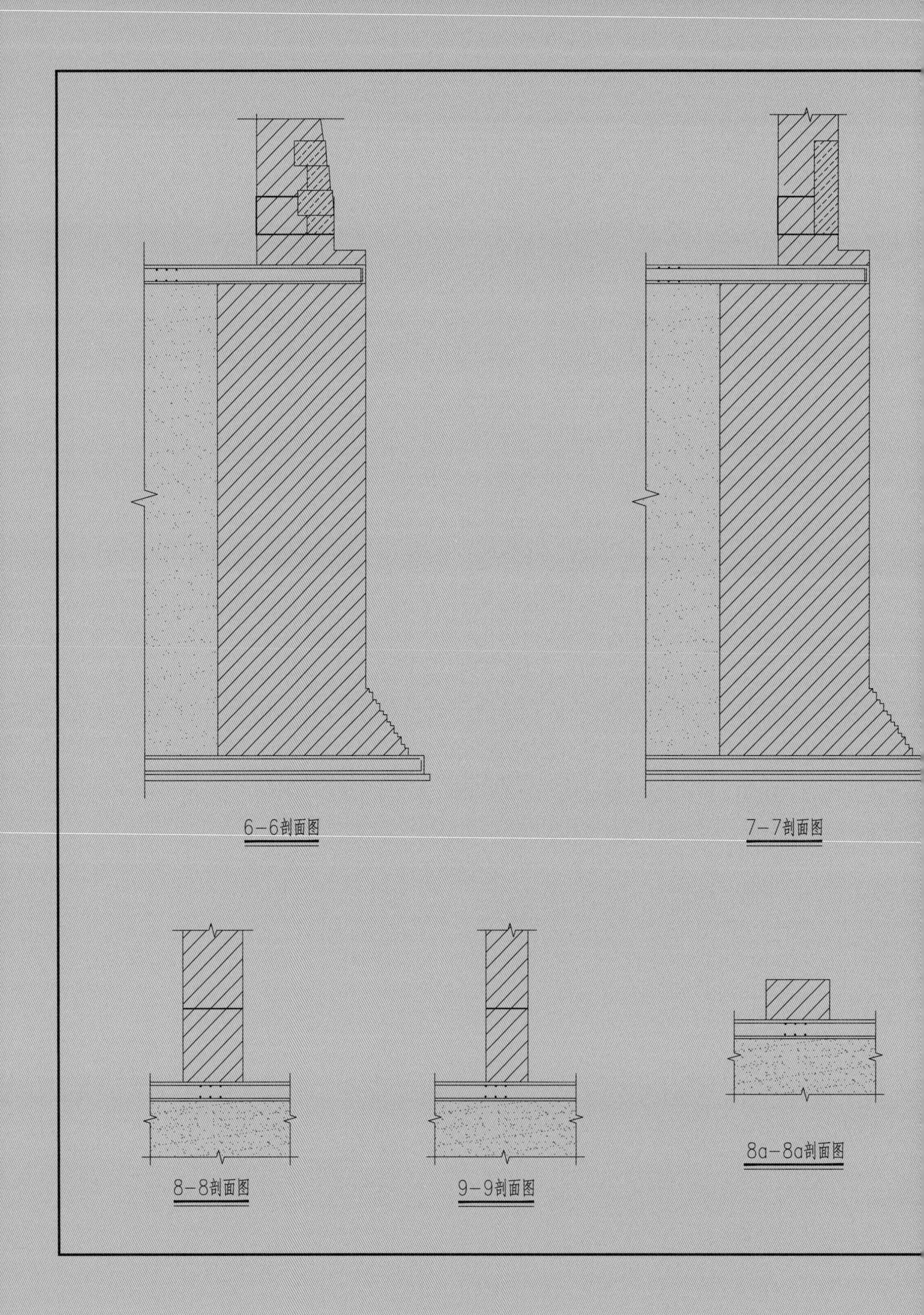
6-6剖面图
7-7剖面图
8-8剖面图
9-9剖面图
8a-8a剖面图

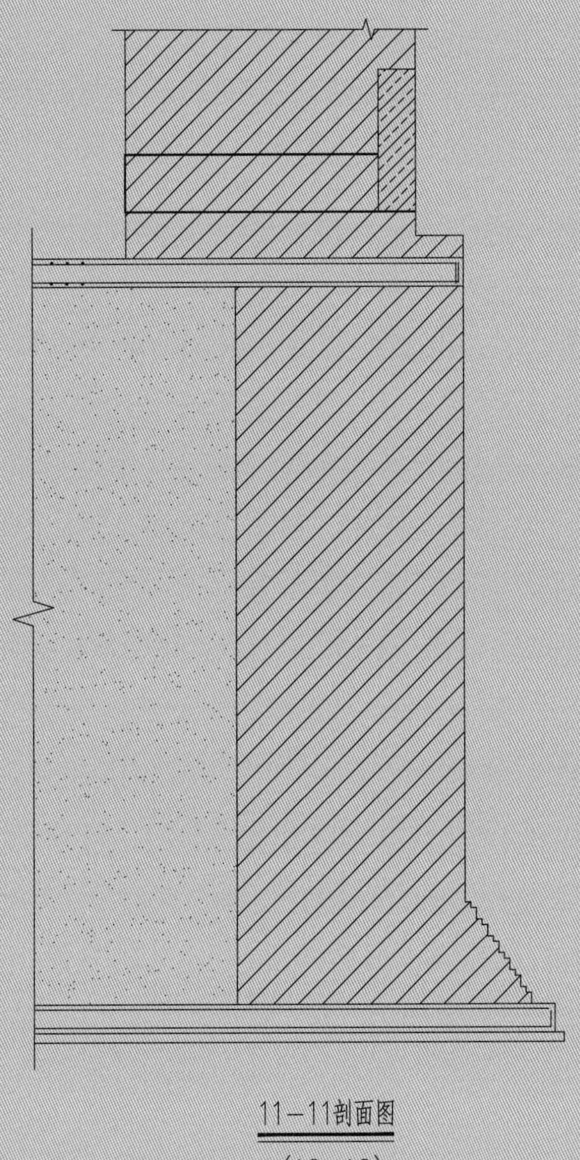

11－11剖面图

(12－12)

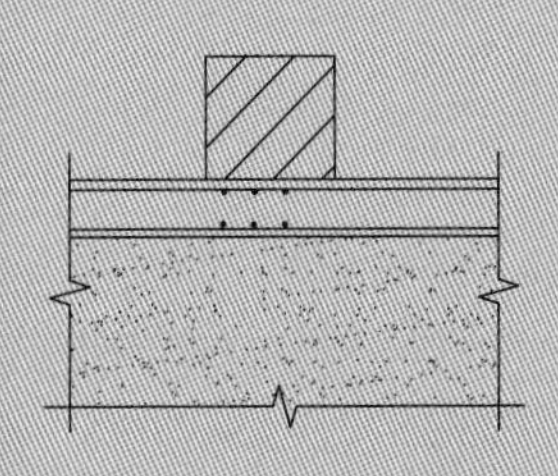

9a－9a剖面图

结6　基础详图五

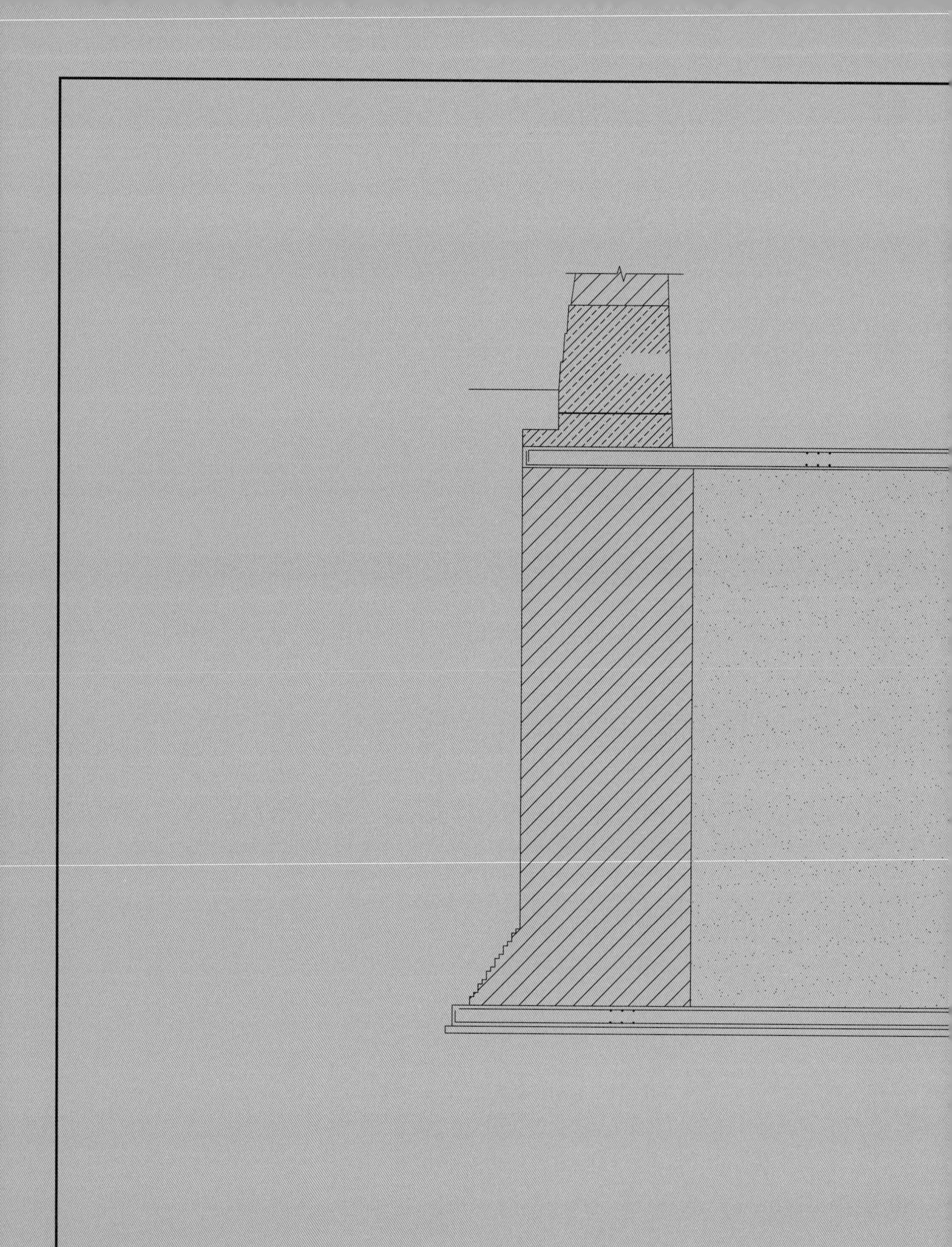

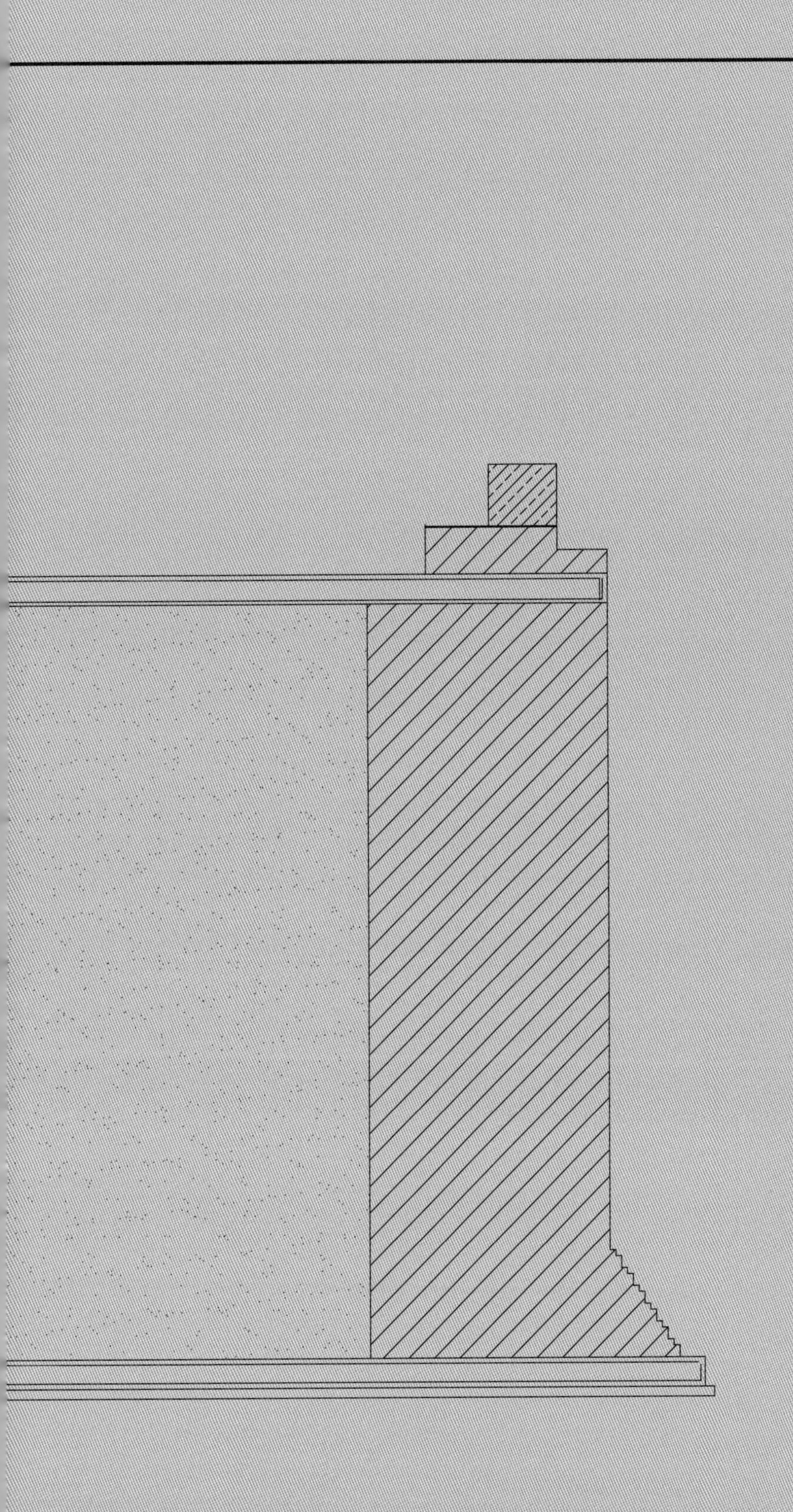

结7　基础详图六

参考文献

1. ［明］明实录［Z］. 上海：上海书店出版社，2015.
2. ［明］申时行. 明会典［M］. 北京：中华书局，1989.
3. ［明］沈应文.（万历）顺天府志［M］. 北京：中国书店，2011.
4. ［明］刘若愚. 酌中志［M］. 北京：北京古籍出版社，1994.
5. ［明］谈迁. 国榷［M］. 北京：中华书局，1958.
6. ［清］张廷玉. 明史［M］. 北京：中华书局，1974.
7. ［清］于敏中. 日下旧闻考［M］. 北京：北京古籍出版社，1985.
8. ［清］太宗文皇帝圣训［M］. 上海：上海古籍出版社，1987.
9. ［清］清实录［Z］. 北京：中华书局，2008.
10. ［清］万有文库第二集. 清朝通典［M］. 上海：商务印书馆，1936.
11. ［清］万有文库第二集. 清朝文献通考［M］. 上海：商务印书馆，1936.
12. ［清］四库本畿辅通志［M］. 中国第一历史档案馆藏.
13. ［清］钦定大清会典则例［M］. 上海：上海古籍出版社，1987.
14. ［清］《大清五朝会典》［C］. 北京：线装书局，2006.
15. ［清］顾祖禹. 读史方舆纪要［M］. 北京：中华书局，1955.
16. ［清］昭梿. 啸亭杂录［M］. 北京：中华书局，1980.
17. ［清］孙承泽. 天府广记［M］. 北京：北京古籍出版社，1982.
18. ［清］孙承泽. 春明梦余录［M］. 北京：北京古籍出版社，1992.
19. ［清］吴长元. 宸垣识略［M］. 北京：北京古籍出版社，1983.
20. ［清］震钧. 天咫偶闻［M］. 北京：北京古籍出版社，1982.
21. ［清］周家楣、缪荃孙. 光绪顺天府志［M］北京：北京古籍出版社，1987.
22. ［清］退庐居士. 驴背集［M］. 北京：北京古籍出版社，1990.
23. 赵尔巽. 清史稿［M］. 北京：中华书局，1977.
24. 夏仁虎. 旧京琐记［M］. 北京：北京古籍出版社，1986.
25. 王独清. 王独清辑录［M］. 上海：神州国光社，1936.
26. 战地通讯录［C］. 铁血出版社，1937.
27. 王守恂. 庚子京师褒邮录［M］. 1920.
28. 汤用彬等. 旧都文物略［M］. 北京：中国建筑工业出版社，2005.
29. 朱偰. 昔日京华［M］. 天津：百花文艺出版社，2005.
30.（瑞典）奥斯伍尔德・喜仁龙. 北京的城墙和城门［M］. 北京：北京联合出版公司，2017.
31. 张先得. 北京城垣与城门［M］. 北京：北京出版社，2008.
32. 孔庆普. 北京的城楼与牌楼结构考察［M］. 上海：东方出版社，2014.
33. 故宫博物院、中国文化遗产研究院编. 北京城中轴线古建筑实测图集［M］. 北京：故宫出版社，2017.
34. 李彦成. 中轴旧影［M］. 北京：文物出版社，2019.
35. 邓玉娜. 1946年北平市工务局修缮永定门史料［J］. 北京档案史料，2007.

后记

Postscript

本书是集体创作的成果。创作缘起于2020年初，时任北京市古代建筑研究所所长的许立华先生经北京市文物局陈名杰局长提议，为配合北京中轴线申遗工作，准备将我所设计复建的永定门城楼工程编辑成书。继而开始组织写作团队，收集相关资料，其中永定门历史沿革部分主要由刘文丰负责撰写，永定门城楼建筑设计复建部分主要由张景阳撰写。

在编写过程中，我们得到了其他兄弟单位和专业学者的大力帮助。永定门城楼的考古数据，是由原北京市文物研究所张中华副所长撰写提供，永定门的复建工程记录等内容是由北京市文物古建工程公司的李彦成、李博、万彩林三位先生编纂提供的。天津师范大学历史文化学院的邓玉娜副教授编辑整理的《1946年北平市工务局修缮永定门史料》成为我们收集永定门修缮史料中十分重要的一环，北京市文物保护协会会长、北京市文物局原局长孔繁峙先生看到本书初稿，特意撰写《复建永定门城楼的历史文化价值》一文压轴，更是成为本书的点睛之笔。

如今，北京市古代建筑研究所与北京市文物研究所业已合并为北京市考古研究院。本书付梓，也得到了北京市考古研究院同仁的大力支持，在此一并感谢。鉴于工程年代较久，又经人事更迭，错漏之处，还望诸方家批评海涵。

图书在版编目（CIP）数据

永定门城楼复建实录 / 北京市考古研究院（北京市文化遗产研究院）编著. 一北京：中国建筑工业出版社，2023.9

ISBN 978-7-112-28972-1

Ⅰ. ①永… Ⅱ. ①北… Ⅲ. ①城墙—古建筑—复建工程—研究—北京 Ⅳ. ① K928.77

中国国家版本馆 CIP 数据核字（2023）第 144477 号

责任编辑：刘文昕
责任校对：芦欣甜
书籍设计：春日之晨

永定门城楼复建实录

北京市考古研究院（北京市文化遗产研究院） 编著

*

中国建筑工业出版社出版、发行（北京海淀三里河路 9 号）
各地新华书店、建筑书店经销
北京建筑工业印刷有限公司制版
北京富诚彩色印刷有限公司印刷

*

开本：880 毫米 × 1230 毫米 1/16 印张：15¾ 插页：1 字数：432 千字
2024 年 10 月第一版 2024 年 10 月第一次印刷
定价：**198.00** 元

ISBN 978-7-112-28972-1
（41190）